管理學

馬玉芳、王朋、吳凱、夏遷 ○ 編著

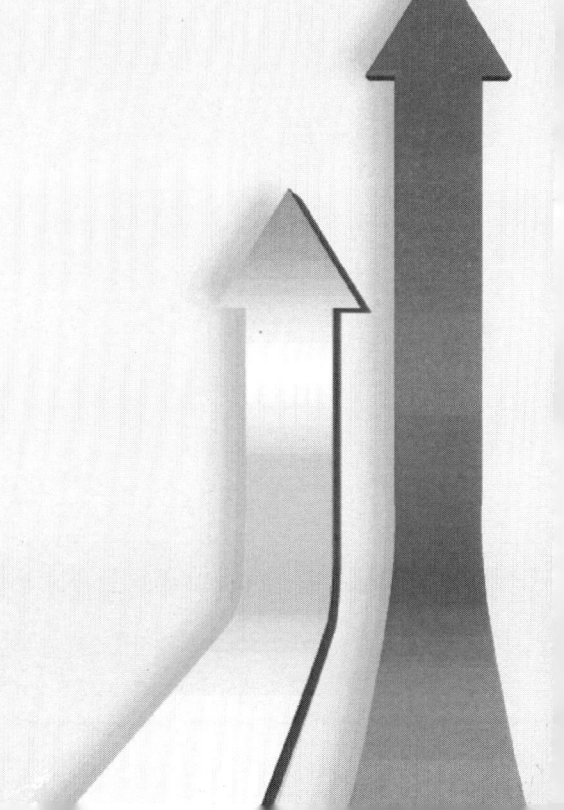

前言

　　在人類歷史的發展過程中，管理是人類社會發展的基本活動，也是人類組織的基本活動之一。管理普遍存在於現實社會生活中。隨著社會經濟的發展，尤其是互聯網的飛速發展，各類經濟組織形式不斷湧現，社會環境也越來越複雜。管理的作用越來越大，社會對管理的需求也更加明顯。

　　管理學是一門比較年輕的學科，僅有百餘年，主要研究管理活動的客觀規律、基本原理和一般方法。管理學是一門綜合性、實踐性很強的應用學科，在其學科基礎上，建立了第二層次、第三層次等專門的管理學科，如行政管理、公共事業管理、企業管理、旅遊管理等。任何崗位上人，都應該學習一些管理的知識和方法。

　　本書以項目為導向，分為八大項目，具體闡述了管理基本概念、理論發展和基本職能；以任務為驅動，每個項目細化為多個任務，由理論到實踐遞進化展開。本書從體例上打破了傳統教材的形式，在每章前設置案例引導，每章最後一節設置應知考核、案例分析、項目實訓等技能訓練環節，方便學生理解和掌握；採用「互聯網 教學」形式，充分發揮「互聯網+」和新媒體優勢，促進線上線下多元互動，學生通過掃描每章中的二維碼，可系統觀看、學習師生原創微課和視頻資源，方便教師教學和學生自主學習。

　　本書由馬玉芳、王朋、吳凱、夏遷編著。其中，項目一由馬玉芳、王朋、吳凱、夏遷編著，項目二由吳凱編著，項目三、四由馬玉芳編著，項目五、六、七由王朋編著，項目八由夏遷編著。全書由馬玉芳負責框架體系並統稿。

　　最後感謝任晉冬、張婷、孫魁、郭鵬、尹珉睿、段欣怡、張清月、周銳、陳貞暉、何宇豪、李葉香、周貴萍等同學為本書的編寫進行的資料審校和整理。

　　儘管編者們在編寫過程中做出了很多努力，但由於我們水準有限，書中的不足乃至錯誤在所難免，懇請專家、同行和廣大讀者批評指正，我們將在日後再次修訂時作出必要的改正。

編者

目錄

項目一　管理認知 ·· （001）
　　任務一　管理概述 ·· （001）
　　任務二　管理者 ··· （007）
　　任務三　管理史 ··· （013）
　　任務四　技能訓練 ·· （033）

項目二　管理情境 ·· （039）
　　任務一　組織環境概述 ·· （039）
　　任務二　組織文化 ·· （044）
　　任務三　管理道德與社會責任 ····································· （052）
　　任務四　創業 ·· （062）
　　任務五　技能訓練 ·· （072）

項目三　計劃 ·· （075）
　　任務一　計劃概述 ·· （076）
　　任務二　計劃的方法與技術 ·· （090）
　　任務三　戰略計劃 ·· （097）
　　任務四　技能訓練 ·· （102）

項目四　決策 ·· （109）
　　任務一　決策概述 ·· （110）
　　任務二　決策的過程與原則 ·· （117）
　　任務三　決策方法 ·· （124）
　　任務四　技能訓練 ·· （138）

項目五　組織 ·· （146）
　　任務一　組織概述 ·· （146）

任務二　組織設計……………………………………………………（150）
　　任務三　組織結構的類型……………………………………………（161）
　　任務四　組織變革與創新……………………………………………（167）
　　任務五　技能訓練……………………………………………………（176）

項目六　領導………………………………………………………………（185）
　　任務一　領導概述……………………………………………………（185）
　　任務二　領導理論……………………………………………………（190）
　　任務三　溝通…………………………………………………………（203）
　　任務四　技能訓練……………………………………………………（207）

項目七　控制………………………………………………………………（212）
　　任務一　控制概述……………………………………………………（212）
　　任務二　控制的類型與過程…………………………………………（221）
　　任務三　控制的方法…………………………………………………（228）
　　任務四　技能訓練……………………………………………………（234）

項目八　激勵………………………………………………………………（241）
　　任務一　激勵概述……………………………………………………（242）
　　任務二　人性的假設…………………………………………………（246）
　　任務三　激勵工作技能………………………………………………（250）
　　任務四　激勵的理論…………………………………………………（257）
　　任務五　技能訓練……………………………………………………（271）

項目一　管理認知

管理就是用正確的方法做正確的事。

【引導案例】

曉出淨慈寺送林子方

畢竟西湖六月中，
風光不與四時同。
接天蓮葉無窮碧，
映日荷花別樣紅。

評析：

這是詩人楊萬里送別好友林子方時創作的一首詩。這首詩通過描寫西湖六月風光與其他季節的景致不同，委婉地表達了他對林子方的眷戀不舍之情。然而，該首詩的實際寓意是楊萬里借景抒情，勸告林子方不要去福州。原來，在林子方中進士之後，他曾擔任直閣秘書（指給皇帝擬寫詔書的文官，常在皇帝身邊，相當於皇帝的秘書）。而時任秘書少監、太子侍讀的楊萬里既是林子方的上級又是林子方的好友，兩人經常聚會，一起暢談國家大事，切磋詩詞歌賦，兩人視彼此為知己。後來，林子方被調離京城，離開皇帝身邊，赴福州任職。因為自己升官了，所以林子方非常高興。但楊萬里不這麼認為，在送林子方任職的時候，寫下這首詩，勸告林子方不要去福州。從管理的視角來看，管理中的選人用人之道往往是「知人善任」，而成功的管理者最重要的是人脈關係。

任務一　管理概述

一、管理的必要性

管理由來已久，自人類誕生之初，便與人類活動密切聯繫在一起。人類群體活動的出現，促使了組織活動的產生，管理活動也隨之產生。管理活動是人類活動不可或缺的重要內容之一，涉及人類生活的方方面面，滲透政治、經濟、文化、教育、日常生活等多個領

域。管理的歷史貫穿人類社會發展的整個過程，也可以說管理活動的歷史就是人類活動的歷史。管理在人類社會發展中起著不可或缺的作用，其必要性主要表現在以下幾個方面：

（一）管理是人類社會不可缺少的基本活動

生產活動在人類社會發展中起著重要的作用，管理的運用能更科學地規劃、開展生產活動。隨著科學技術的發展，勞動規模不斷擴大，勞動分工日益精細，人們對管理的要求也更加高。管理作為基本活動，從古代的氏族部落到近現代的工商企業，滲透人民生活的各個方面和各個層次上，是普遍存在的。中國歷史源遠流長，在漫長的五千年歷史長河中，中國各族人民累積了大量的管理經驗，也留下了豐富多彩的歷史瑰寶。北京故宮、萬里長城、都江堰、京杭大運河、敦煌莫高窟、樂山大佛等世界聞名的工程，都是中國古代勞動人民的勤勞和智慧的結晶，同時也是當時管理水準的重要反應。

（二）管理是社會進步發展的物質力量

世界各國的發展充分證明了一個觀點：管理為社會進步提供了不可忽視的物質力量。這已經成為當代社會的共識。一個國家的強盛，離不開先進的管理思想；一個民族的復興，離不開先進的管理思想；一方人民的幸福，也離不開先進的管理思想。

18世紀，隨著蒸汽機的發明和改進以及普及，英國率先完成了第一次工業革命，成為當時世界第一強國。到了20世紀三四十年代，美國經濟突飛猛進，超過了英法等很多國家，躍居世界第一位。二戰之後，很多國外專家紛紛訪問美國，學習他們工業方面的先進經驗。調查結果顯示，英國和美國在技術、工藝等方面基本相同，但生產率水準方面卻又存在顯著的差距。究其原因，在於管理水準的差異。美國的經濟之所以能夠超過英國，主要原因在於先進的管理理念和較高的管理水準。二戰使日本遭受了重大的打擊，二戰後其經濟幾乎崩潰。然而僅短短的幾十年，日本經濟迅速騰飛。到1968年，日本國民生產總值超過聯邦德國，躍居世界第二位；到1988年，據《商業周報》統計，世界前30名的企業中，日本企業占了22家。日本在摩托業、汽車業、鐘表業、造船業等方面超過了英國、美國、德國、瑞士等國家。日本奇跡引起了世界關注，很多國家都對日本進行了研究。專家認為，日本特殊的管理體系，是他們取得奇跡的關鍵。

當前，幾乎所有的發展中國家在實現現代化的問題上，都遇到了重重困難，主要包括技術落後、資金短缺等。面對這些問題，幾乎所有的國家都從國外引進技術、吸引國外投資等方面著力，努力尋求突破口。但現實情況卻不容樂觀。管理理念落後、管理人員素質低等管理方面的不足，成為發展中國家普遍存在的短板，資金大量被浪費，技術和設備不能被有效利用，嚴重阻礙了發展中國家的經濟騰飛。「三分技術、七分管理」等論斷，也強調了管理在企業發展中的重要性。美國管理科學院前院長孔茨教授說過：「如果我們不去學會管理人力資源和協調職工生產活動的能力，則把新發現的技術應用於實踐時的效率低下與浪費現象將會繼續下去。」

（三）管理是組織生存發展的重要條件

管理植於組織，猶如神經系統植於生命有機體。神經系統是生命有機體內起主導作用的系統，能有效地處理內、外部環境的各類信息，維持生命有機體與內、外部環境的平衡。如果沒有神經系統的聯絡、指揮和控制，生命有機體將無法適應複雜、變化的環境，更不用談生存和發展。管理在整個社會組織中也發揮著類似的作用。

經濟管理中的分工精細、協作廣泛、變化節奏快、活動連續、資源比例合理，就是一個嚴格的有機體。如果缺乏科學系統的管理，就難以實現合理的分工和協作，更無法保證恰當的比例和較快的節奏，社會活動必將會一片混亂。美國著名管理大師彼得·德魯克曾在《管理：任務、責任與實踐》一書中寫道，「管理是新機構的一種特殊器官，不論這種機構是工商企業，或是大學、醫院，或是軍隊、研究機構，或是政府機關。如果各種機構要發揮作用，管理必須有效。」「沒有機構就沒有管理，而沒有管理也就沒有機構。管理是現代機構的特殊器官。正是這種器官的成就決定著機構的成就和生存。」短短的10年時間，喬治·西門子將德意志銀行建設成為歐洲數一數二的金融機構，其法寶就在於科學的管理。

美國著名雜誌《福布斯》研究了大量的企業後發現，美國有名的大公司都離不開科學的管理。1973年美國銀行出版了一本《小企業通訊員》，書中精闢地分析了大部分企業破產的原因，其中90%以上是由於管理經驗的缺乏和管理工作的無能。美國著名管理學家孔茨也認為：「管理工作是一切有組織的協作所不可缺少的。」

（四）管理是提高經濟效益的重要途徑

馬克思在《資本論》中寫道：「經濟基礎決定上層建築。」上層建築泛指一切政治、法律、道德、社會制度等，經濟基礎指生產力，生產力又是經濟繁榮的重要保障。經濟發展是社會發展的內在動力，離不開科學技術的進步，更離不開科學的管理。也可以說，管理是經濟發展重要的保障和前提，也是最基本、最關鍵的因素。沒有先進的管理理念和科學的管理方法，即使再先進的科學技術，也無法最大化發揮其作用，更無法提高社會經濟效益。管理水準的高低，是決定一個企業、一個民族乃至一個國家經濟發展好壞的重要內動力。現在很多發展中國家，雖然大力引進外資、購買國外的先進技術，但仍然發展緩慢，很重要的一個原因就在於其管理。

在當代社會，「管理」一詞的應用更加普遍和廣泛。人們也結合社會實際和勞動分工，擴展了管理的內容，形成了種類豐富的管理，如計劃管理、決策管理、人事管理、財務管理、行銷管理、資本管理、倉庫管理、家庭管理等。

管理貫穿組織活動的方方面面和整個過程，從最初的組織設立、項目確定、各種資源的配備、生產活動的運行、人員積極性的調動，到最終對整個活動的評價與考核，管理均有效地推動了這些活動的有序開展。管理學更成為各界人士學習的內容，不僅企業高管在學，中層領導、公司職員等人也在學習管理學的相關原理和方法，並將之廣泛應用到日常工作和生活中。我們每天也都在和管理打交道。工作其實就是一種管理和被管理的關係，

從步入社會的那一刻開始，我們的職業生涯就正式與管理密不可分，學習管理能更有效地規劃我們的職業生涯，理解和領悟上司的行為方式。在日常生活中，我們也時常遇到一系列管理方面的問題，如日常理財、人際交往、時間規劃等。學習管理學知識，能更有效地幫助我們合理投資、處理人際關係、做好時間規劃等，從而更好地規劃我們的生活、提高我們的生活質量。

綜上所述，管理無處不在，與我們的日常活動息息相關，在工作、生活、學習等各個方面都發揮著極其重要的作用。管理更是促進社會進步、國家發展、組織成功的重要力量。

【專欄 1-1】運動員鞋中的沙子

一名運動員參加長跑比賽。在比賽中，他感覺自己跑步不太舒服，鞋子裡面有東西硌腳，但由於比賽已經開始了，來不及停下來清理，覺得忍一忍應該不會影響比賽。但是跑著跑著，他發現自己的腳越來越疼，堅持跑到最後一圈時，他已疼得不得不停下來，把鞋子脫下來檢查，原來是裡面有一粒沙子，而就是這粒沙子把他的腳磨破了，無法再進行比賽。就這樣，他只好眼睜睜地看著對手一個個從身邊跑過，而自己卻與獎牌擦肩而過。

啟示：這則故事中包含著深刻的管理思想，那就是：鞋子中的沙子雖小，但是同樣可以在一個時期內影響目標的達成。中國有一位漫畫家在談到管理時說：人們常常認為管理是公司經理、政府官員的事，跟平常百姓沒啥關係。然而並不是這樣的！其實管理是無處不在的，比如對學生的培養教育就是一件極富管理藝術的事。其間不僅需要用愛心澆灌，也需要融入相當多的管理技巧。

【專欄 1-2】劉備攜民渡江與摩西攜民逃荒

劉備攜民渡江的故事記載於《三國志·蜀書·先主傳》。曹操於東漢建安十三年（公元208年）率大軍南下徵討荊州，荊州牧劉表病逝，荊州牧由其次子劉琮接任。在劉琮手下蔡瑁等人的勸說下，劉琮將荊州獻與曹操。當時劉備在樊城，曹操分兵八路來攻打，劉備自知抵擋不住，無法在樊城久待，便想出逃。但劉備愛民如子，百姓也都要跟著他。因怕曹操再次屠城，又捨棄不下新野與樊城的百姓，劉備就帶上百姓一同渡過漢江往襄陽轉移。同行軍民萬餘人，大小車輛數千輛，挑擔背包者不計其數，扶老攜幼，拖兒帶女，浩浩蕩蕩，熙熙攘攘，每天走10來里路者不計其數，渡江時更是你推我搡，兩岸哭聲不絕。又因襄陽守官不肯收留，劉備只得再次ména投江陵，在長坂坡被曹操派來的精騎追上，劉備險些送了性命，因此有了長坂坡之敗。最終劉備敗走漢津渡口。

《聖經》裡記載過一個摩西攜民逃荒的故事。書中說一年摩洛哥發生旱災，難民們為了生存下去，便跟著一個叫摩西的人前往歐洲逃荒。居民們帶了大量的生活用品，一路上也是扶老攜幼、熙熙攘攘，每天同樣也只走了10來里路。由於摩西帶領大家逃荒，人們大小

事情都找摩西解決，搞得摩西身心疲憊、狼狽不堪。於是，他聽從了岳父的建議，在所有的難民當中採用逐級管理的方法，從每10個人中選取一個優秀的當小組長，再從小組長中選取一個更優秀的當大組長，最後又從大組長中選取一個更優秀的當大隊長，而這些大隊長則全部由摩西直接指揮。居民有事，就逐級處理或上報；摩西有令，便逐級下達和執行。這樣難民們就被規範化管理，不僅秩序井然，還加快了行進速度，他們很快就到達了目的地。

啟示：這兩則故事說明，劉備之所以失敗是因為沒有形成組織，而摩西之所以成功則是因為形成了組織。而所謂的組織，其目的就在於建立一種能夠產生有效的分工和合作關係的結構，這是管理的重要職能。

二、管理的概念

管理活動自人群組織產生便已出現，是人類最重要的活動之一。什麼是管理？中外許多著名的專家、學者分別從多個角度對管理的概念做瞭解釋。

科學管理之父泰勒的定義：管理就是「確切地知道你要別人來幹什麼，並使他用最好的方法去幹」，管理就是謀取剩餘。

亨利·法約爾的定義：管理是所有人類組織（不論是家庭、企業還是政府）都有的一種活動，這種活動由五項要素構成，即計劃、組織、指揮、協調和控制。

哈羅德·孔茨的定義：管理是通過他人完成任務的機能。

穆尼的定義：管理就是領導。

赫伯特·西蒙的定義：管理就是制定決策。

美國工商學院教科書對管理的定義：管理就是由一個或更多的人來協調他人的活動，以便收到個人單獨活動所收不到的效果而進行的各種活動。

斯蒂芬·羅賓斯的定義：管理是指通過其他人或者與其他人一起有效率和有效地將事情完成的過程。

徐國華的定義：管理是通過計劃、組織、控制、激勵和領導等環節來協調人力、物力和財力資源，以期更好地達成組織目標的過程。

芮明杰的定義：管理是對組織的資源進行有效整合以達成組織既定目標與責任的動態創造性活動。

周三多的定義：管理是指組織為了達到個人無法實現的目標，通過各項職能活動，合理分配、協調相關資源的過程。

以上眾學者對管理的概述可謂仁者見仁、智者見智、眾說紛紜。而隨著管理活動的日益複雜和管理學的縱深發展，管理的定義現已達到200餘種。本書集百家之長，綜合了多種觀點後認為，規範的管理概念應包含如下四個方面的內容：

（1）管理是一種活動，是在特定組織、特定環境下的一種動態化的過程；

（2）管理是一個目的，是人群組織欲實現的目標和欲取得的成果；

（3）管理是一種手段，是為實現組織目標，而對有限的、稀缺的資源的一種整合和配置；

（4）管理是一種創作，是人們通過一定的方法，對有限的資源進行的無限的創意。

我們根據以上概念認為，管理的核心是實現資源的有效配置。

三、管理的基本職能

管理的職能是指構成組織管理活動的基本要素，它涉及管理人員在管理活動中負責的基本工作或活動。管理職能在管理學界是一個頗有爭議的問題。

法國管理學家亨利·法約爾，在1916年出版的《工業管理和一般管理》一書中，最早系統地提出了管理的各種具體職能。他認為，管理工作應劃分為五種職能，即計劃、組織、指揮、協調和控制。這一觀點對後世的影響很大，許多管理學家在其基礎上進行了補充、修改和完善，又提出五職能、七職能、十一職能等各種新的職能論（見表1-1）。

表 1-1　　　　　　　　部分管理學者對管理職能的劃分方法

年份	人名	計劃	組織	指揮/領導	協調	控制	激勵	人事	調集資源	溝通	決策	創新
1916	法約爾	△	△	△	△	△						
1934	戴維斯	△	△			△						
1937	古利克	△	△	△	△	△		△		△		
1947	布朗	△	△	△		△	△		△			
1947	布雷克	△			△							
1949	厄威克	△	△			△						
1951	紐曼	△	△	△		△	△		△			
1955	孔茨和奧唐奈	△	△	△		△		△				
1964	艾倫	△	△			△						
1964	梅西	△	△			△		△			△	
1964	米	△	△			△					△	△
1966	希克斯	△	△			△				△		△
1970	海曼和斯科特	△	△			△		△				
1972	特里	△				△						
1991	巴托爾和馬丁	△	△	△		△						
1993	周三多		△	△		△					△	△
1994	楊文士	△	△	△		△		△				

表1-1(續)

年份	人名	計劃	組織	指揮/領導	協調	控制	激勵	人事	調集資源	溝通	決策	創新
1997	羅賓斯	△	△			△						
1997	達夫特	△	△	△		△						

註：①△表示各學者主張的職能劃分；②計劃包括預測；③指揮包括命令、指導；④控制包括預算；⑤激勵包括鼓勵、促進；⑥溝通包括報告。

　　本書根據管理整合過程架構管理學的思想，在充分借鑑外國學者理論的基礎上，把管理職能納入管理過程中，認為管理者的管理過程是在重複履行各種管理職能。

　　我們將管理職能規範為計劃、組織、決策、領導和控制。計劃居於管理職能之首，建立在對未來工作的探索上，它基本確定了在未來一段時間內，組織所需實現的目標，達成目標的方法、途徑及時間等。計劃可以說是組織中各項管理活動的行動指南，有一個指引性作用。計劃的達成有利於組織職能的充分發揮，將組織內所有成員有機組成一個整體，共同為實現組織目標而努力，既有效地分工合作，又及時地根據內、外部環境變化進行調整。

任務二　管理者

【專欄1-3】漢高祖劉邦的選人用人之道

　　《資治通鑑》中有這樣一段記載，說劉邦在取得天下之後，曾經跟群臣說他能打敗項羽而奪取天下的原因。劉邦說：「張子房坐在帳篷裡推算就可以決定千里之外戰場上的勝與負。這方面的謀略，我比不上張子房。蕭何能守護國家，安撫百姓，分發糧餉，暢通糧道。這方面我也比不上蕭何。而韓信可以統領百萬大軍，戰必勝，攻必取。這方面我又比不上韓信。這三個人，都是傑出的人才，而我卻能夠用好他們，把他們安排在合適的位置上，這就是我能得天下的原因。而項羽雖然有一個范增這樣的傑出人才來輔佐，卻不能好好任用，這就是項羽敗給我的原因。」

　　啟示：這段話表明管理者是通過他人達成目標的。人無完人，個人的智慧畢竟有限。

一、管理者的概念與分類

　　彼得·德魯克認為：管理者，就必須卓有成效；管理者一般由擁有相應的權力和責任，具有一定管理能力，從事現實管理活動的人或人群組成。

　　管理者在組織管理活動中起決定性作用。他們負責組織的營運，如政府部門、非營利性機構、大中小型公司、博物館、學校等；他們負責管理活動的開展，如競選活動、音樂巡演、銷售等；對他們沒有年齡要求，「蘋果教父」喬布斯創業時才18歲，「褚橙王」褚

時健 84 歲再成億萬富翁；對他們沒有性別要求，既有馬雲、馬化騰等男性，也有董明珠等女性。世界上的每個國家都有管理者在做管理工作。

（一）管理者的概念

通常意義上，人們把執行管理任務的人統稱為「管理者」或「管理人員」。在組織中，管理者是指主要從事管理工作的人，具體履行管理職能，直接負責組織目標的實現。在管理活動中，管理者起著策劃者、執行者的作用，工作內容主要包括計劃安排、組織落實、員工激勵和工作控制等。管理者的主要任務，就是對他人工作負責，並幫助他人努力工作。管理者通常告訴其他人誰來做、該做什麼、該怎樣做等。他關注的重點，更多的是在如何更好地幫助別人完成工作任務，從而更好地實現組織目標。管理者在管理工作中起著非常重要的作用，其工作成效直接影響著組織工作的好壞。

（二）管理者的分類

1. 按層次分類

傳統結構的組織，通常為金字塔形（見圖 1-1）。根據在結構中所處層次的不同，可將管理者分為三類，即高層管理者、中層管理者和基層管理者。

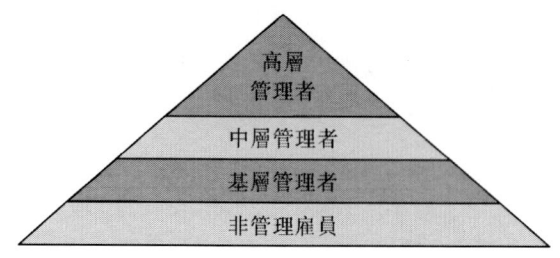

圖 1-1　管理層級

（1）高層管理者

高層管理者在組織中處於最高層，對整個組織工作負全面責任。在組織中，高層管理者的人數最少。他們負責組織總目標、總戰略的制定，掌握組織的大政方針，有權分配組織中的一切資源，直接影響著組織的生存和發展，對組織的績效負主要責任。高層管理者的典型稱謂主要包括董事會主席、首席執行官、總裁或總經理及其他高級經理人員等。

（2）中層管理者

中層管理者在組織中處於中間，處於高層管理者之下、基層管理者之上，負責組織具體計劃的制訂和貫徹執行，監督和協調基層管理人員的工作。中層管理者具體聯絡高層管理者與基層管理者，主要起著橋樑和紐帶的作用。中層管理者一方面將高層的政令、決策等信息傳達給基層管理者，督促基層管理者貫徹落實相關計劃；另一方面將基層的意見、要求等信息反應給高層管理者。中層管理者通常負責某一部門或某一方面的具體工作。中層管理者一般分為行政管理人員、技術性管理人員和支持性管理人員三類，通常被冠以部

門主任、科室主管、項目經理、地區經理、產品經理或分公司經理等頭銜。

（3）基層管理者

基層管理者處於管理層的最低層，是工作在一線的管理者，主要負責管理作業人員。基層管理者主要將上級的指令傳達給下屬作業人員，分派具體工作任務，直接指揮和監督現場作業，保障各項工作有序進行。基層管理者對工作負有直接責任，其工作效果直接影響管理工作的效果和任務的完成。如車間小組長、醫院護士長等。

2. 按領域分類

隨著社會精細化分工，管理工作也分為很多領域和專業。根據管理者在管理工作中所從事的領域及專業的不同，可以將管理者分為綜合管理者和專業管理者。

（1）綜合管理者

綜合管理者通常是一個組織或一個部門的主管，負責整個組織或組織中某個部門的工作，對相關組織和部門負全部責任。他們能指揮和支配組織或部門所有資源，擁有其必須的權力。綜合管理人員通常是全能型管理者，是管理的全才，熟悉多項管理事務，如一個公司的總經理通常能勝任生產、行銷、財務、人力資源、技術等多方面的管理。

（2）專業管理者

專業管理者又稱職能管理者，在組織內通常只負責某一個專業領域的工作。專業管理者的工作指向性非常強，具有專業特長，常常是某一方面的專家。如人力資源管理人員只負責人事方面的事務、財務管理人員只負責財務管理方面的事務等。

二、管理者的角色

【微課堂——創意微課】管理者的角色誤區

角色就是處於組織中某一位置的人需要做的一系列特定的任務。管理問題的研究，不僅可以從管理職能的視角入手，還可以從管理角色這一視角入手。管理者在管理工作中扮演著眾多的角色。亨利·明茨伯格1975年在《管理者的工作：傳說與事實》一文中，將管理者的角色分為人際關係、信息傳遞和決策制定三大類，共包含十種不同的角色內容。管理者在扮演和履行這些角色的過程中，通過具體的思考和行動，在組織內外影響著個人和群體的行為。管理者的角色如圖1-2所示。

（一）人際關係類

人際關係角色涉及與組織內、外部人員的關係以及其他禮儀性、象徵性職責，具體包

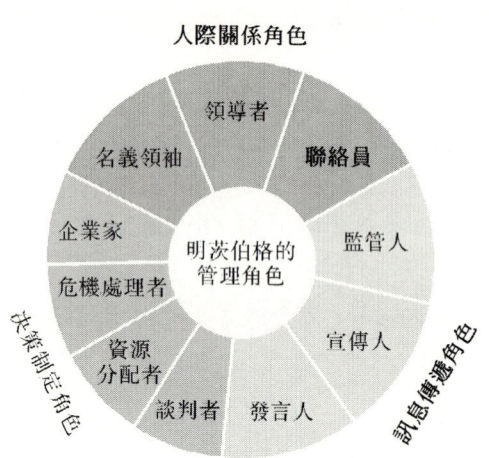

圖 1-2　明茨伯格的管理角色

括名義領袖角色、領導者角色、聯絡員角色三種。①名義領袖角色必須行使一定禮儀性質的職責，如宴請重要客戶、參加社會活動、帶領領導參觀企業等；②領導者角色必須在組織中發揮領導者功能，如激勵員工、指導員工等；③聯絡員角色在與外部建立利益關係時，必須有敏銳的洞察力，起著聯絡員的作用。

(二) 信息傳遞類

信息傳遞角色作為組織的信息中心，負責組織內外部信息的收集、接收和傳播，確保信息的順利傳達，具體包括監管人角色、宣傳人角色、發言人角色三種。①監管人角色通過與下屬的接觸和對內、外部環境變化的持續關注來收集信息，識別潛在機會和威脅；②宣傳人角色主要負責將獲取的大量信息有效地分配出去，從而影響其工作態度和行為，保障各類工作的有效開展；③發言人角色必須將信息有效地傳達給股東、消費者等，積極做出反應，促進組織更好的發展。

(三) 決策制定類

決策制定角色負責信息處理、組織決策和資源合理分配，確保順利實施決策方案，具體包括談判者角色、資源分配者角色、危機處理者角色、企業家角色四種。①談判者角色將精力主要花費在談判上，與其他有資源優先權的組織內、外部管理者達成相關協議，確保組織目標順利完成；②資源分配者角色主要負責將組織內部的人力、物力、財力、時間、信息等各類資源分配到各個項目；③危機處理者角色及時採取有效措施，應對各類突發問題、處理各類衝突、干預各種危機、調解各種爭端；④企業家角色通過組織內、外部的環境變化和事態發展，及時發現、利用相關機會，並進行有效的投資，不斷開拓新市場。

三、管理者的技能

【專欄1-4】經理的決策

好運房地產公司最近總體市場不景氣，公司總經理王偉以獨特的眼光發現了生態型房產項目與成功人士消費者之間的相關性，在此基礎上設計了具有針對性的房地產開發項目，並在各種傳播平臺進行了大量的前期宣傳。但因為該項目涉及與交通管理、保險、環保、綠化等多個部門的協調，所以該項目得到正式批准的時間比預期晚了整整一年，由此喪失了大量的市場機會。

管理者在組織工作中，都努力保證工作有效開展，並達到標準和要求。管理技能是確保工作達標的重要保障。管理者在複雜環境中要進行有效的管理，實現組織目標，就必須具備一定的管理技能。技能不是與生俱來的，需要經過後天的不斷學習和努力實踐來獲得。1955年，美國著名管理學家羅伯特・卡茨在《高效管理者的三大技能》一文中提出，有效的管理者需具備三種關鍵技能，即技術技能、人際關係技能與概念技能。圖1-3是這些技能與管理層級之間的關係。

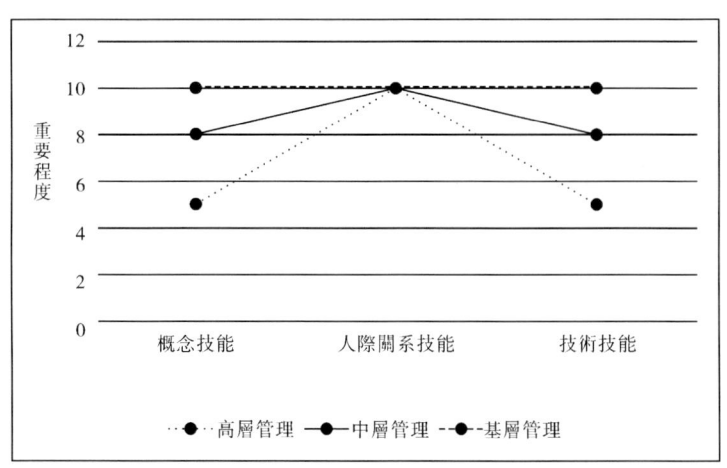

圖1-3　不同管理階級需要的技能

（1）技術技能主要是如何「處事」，是指熟練掌握某一專業領域內的知識、工作方法和技術等，從而完成組織任務的能力，包括專業知識、經驗、技術、技巧、程序、方法、操作與工具運用的熟練程度等。具備較高的技術職能，能夠更好地指導下屬的工作，通常也更受員工的尊敬和愛戴。技術技能對中層管理者要求較高，對高層管理者和低層管理者要求較低。車間主任需要熟悉各種機械的性能和操作等，如財務科長需要熟悉財務管理、

預決算編製方法等，辦公室主任需要熟悉各類規章制度、公文寫作等。有著優秀技術技能的員工常常被提拔為基層管理者。

（2）人際關係技能主要是如何「待人」，是指合理處理各種複雜的人際關係的技能。管理者的大部分時間和精力放在處理組織內、外部人際關係上。對內聯繫、協調下屬，調動下屬的積極性；對外處理與本組織有關的人的關係。管理者要充分瞭解別人的信念、情感、個性、態度等，能夠敏銳地洞察別人的需要和動機，充分調動員工的積極性、創造性。人際關係技能是高層管理者、中層管理者和基層管理者在工作中取得更大成效的重要法寶。

（3）概念技能是種抽象能力，主要指管理者從全局出發，觀察、理解和處理各種複雜關係的能力，具體包括全局能力、抽象思維能力、識別能力、創新能力。管理者通過處理組織內各子單元之間的關係，將各子單元合理組建，提高組織整體水準。概念技能的核心技能是觀察力和思維能力，這對組織戰略決策具有重要的意義。管理者所處層次越高，對概念技能的要求也越高。

四、有效的管理者與成功的管理者

管理工作的目標達成情況，與管理的成效有著密切的關係，這也與管理者的水準有著直接的關係。什麼樣的管理者才算是有效的管理者，有效的管理者應該具備哪些素質，如何成為有效的管理者，這些一直是組織內各級管理者非常關心的問題。

美國組織行為學專家弗雷德·盧森斯經過長期的研究，通過對450位管理者分析後，他發現了這些管理者工作中的共性。

（1）傳統管理：計劃、決策和控制。
（2）日常溝通：交流常規信息和處理文書工作。
（3）人力資源管理：激勵、獎懲、調解衝突、人員配備和培訓。
（4）網絡聯繫：社交活動、政治活動和與外界交往。

他們通過進一步對這些活動的研究，發現不同管理水準的管理者在這四項活動上所花費的時間和精力也有著巨大的差異（見表1-2）。我們把具有普通管理水準的管理人員稱為一般的管理者，把在組織中提升速度快的管理人員稱為成功的管理者，把績效較好且下屬滿意度和支持度較高的管理人員稱為有效的管理者。以成功的管理者為例，他們的日常時間和精力在傳統管理上大約花費13％，在日常溝通上大約花費28％，在人力資源管理上大約花費11％，在網絡聯繫上大約花費48％。

表1-2　　　一般的、成功的和有效的活動管理者四種活動的時間分佈　　　單位:％

活動 類型	傳統管理	日常溝通	人力資源管理	網絡聯繫
一般的管理者	32	29	20	19

表1-2(續)

類型＼活動	傳統管理	日常溝通	人力資源管理	網絡聯繫
成功的管理者	13	28	11	48
有效的管理者	19	44	26	11

究其原因，這與他們本身管理的側重點有關係。因為他們管理的側重點不同，所以在傳統管理、日常溝通、人力資源管理、網絡聯繫方面所花費的時間和精力自然也不同。這四個方面中，決定管理者成功與否的關鍵性因素是網絡聯繫，人力資源管理等重要性相對較小。對有效的管理者，決定他們管理成功與否的關鍵是日常溝通。所以，他們花費在日常溝通方面的精力最多。

【專欄1-5】誰最應該被提拔為副總裁？

曾有一個建築設備集團公司要選擇副總裁，欲從集團公司的6個分廠廠長中選拔。其中一分廠的王廠長在群眾中呼聲最高。王廠長工作兢兢業業，總是最早上班、最後下班的一個，工作上細緻入微，細心過問廠內的大小事情，對待下屬員工也是和藹可親，並且這位技術員出身的廠長還親自帶領員工實施技術改造，使企業效益一直保持在各分廠的中上水準。但集團領導最終卻選定了二分廠的張廠長出任副總裁。結果一公布，便有反對意見反饋上來。理由大致有三點：第一，大家認為張廠長喜歡「拉關係」，對自己的本職工作不太關心，有不務正業的嫌疑；第二，雖然二分廠的效益一直名列前茅，但張廠長有特殊背景，可能有人暗中幫助他提升業績；第三，二分廠的大部分工作通常由張廠長委派下屬完成，效益並不是他個人創造的，功勞應該歸下屬。

啟示：從這個案例我們可以清楚地看到，王廠長是有效的管理者的典型代表，而張廠長則是成功的管理者的典型代表。其實盧森斯的研究不僅向我們揭示了有效的管理者不等於成功的管理者的現實，也為大家歸納出了有效的管理者與成功的管理者在管理過程中所體現出來的不同的行為特徵。

任務三　管理史

【專欄1-6】正道

曾有一座寺廟坐落於千里之外的深山中，廟裡的主持身懷武學絕技，精通佛學，德高望重，通曉正道，威震江湖。有一個年輕人翻越千山萬水來到寺廟，請求住持收他為徒，傳授他正道。住持鄭重地告訴年輕人：想要拜師求學就必須履行一些義務和責任。年輕人

迫不及待地詢問住持要履行哪些義務和責任，主持告訴年輕人必須每天從事洗菜、煮飯、劈柴、打水、掃地、搬東西等工作。這時年輕人一臉不悅，認為自己拜師是為了練就本領和參悟正道的，應該學武念經而不是來做瑣碎的雜事和無聊的粗活，於是就離開了寺廟。

啟示：正道並不是什麼高深莫測的理論，其實它就隱藏在洗菜、煮飯、劈柴、打水、掃地、搬東西這些瑣碎的雜事和無聊的粗活中；同樣，管理的道理也並非高不可攀的，而是隨處可得的。只要認真去探索，大膽去實踐，用心去感悟，在實踐過程中自然能深刻地感受到管理的意義和價值。

在管理學正式形成之前，人們只是根據管理的一些概念，具體指導勞動。管理的思想也來源於勞動實踐，並更好地指導著人們開展各種勞動工作。管理思想及其演變大致可以分為早期管理、古典方法、行為方法、現代管理叢林和當代方法五個階段。第一個階段，早期管理。19世紀末以前，以美國的「管理運動」為代表，人類僅憑經驗去管理，沒有形成科學的管理理論。第二階段，古典方法。19世紀末20世紀初，美國的泰勒、法國的法約爾、德國的韋伯等先後提出有科學依據的管理理論。第三階段，行為方法。20世紀20年代，由早期的人際關係學說發展成為行為科學理論，而後又發展成為組織行為學，代表人物有梅奧、巴納德等。第四階段，現代管理叢林。二戰結束以後，管理領域百家爭鳴，出現了一系列學派。孔茨把這一時期稱為「管理理論的叢林」階段，並將之歸納為11個不同的學派，如經驗和案例學派、人際關係學派、群體行為學派等。第五階段，當代方法。20世紀80年代以來，國際環境巨變，管理學一些新的思潮逐漸湧現，管理理論趨向全面化、綜合化，代表理論主要有企業文化管理理論、競爭戰略理論、企業流程再造論和學習型組織理論，代表人物有邁克爾·哈默、詹姆斯·錢皮等。

在本模塊中，我們將考察管理學歷史上的幾種主要研究方法：早期管理、古典方法、行為方法、現代管理叢林和當代方法（見圖1-4）。每種方法都試圖從當時歷史的重點和

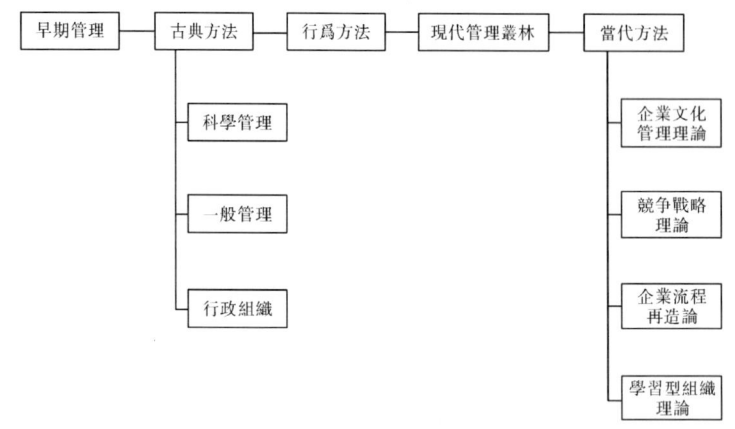

圖1-4　管理學的主要方法

研究者的背景、興趣角度去解釋管理學。這些理論讓我們對管理有了更全面的認識，而它們也分別從各自的視角解釋了何為管理以及如何實現最佳的管理。

一、早期管理

管理來源於勞動，是共同勞動的產物。自人類社會產生之初，集體勞動隨之產生，並促進了勞動組織的產生，管理隨之出現。人類為了更好地從自然界獲取資源，不自覺地進行著極為廣泛的管理活動和管理實踐。管理的思想和理論也隨著組織勞動逐漸完善，同時一直指導著社會勞動有序開展。

這一階段的人類，只能憑藉一些經驗去管理。雖然計劃、組織、領導和控制等思想，在古人的管理工作中發揮了很大的作用，但古人沒有對其進行系統的概括，更沒有形成科學的管理理論。在古埃及、古中國、古希臘和古羅馬的史籍與許多宗教文獻中，都可看到古代管理實踐和管理思想的影子。四大文明古國的燦爛文化，就是早期管理的作用和體現。金字塔和萬里長城等工程都是震驚世界的奇跡，管理便在其中發揮著巨大的作用。以中國的萬里長城為例，它蜿蜒於崇山峻嶺和戈壁灘上，總長 6,700 千米。自秦朝開始，秦始皇便開始著手修築長城。據記載，秦始皇使用了近百萬勞動力修築長城，占全國人口的 1/20，當時沒有任何機械，全部勞動都得靠人力，而工作環境又是崇山峻嶺、峭壁深塹。每個人要做什麼？每塊石頭如何搬？如何保障現場有足夠的石頭？可以想像，沒有早期管理的運用，萬里長城這項巨大工程是不可能完成的。

早在 1776 年，亞當・斯密便在《國富論》一書中提出了「勞動分工」，即將勞動工作分解為細小性和重複性兩類任務。他認為，通過增加每個人的技能和靈巧度，勞動分工能節省改變任務浪費的時間，可以讓組織和社會獲得更大的經濟優勢。他以大頭針行業為例，做了細緻的論證。通過細化工作任務，10 個人各自完成自己的工作，每天一共可以生產大頭針 4.8 萬個。如果仍採用原有的方法，每個人可以獨立完成一整套任務，那麼每天每個人生產 10 個大頭針就不錯了。因此，勞動分工受到歡迎，並被廣泛應用。

從 18 世紀晚期第一次工業革命開始，以蒸汽機作為動力機被廣泛使用為標誌的機器動力開始登上歷史舞臺，逐漸取代人工動力。工廠生產產品的效率比家庭生產的效率要高、經濟效益要好。為了更好地預測生產需求、確保足夠材料儲備、合理的人員分工、具體勞動指導等，大型、高效的工廠需要管理者用正式的理論來更好地管理組織工作、指導組織營運。直到 20 世紀，管理理論才開始出現萌芽。

【專欄 1-7】丁謂建宮

宋真宗大中祥符年間，皇宮發生重大火災，部分宮殿燒毀殆盡。參知政事丁謂受命重建皇宮。他為三件事感到苦惱：一是建皇宮要很多泥土，可是京城中的空地很少，取土要到郊外，路途遙遠；二是需要的大批建築材料，都要從外地運來，而汴河在郊外，離皇宮

很遠；三是清理廢墟後將碎磚破瓦運出京城同樣很費事……

但丁渭並沒有按傳統習慣做法馬上開工興建，而是首先仔細分析提出一個方案：先把皇宮前的大街挖成溝河，利用挖出來的土做原料來燒製磚瓦；把京城附近的汴河水引入了挖成的溝河，利用它來把大批建築材料運到宮前；新宮建成後，再用建築廢墟填平溝河就地處理碎磚爛瓦，從而一舉修復了原來的大街。這樣，丁渭一舉解決了取土燒磚、建材運輸和廢物處理等問題，節省了大量人力、物力和財力，提高了效率。在很短時間內，宏偉的宮殿和亭臺樓閣修建一新。丁謂的方案一舉三得，當時無人不佩服。

二、古典方法

儘管管理在人類早期的組織活動中發揮著巨大的作用，但是直到20世紀初期，人們才開始正式研究管理學，管理理論也才最初形成。美國的「管理運動」在管理思想和理論發展的歷程中具有里程碑式的意義，同時也打響了現代管理的前奏，管理理論的第一種研究方法——古典方法逐漸形成。

古典方法以研究企業的效率為主要目的，主要側重管理職能、組織方式等方面，人的心理因素基本不做考慮。古典方法包含科學管理理論、一般管理理論和行政組織理論，其奠基人分別為科學管理之父泰勒、管理理論之父法約爾和組織理論之父馬克斯·韋伯。其中，科學管理理論標志著管理學的形成。

（一）科學管理理論

1911年是一個載入管理學理論發展史的一年。這一年，弗雷德里克·溫斯洛·泰勒出版了《科學管理原理》一書，引起了全世界管理者的極大關注。泰勒在本書中具體闡述了科學管理的理念，即用科學的方法確定完成一項工作的最佳方式。

泰勒

泰勒（1856—1915）出生於美國費城，家庭富裕，父親從事律師職業。1874年，泰勒考入哈佛大學，在法律系學習。不久，他因眼疾而輟學，並放棄了法律事業。

1875年，泰勒進入費城恩特普里斯水壓工廠工作，先後當模具工和機工學徒；1878年，泰勒進入米德維爾鋼鐵公司，先後任車間管理員、技師、工長等職位工作；1883年，泰勒在史蒂文斯技術學院獲得機械工程學位後，於第二年升任米德維爾鋼鐵公司總工程師。1898—1901年，他在賓夕法尼亞的伯利恒鋼鐵公司工作，並進行了世界著名的「搬運鐵塊試驗」和「鐵鍬試驗」。他的著作有《計件工資制》（1895）、《車間管理》（1895）、《科學管理原理》（1911）等。其中，《科學管理原理》一書的出版，標志著西方管理理論的形成。1915年3月21日，泰勒病逝在費城，享年59歲。因其做出的傑出貢獻，泰勒被後人稱為「科學管理之父」。泰勒從勞動基層做起，這些經歷決定了他對基層生產技術的重視，尤其

是現場管理、定額標準、時間分析等具體問題。

【專欄 1-8】鐵鍬試驗

泰勒在伯利恒鋼鐵公司進行著名的鐵鍬試驗中，發現用同一把鐵鍬去鏟不同的物料是不合理的。如在用鐵鍬鏟煤末時，每鏟負重是 3.5 磅，而在用鐵鍬鏟鐵礦石時，每鏟負重是 38 磅。泰勒通過安排第一流的鏟工進行試驗後確定，每一鏟的合理負重應該在 21 磅時產生的效率最高。為此，泰勒提出應準備幾種負荷大體在 21 磅大小不同的鐵鍬供工人選擇使用，以使工人鏟重物時用小鐵鍬、鏟輕物時用大鐵鍬。自此，工人上班時都不再自帶鐵鍬，而是根據物料情況從公司領取標準鐵鍬，這種做法大大提高了勞動生產效率。

【專欄 1-9】金屬切削試驗

從 1881 年在米德韋爾公司開始，為了解決工人的怠工問題，泰勒進行了金屬切削試驗。他自己具備一些金屬切割的作業知識，於是他對車床的效率問題進行了研究，開始了預期為 6 個月的試驗。在用車床、鑽床、刨床等工作時，要決定用什麼樣的刀具、多快的速度等來獲得最佳的加工效率。這項試驗非常複雜和困難，原來預定為 6 個月，實際卻用了 26 年，花費了巨額資金，耗費了 80 多萬噸鋼材，總共耗費約 15 萬美元，最後在巴斯和懷特等十幾名專家的幫助下，試驗取得了重大進展。這項試驗還獲得了一個重要的副產品——高速鋼的發明並取得專利。

金屬切削試驗為泰勒的科學管理思想奠定了堅實的基礎，使管理成為一門真正的科學，這對以後管理學理論的成熟和發展起到了極大的推動作用。（註：1 磅＝0.453,592 千克）

科學管理制度又稱「泰勒制」，其目的是通過共同協作，提高勞動生產率。泰勒通過提高勞資雙方的經濟份額，強調勞資雙方來一場「心理革命」，將爭奪盈餘轉向提高盈餘。科學管理的主要內容包括：

1. 工作定額原理

泰勒認為，提高勞動生產率是管理的中心問題。為此，泰勒提出了「合理的日工作量」等工作定額原理。其主要方法是研究業務熟練的每一道工序的時間，結合休息時間及延誤時間，得出完成某項工作需要的總時間，從而確定工人工作定額。

2. 標準化原理

泰勒認為，完成較高的工作定額，需要形成一種最好的作業方式，即標準作業。標準作業必須科學地安排管理工作中的各項因素，並消除其中不合理因素，將各種最好的因素科學地結合起來。管理因素主要包括工人作業方法、作業工具、機器和材料、設備的佈局和作業環境的佈置等。

3. 科學地挑選工人並使之成為「第一流的工人」

「第一流的工人」是泰勒的重要思想之一。隨著勞動生產率的提高，需要挑選第一流

的工人。第一流的工人主要指能力方面最適合，並願意努力做這項工作的工人。每個人的天賦和才能是不同的，所適合的工作也是不同的。企業管理者的工作責任就是，按照生產的需要，結合每個人的天賦和能力，把他們分配到最適合自己的工作崗位上，並將他們培養成為第一流的工人，最大化激發他們的工作成效。泰勒曾說：「我認為那些能夠工作而不想工作的人不能成為我所說的『第一流的工人』。我曾試圖闡明每一種類型的工人都能找到某些工作，使他成為第一流的工人，除了那些完全能做這些工作而不願做的人。」

4. 實行差別計件工資制

差別計件工資制提出之前，當時的企業所採用的為日工資制等。這些制度均不能充分調動職工的積極性，不能提高工作效率和企業效益。計時工資容易出現工人「磨洋工」現象，工作量無法在時間上準確體現。他在充分分析當時原有制度的前提下，制定了勞動定額，並於1895年提出了「差別工資制」方案。他將工資支付的對象由職位和工種轉向了工人。工人工資的計算不是根據其職位而是根據其技能和付出的勞動。他主張在確定勞動定額的基礎上制定差別工資率，即按照工人是否完成定額而採用不同的工資率。工人如果保質保量地完成定額，工資率就較高，按正常工資率的125%付酬，以資鼓勵；工人如果沒有保質保量地完成定額，工資率就較低，按正常工資率的80%付酬，並給以警告。例如，某零件的工作定額為10件，每完成1件支付1元，完成定額與未完成定額的工資率分別為125%和80%。如果完成了11件，即完成定額，所得工資為 $11×1×125\% = 13.75$ 元；如果完成了9件，即未完成定額，所得工資為 $9×1×80\% = 7.2$ 元。

5. 管理工作專業化原理

泰勒主張將管理人員專業化分工，將計劃職能和執行職能分開，並實行「職能工長制」。

計劃職能其實是管理職能，執行職能是作業職能。泰勒改變了傳統的經驗工作方法，轉而將標準化原理的科學方法運用到管理工作中。泰勒提出廢除企業中軍隊式的組織，轉而實行「職能式」組織和「職能式的管理」，並設想了「職能工長制」。職能工長制將管理工作細分為八個職能。其中，計劃部門的職能包括工作流程管理、指示卡管理、工時成本管理、車間紀律管理，執行部門的職能包括工作分派、速度管理、檢查、維修保養。每個職能選擇一個工長，每一個工長只承擔一項管理職能，具體監督、指導工人工作，並對其工作結果負責。泰勒這一設想雖未真正實行，卻對後來職能部門的建立和管理職能的專業化產生了非常大的影響。

6. 管理控制的例外原理

在《工廠管理》一書中，泰勒提出了「管理控制的例外原理」。他指出：「經理只接受有關超常規或標準的所有例外情況的、特別好和特別壞的例外情況的、概括性的、壓縮的及比較的報告，以便使他得以有時間考慮大政方針並研究他手下的重要人員的性格和合適性。」管理控制的例外原理非常重要，至今仍發揮著巨大作用。例外原理是指高級管理人員將日常事務授權給下級管理人員，自己保留對例外事項的決策權和控制權。這種例外

原理包括重大企業戰略、重要人員更替等。較大企業的組織和管理，必須依靠職能原則和例外原理共同作用。管理控制的例外原理分為授權原則、分權化原則和實行事業部制等。

【專欄1-10】生鐵實驗

　　泰勒作為一名有教友派和清教徒背景的機械工程師，他一直驚訝於工人的效率之低。從事同樣工作的工人採用著完全不同的方法。他們經常以非常散漫的態度對待工作，泰勒認為工人的產出只是他們能力的1/3。當時幾乎沒有工作標準存在，也沒有人關心工人的能力與其所在崗位的要求是否匹配。為了改變這種情況，泰勒開始著手在車間實施科學管理方法。他花費了20多年的時間孜孜不倦地尋求，這些在米德維爾鋼鐵廠的經歷使泰勒明確了提高生產效率的指導原理。他認為這些原理能夠同時有益於工人和管理者。最有名的關於泰勒科學管理的例子可能是生鐵實驗。工人們將生鐵（每塊92磅）裝入火車車皮中，他們平均每天的工作量為12.5噸。然而，泰勒相信通過科學地分析工作來確定裝載生鐵的最佳方法，每天的工作量可以增加至四十七八噸。通過科學的運用流程、技術和工具的不同組合，泰勒給崗位匹配合適的員工以及正確的工具和設備，讓員工嚴格遵循他的指令，並用明顯更高的日工資給予員工物質激勵，從而成功達到了預計的產出水準。

【專欄1-11】丙吉問牛

　　漢代有位名叫丙吉的宰相。有次他外出視察，遇到了一宗殺人的事件，他沒有理會。後來看見一頭牛在路邊不斷地喘氣，他卻細細詢問緣由。隨從的人覺得很奇怪，問他為什麼人命關天的事情他不理會，卻如此關心一頭牛的喘氣。丙吉說，路上殺人自有地方官吏去管，不必我去過問；而牛喘氣異常，就有可能發生了牛瘟或其他的有關民生疾苦的問題，這些事情地方官吏一般又往往不太注意，因此我要查問清楚。這則故事有很多耐人尋味的地方。如果我們把「殺人事件」看成例行事件，那麼丙吉問牛實際上就是一個例外原理的典型。「殺人事件」的處理實際上已制度化、流程化，並有專門的機構負責處理，作為領導完全可以讓它們去解決。相反，牛喘氣作為一種偶發性例外事件，由於缺乏制度化、流程化的解決方式，而且沒有專門負責的組織機構，就容易被忽視而造成嚴重的後果。丙吉這種放手流程內和例行事件、專注流程外和例外事件的管理思想，對現在公司的管理及其他工作有著很深的啟示。

　　泰勒的科學管理理論在全球引起了極大轟動，對很多管理者產生了很大的影響。人際關係理論、科學管理運動的先驅者亨利·勞倫斯·甘特提出的「人的因素最重要」的思想以及「動作研究之父」吉爾布雷思對「勞動者心理」的研究、福特的福利刺激計劃、福萊特的利益結合論、埃默森的效率原則等，都對科學管理理論的形成與完善做出了卓越的貢獻。

【專欄1-12】科學管理造就福特王國

福特公司成立於1903年,至今已走過100多年的歷史。這個汽車王國的興起,首先他是受益於科學管理這一偉大思想。

有一次,亨利·福特把一輛汽車賣給一位醫生,一個看熱鬧的行人對同伴打趣道:「不知哪一年我們才能買得起汽車?」「這很簡單!從現在起,你不吃飯,不睡覺,一天干24小時,我想只要5年,你便會擁有一輛汽車。」這句話使在場的人哄笑起來。然而,福特聽了卻沒有笑,他反而從玩笑中獲得了經營靈感。事後,福特決心研製一種「連擦皮鞋的人也能買得起的汽車」的方法。

4年後,福特的T型汽車問世了。他是受芝加哥一家屠宰場分解牛的流水線啟示,獲得了創造流水線的靈感,並於1913年開始實施他的流水線作業,將原來由數名工人「包干」的汽車改成若干個工序,每個工人只負責一個工序上的操作,並無須來回奔跑。原來組裝一臺電機需要20分鐘,通過流水線作業,現在只需5分鐘了;原來生產一個T型車底盤需要12小時,為了進一步提高生產效率,福特請來了科學管理之父泰勒對工序進行改進,將汽車生產分解為84道工序。最終,將曾經需要12小時的下線速度縮短為驚人的10秒鐘,使福特汽車的生產效率大大提高,T型車的售價也從825美元降為300美元,一舉打敗了競爭對手,從而奠定了福特的霸主地位。

流水線生產方式打破了福特公司傳統的工作方法,工人也由全能型技工向單一工種發展。加之工序細化後,動作標準化、工具標準化使得工作越來越單調,工人的積極性受到了打擊。福特又運用了科學管理中的「刺激性報酬」與「第一流的工人」的思想,在薪酬上尋找突破。1914年1月5日,福特對外宣布,計劃在一週後將普通工種的工資提高100%,且將實現5美元工作日,任何「合格」的福特工人,即使是最低工種的人和車間清潔工也不例外。除了「5美元工作日」外,還將9小時工作時間改為8小時。福特公司的這一舉措吸引了大量的海員、農民、礦工、職員等,他們從美國各地趕來參加福特公司的招聘會,福特公司由此招收到了很多第一流的工人,這為福特的發展又創造了有利條件。

福特感慨道:「即使是玩笑,只要你留心思考,也可能有觸發你的經營靈感的東西。」

啟示:無論是科學家、文藝家還是經營者,在創造活動中,都存在著靈感現象。但靈感也跟機遇一樣,只偏愛有準備的頭腦。亨利·福特留給後人最寶貴的遺產,就是他造「百姓車」的理念:汽車不應該屬於少數富人,而應該讓每個人都買得起。「更多,更好,更便宜」是他的經營理念,也正是由於這種理念,福特公司才在當時的1,000多家汽車公司中脫穎而出。

（二）一般管理理論

管理過程學派的創始人、「經營管理之父」亨利·法約爾，是古典管理理論的主要代表人之一。1916 年，他出版的《工業管理和一般管理》一書，標誌著一般管理理論的形成。

1841 年，亨利·法約爾出生於法國。1858 年，他考入聖艾蒂安國立礦業學院；1860 年，他考取了礦業工程師資格，並在科芒特里—富香博公司的科芒特里礦井組擔任工程師，職位一直做到公司總經理。退休後他繼續在公司裡擔任一名董事。1925 年 12 月，亨利·法約爾去世，享年 84 歲。

法約爾

法約爾與泰勒在同一時間著書，因為其經歷不同，所以兩人的關注點也不同。泰勒研究的是「車床前的工人」，以一線管理者和科學方法作為研究對象；法約爾研究的是「辦公桌前的總經理」，以企業整體作為研究對象。

因為法約爾長期擔任大企業的總經理，所以他從管理者的活動入手，來探索企業及組織的管理問題。法約爾從企業全部活動來分析管理活動，倡導管理教育，並首次提出了管理的五項職能，即計劃、組織、指揮、協調和控制。法約爾認為，管理是所有企業、政府甚至家庭共同努力的活動，管理的成功取決於管理者能靈活地貫徹管理的一系列原則。他因此還總結出了 14 條管理原則。

（1）勞動分工。專業化分工能使某一特定人群從事特定的工作，從而提高工作效率，增加產量，提升工作績效。

（2）職權。職權即組織賦予管理者的權利。管理者有指揮和命令下屬的權利。責任和權利是孿生物，責任是權利的必要補充。優秀的管理者需要行使權利和承擔責任。法約爾將管理者的權利區分為了職位權利和個人權利。

（3）紀律。紀律是企業管理者和員工在服從、勤勉、積極、舉止和尊敬等方面達成的一致協議，需要組織內管理者與員工共同遵守和服從。紀律關係到企業的成敗。企業想要制定和維持紀律，必須注意三點：領導率先垂範、明確公平協定和公平公正執行。

（4）統一指揮。組織中的衝突和不穩，很重要的一個原因便是雙重命令。這應當充分引起各級管理者的注意。每位員工應該從同一位上級處接受指令。這是管理的一條原則，也是一條定律。

（5）統一領導。統一領導與統一指揮不同。統一領導是指在統一不變的活動中，應當在一個計劃下，由一位管理者具體指導。統一指揮通常通過建立完善的組織來實現，必須在統一領導下才能實現。

（6）個人利益服從整體利益。根據利益對象的不同，可以分為個人利益和集體利益兩類。一個組織中，個人利益應置於集體利益之下，個人利益應當服從整體利益。只有集體利益得到了保障，個人利益才會得到更大的保障。

（7）報酬。報酬是對勞動付出的一種回報和肯定。員工的報酬方式主要包括三種，分別是按勞動日付酬、按工作任務付酬和按計件付酬，其具體內容包括獎金、分紅、實物補助和精神獎勵等。付酬的目的，只為鼓勵各級人員，激發他們的勞動積極性。其制度應當公平，對工作業績和效率優良者應予獎勵。

（8）集中。集中是指下屬參與決策的程度。權力集中與分散的措施本身可以經常變化，其目的是調動所有員工的積極性，使他們能夠發揮出自己最大的才能。

（9）等級制度。等級制度又稱為權力線，顯示的是組織內信息傳遞的路線，就是從最高權力機構直至底層管理人員的領導權利鏈。

（10）秩序。「凡事各有其位」，每個人都要有其相應的職位和位置。秩序要求人員和材料在時間和位置上完美匹配。秩序原則適用於物質資源和人力資源。例如，不僅設備工具要排列有序，人員也要有自己確定的位置，在各自的崗位上發揮作用。

（11）公平。管理者必須對下屬寬容並公平。

公平是一種立場和觀念，由善意和公正產生，會影響到組織內所有人的積極性。每個人都希望公平，每個員工都希望得到領導公平地對待。管理者應當公平地對待下屬，讓公平深入每個員工的心。

（12）人員穩定。保持員工隊伍穩定，是任何組織都非常重視的事情。管理者應當做好人事計劃，確保補充職位空缺。

（13）首創精神。首創精神是創立和推行一項計劃的動力。領導和員工都要有首創精神，只有這樣才能促使員工提高其敏感性和能力，從而有利於組織的發展。

（14）團隊精神。和諧與團結是一種巨大的力量，也是管理者重視的工作之一。組織應當保持和維護成員之間的團結、協作關係。法約爾強調，要注意統一原則，需避免對格言的斷章取義、各取所需的危機和濫用書面聯繫的危機。

（三）行政組織理論

德國著名的社會學家、哲學家、思想家馬克斯·韋伯，被人們稱為「行政組織理論之父」。

1864年，馬克斯·韋伯生於德國圖林根的埃爾富特市；1882年，他進入海德堡大學攻讀法律，而後就讀於柏林大學和哥丁根大學；1896年，他任海德堡大學經濟學教授；1919年，他任慕尼黑大學社會學教授。他先後擔任過教授、政府顧問、編輯等，在社會學、宗教學、經濟學與政治學等多個領域造詣很高，提出了很多新的觀點和獨特的思想。韋伯一生有很多著作，主要著作有《新教倫理與資本主義精神》《一般經濟史》《社會和經濟組織的理論》等。

韋伯提出了權力結構理論以及基於理想組織類型的關係，認為在現實中並不存在這種關係，他因此稱之為「理想的官僚行政組織」。這是一種以勞動分工、清晰界定的等級、詳細的規章制度以及非人際關係為特徵的組織形式，其核心是通過職務或職位而非個人或

世襲地位來實現管理職能。這種理論為當今大型組織的結構設計提供了理論基礎。他的研究領域屬於歷史—哲學範疇，因此這種理論又被稱為「官僚制」或「科層制」。韋伯主要從理想的組織形態、理想組織形態的管理制度和理想的官僚組織形式三方面闡述了其理論。

1. 理想的組織形態

韋伯認為，組織只有以權力作為基礎，成員才會齊心協力地朝著目標努力，並確保目標的實現。韋伯指出，世上有三種權力，同時也有三種組織形態與之對應。

（1）超凡權力——神祕化組織。超凡權力即救世主、先知、政治領袖等個別「超凡人物」具有超自然、超人的權力。這種權力基於對「超凡人物」的崇拜。這種組織一旦出現超凡人物死亡，組織往往就會出現分裂或走向死亡。這種權力關係的主要表現形式為「先知—信徒」的關係。

（2）傳統權力——傳統組織。傳統權力即是按照傳統或繼承沿襲而擁有的權力，領導人不能按能力來挑選。這種權力要求下屬服從命令，其管理也相對比較單純。這種權力關係的主要表現形式為「君主—臣民」的關係。

（3）法定權力——法律化組織。法定權力以按技術資格或其他既定標準來挑選領導者。其權力的賦予者是組織，建立在該種權力基礎上的組織具有持續性，會按照規則或程序來行使正式職能。這種職位或地位的權力由法律確定，所以成員均需服從。這種組織形態建立在法理、理性的基礎上，是最有效率的形態，能有效地實現組織目標。這種權力關係的主要表現形式為「理性—法律」的關係。

2. 理想組織形態的管理制度

韋伯極力推崇「理想的組織形態」，並構想了一系列基於這種形態下的管理制度的準則。他提出了如下十條準則：

（1）組織中的官員有人身自由，在官方職責方面與上級的權力是一種從屬關係；

（2）官員們按明確規定的職務等級系列組織起來；

（3）職務均有明確的職權範圍，每一職務均需明確；

（4）職務通過自由契約關係來承擔；

（5）官員的挑選以技術資格為主，候選人需有一定技術；

（6）官員們的薪金報酬較固定，並享有養老金；

（7）這一職務是任職者主要的工作甚至唯一的工作；

（8）職務已形成一種職業，其升遷制度較完善；

（9）官員在組織的所有權中，並沒有組織財產的所有權，因此不能濫用；

（10）官員在行使職權時，要受到嚴格、系統的紀律約束與監督。

3. 理想的官僚組織模式

韋伯為理想的官僚組織模式總結了下列 6 項特徵，他認為，高度理性化的組織都應具

備這些特徵。

（1）實行明確的分工。在傳統勞動分工的基礎上，明確每個崗位的權力和責任，並將之規範化、制度化。組織中的人員按照制度要求，依法行使職權。

（2）實行等級原則。按等級原則，將組織內的職位進行法定安排，自上而下形成一個等級鏈。下級人員受上級控制和監督。

（3）實行考核和訓練制度。根據職務要求，通過正式考試或教育培訓等方式選拔、任用優秀員工。

（4）職業定向制度。專職化設置組織中的管理人員，將之形成職業。職業管理人有固定的薪酬且有權享受養老金，並按照規定的制度升遷。

（5）正式的規則。組織中有嚴格的規則、紀律和辦事程序，在任何情況下，組織成員都必須嚴格遵守。

（6）非人格化。在組織中，人員之間的關係應該是一種完全理性的關係，不應受個人情感的影響。這種態度不僅適用於組織與外部人員的關係，也適用於組織與部門的關係。

韋伯的官僚組織模式，為行政組織指明了一條制度化的組織準則，為經濟發展提供了一種合乎理性的管理體系理論，其思想對現代企業產生了極大的影響。雖然這種模式遠沒有20世紀流行，但在現代很多擁有創造性專業人員的靈活組織中，如蘋果、通用電氣、阿里巴巴集團仍然在採用這種模式。

三、行為方法

20世紀初，企業發展出現了生產規模擴大、生產社會化程度提高、新技術成果廣泛應用、新興工業不斷出現等特點，資本主義世界經濟發展進入了一個新的時期。20世紀20年代前後，像機器一樣的工作，讓工人們非常厭倦。與此同時，工人的文化素質普遍提高，價值準則也由個人主義向社會倫理逐漸轉換。隨著工會組織的加強，使得工人們與雇主的鬥爭日益激烈。1929—1933年的經濟危機，使西方資產階級意識到了危機。管理學家們發現，傳統管理理論和方法對工人的管理效果逐漸降低，企業提高生產率和利潤的目的也不能更完美地達到。一些管理學家、心理學家開始從人性的視角，以進一步提高勞動生產率為出發點，研究新的管理理論和方法，行為科學理論應運而生。

行為科學的研究前期稱之為人際關係學說，從霍桑試驗開始；1947年「行為科學」這一名稱被首次提出，1953年「行為科學」正式定名，20世紀60年代「組織行為學」專指管理學中的行為科學。在西方組織理論研究中，行為科學始終占據著主導地位。其內容也非常豐富，除了包括早期的人際關係理論外，還包括「人性」問題、非正式組織、人際關係、領導方式和激勵等問題。

管理界工人的組織行為學方法的早期倡導者有四位：英國的羅伯特・歐文、德國的雨果・芒斯特伯格、美國的瑪麗・帕克・福萊特和美國的切斯特・巴納德。他們都認為，組

織中最重要的資產是人，應該更好地進行管理。他們的觀點包括員工選聘程序、激勵計劃和工作團隊等。

許多管理者都認為，工人的勞動效率與工作的物質環境有關，通過改善工作條件與環境等因素，可以提高勞動生產率。美國行為學家喬治·埃爾頓·梅奧在這種思想指導下，參與了著名的「霍桑實驗」，探索工作的環境與工人勞動效率之間的關係。霍桑實驗主要分為四個階段：

第一階段，工廠照明試驗（1924—1927年）。

在美國芝加哥西部的霍桑工廠中，研究者從照明條件入手，想要檢驗照明強度對工人生產力的影響。他們將裝配電話繼電器的女工分為兩組，分別是對照組和試驗組，在兩個照明度完全相同的房間裡，從事相同的工作。對照組的照明強度恒定，試驗組則採用各種照明強度。結果顯示，試驗組在照明度提高和下降的情況下，產量均是上升的；對照組在照明度沒有任何變化的情況下，產量也是上升的。更奇怪的是，研究者在工資報酬、工作時間、休息時間等照明以外的其他因素進行同樣的試驗，在廢除優厚待遇的情況下，產量仍然上升。在研究組正困惑的時候，以梅奧為核心的哈佛研究小組加入了研究隊伍，霍桑實驗進入新階段。

第二階段：繼電器裝配室試驗（1927—1928年）。

本階段主要試驗工作條件對生產率的影響，試圖找到影響工作效果的因素。研究小組通過材料供應、工作方法、工作時間、勞動條件、工資、管理作風與方式等各個因素的變化發現，無論各因素如何變化，產量都是增加的。他們發現，其他因素對生產率並沒有特別的影響，似乎是監督技巧對改善工人工作態度有很大的作用。

第三階段：大規模的訪問與調查（1928—1931年）。

在前兩個階段，研究小組意識到，工作環境中的人的因素從某種意義上比物質因素更能影響工人的積極性。於是，他們用了近三年時間對參與實驗的20,000名工人進行了訪談。起初的訪談採用「直接提問」方式，研究小組從規劃和政策、工作條件等方面擬定了一份訪談提綱，但工人們戒心較重，不能完全瞭解相關因素。後期他們採用「非直接提問」方式，員工甚至可以自主選擇話題。研究小組搜集了大量的數據。這次訪談沒有給工人解決任何具體問題，但卻使產量大幅提高。專家們認為，工人們長期累積的不滿，影響了工人的積極性，進而影響了生產率；訪談讓工人的不滿得到發泄，士氣提高，生產率也隨之提高。於是，研究小組又開展了接線板接線工作室的研究，實驗進入第四階段。

第四階段：接線板接線工作室試驗（1931—1932年）。

本次研究以集體計件工資制為刺激，通過「快手」對「慢手」的壓力來提高他們的工作效率。研究小組選擇了14名男工作為試驗組，讓他們在單獨的房間裝配接線器，付酬標準為集體計件工資制，根據小組的總產量為每個工人付酬。研究者設想，在這種制度下，只有全體工人所生產產品的產量都比較高，每個工人才可能得到較高的工資，因此產

量高的工人會迫使產量低的工人提高產量。公司規定的產量標準是完成7,312個接點,但他們通常只完成6,000~6,600個接點。當他們達到「過得去」的產量時,便自動鬆懈下來,既不會當「快手」,也不會去當「慢手」。工人們甚至還會努力維持這個標準。研究小組總結出了三個原因:一是工人們擔心產量過高,生產標準再度提高;二是工人們擔心產量過低,會引起失業;三是工人們為了保護速度相對慢的同伴。另外,他們還發現了「霍桑效應」。員工對於新環境的好奇等,可以提高工作效率,尤其是在初始階段。

霍桑實驗改變了以往管理學對於人在組織中扮演的角色的認知。梅奧等人意識到,社會環境、社會心理等因素對生產效率的提高有著更大的影響。梅奧認為,人與人之間的行為和態度有著緊密聯繫,群體因素明顯影響個人行為,群體標準、群體態度和安全感對生產效率的提高大於金錢。這些結論首次強調了組織管理中人的行為因素,是對「科學管理」的重大修正。

很多管理學家對霍桑實驗的實驗過程、分析和結論都存在爭議,認為霍桑實驗沒有學術說服力。從歷史的角度看,這些爭論已經不重要了,重要的是它讓人意識到人類行為在組織中的重要性。行為方法為當代的組織管理奠定了基礎,指導著當代管理的激勵、領導力、群體行為和發展以及其他工作的開展。在今天,幾乎所有的管理工作中都能看到行為方法的內容和影子,如管理者如何設計崗位、如何與員工溝通交流等。

四、現代管理叢林

二戰之後,社會經濟出現了許多新變化,工業生產和科學技術迅速發展、企業規模不斷擴大、自動化生產程度提高、市場競爭愈發激烈等,這些都對企業管理提出了新的要求和挑戰。很多領域的專家紛紛從不同角度、用不同的方法來研究管理理論。現代管理理論開始蓬勃發展,呈百花齊放的繁榮景象。哈羅德·孔茨將之形象地稱為「管理理論的叢林」。

美國當代著名的管理學家哈羅德·孔茨,是管理過程學派重要代表人物之一,是管理學領域集大成者。1908年,孔茨出生於美國俄亥俄州;1931年,他在美國西北大學畢業,獲企業管理碩士學位;1935年,他在美國耶魯大學畢業,獲哲學博士學位;1962年,他在加利福尼亞大學洛杉磯分校管理學院工作,是管理學院的教授;1984年,孔茨去世,享年76歲。他先後擔任過大學教授、政府官員、企業高級管理人員等職務,在管理理論研究方面成果頗豐,撰寫了二十多本教材、專著,發表了八九十篇論文,較為著名的有《管理學》《管理學精要》《管理理論的叢林》《董事會和有效管理》等。其中,《董事會和有效管理》一書,於1968年榮獲「管理學院學術書籍獎」,於1974年榮獲美國管理促進協會最高獎賞——「泰勒金鑰匙」。

孔茨從研究條件、掌握材料、觀察角度及研究方法等因素,對當時管理學界出現的理論進行了全面的歸納、梳理與評述,並從理論源頭出發,將它們分成了不同的學派。1961

年，孔茨在《管理理論的叢林》一文中，將它們劃分成了 6 個學派，分別是管理過程學派、經驗和案例學派、人類行為學派、社會系統學派、決策理論學派和數理學派。1980年，孔茨在《再論管理理論的叢林》中，將管理理論發展到 11 個學派，分別是經驗和案例學派、人際關係學派、群體行為學派、社會協作系統學派、數理學派、社會技術系統學派、決策理論學派、系統學派、權變理論學派、管理角色學派和管理過程學派。

（一）經驗和案例學派

這一學派的創始人包括美國的德魯克、戴爾、紐曼、斯隆等人，他們主張通過分析經驗（各種實際案例）來研究管理問題。他們從企業管理的實際出發，通過分析大企業的管理經驗，研究各類管理案例，瞭解有效管理的方法。其觀點大致如下：

（1）企業經理的工作任務著重兩方面：通過有效地調動企業各種資源尤其是人力資源，使企業變成一個「生產的統一體」；協調企業眼前利益與長遠利益，科學地制定企業的決策。

（2）重視建立合理組織結構。德魯克把管理組織的新模式概括為五種，分別是集權的職能性結構、分權的聯邦式結構、矩陣結構、模擬性分散管理結構和系統結構。各組織可以結合自己的特點，建立適合本組織的管理結構。

（3）重新評價科學管理和行為科學理論。

（4）提倡目標管理。德魯克首先提出目標管理，之後許多學者對目標管理進行了研究。

經驗或案例學派的內容龐雜，雖然一些研究也反應了當時社會的客觀要求和實際需求，但仍未形成完整的理論體系。

（二）人際關係學派

這一學派由人類行為學派演變而來，注重管理中「人」的因素。該學派認為，管理學的研究必須圍繞人際關係來進行。他們用管理學的理論、方法和技術，來研究個人品性動態、人與人之間的關係、文化關係等各個方面的問題。他們研究的側重點也不盡相同。有些人強調人際關係是管理者必備的技巧，有些人認為管理者就是領導，有些人側重研究人的行為與動機的關係等。但他們都提出了很多對管理人員有用的見解，如馬斯洛的需求層次理論、赫茨伯格的雙因素理論、布萊克和穆頓的管理方格圖等。

（三）群體行為學派

這一學派是從人類行為學派中分化出來的，和人際關係學派有著緊密聯繫。該學派的研究重點在一定群體中人的行為，著重研究各種群體行為方式而不是人際關係。它的學科基礎比較複雜，包括社會學、人類學、社會心理學等。因其研究內容多樣，從小群體的文化和行為方式到大群體的行為特點，因此有人把這個學派的研究稱為組織行為研究。這個學派最早的代表人物是梅奧，他的「霍桑試驗」聞名世界。

（四）社會協作系統學派

這一學派從社會學的視角來分析各類組織。它將組織中人與人的相互關係看作一個社會系統，由人們的意見、力量、願望以及思想等方面共同組成。它是社會大系統中的一種，受到社會環境各方面因素的影響。

切斯特·巴納德在《經理的職能》一書中提出了相關理論。管理者要讓管理工作適應總的合作系統，需要圍繞三大因素：材料、機器等物質因素，人、空間等生物因素，群體相互作用、態度、信息等社會因素。

該學派理論的特點有：①組織作為一個社會協作系統，取決於協作的效果、協作的效率、協作目標應和環境相適應三個因素；②正式組織存在，應具備共同目標、成員自覺貢獻和信息聯繫系統三個條件；③管理者必須具備規定組織目標、善於組織成員、建立並維持信息聯繫系統三項職能。

5. 數理學派

這一學派是對泰勒科學管理的繼續與發展。他們認為，在管理學中，可以採用建立數學模型的方法，把管理中的多種基本關係表示出來，從而找出最優的工作方法或決策方案，從而達到最高的工作效率。該學派以系統的觀點，運用數學、統計學的方法和電子計算機技術，為現代管理決策提供科學依據，解決各種生產、經營問題。因為管理的複雜性，該學派一般只研究生產的物質過程，注重先進工具和科學方法的應用，在人的作用方面關注得較少。

6. 社會技術系統學派

英國的特里斯特是社會技術系統的創始人。這一學派認為，組織是由技術系統和社會系統形成的社會技術系統。管理者的主要任務就是確保技術系統和社會系統的相互協調。特里斯特及其同事通過對長壁採煤法的研究後認為，要解決管理問題，單純分析社會協作系統是不夠的，必須考慮技術系統對社會及個人心理的影響。因此，他們特別注重工業工程、人機工程等科學技術對組織方式、管理方式等的影響。其代表作有《長壁採煤法的某些社會學和心理學的意義》《社會技術系統的特性》等。該學派填補了管理理論的一個空白，對管理實踐也有很大裨益。

7. 決策理論學派

這一學派的主要代表人物是美國諾貝爾經濟學獎得主赫伯特·西蒙。二戰以後，系統理論、運籌學、計算機科學等理論紛紛發展起來，赫伯特·西蒙將這些理論綜合運用於管理決策中，形成了一套包含決策過程、準則、類型及方法的完整理論體系。其理論要點主要包括：①決策貫穿管理的全過程；②決策過程包括情報收集、計劃擬訂、計劃選定、計劃評價四個階段；③以「滿意準則」為決策的標準；④組織決策可分為程序化決策和非程序化決策；⑤決策過程決定集權和分權。

決策普遍存在於人們的日常活動中，並非只存在於管理行為中；組織中的普通員工的

活動屬於非管理行為，也需要決策。但該學派沒有認識到管理的本質，沒有區別管理決策和人們的其他行為。

8. 系統學派

這一學派也被稱為系統理論學派。他們將企業視為一個有機整體，是在一定的目標下由人、物資、機器和其他資源共同組成的一體化系統，各項管理業務相互聯繫形成網絡。他們重視分析、建立組織結構和模式，把系統理論的公式和原理應用管理中，通過對管理活動和管理過程的全面分析、研究，建立系統模型。該學派的主要觀點是：組織作為一個開放的社會技術系統，由五個相互獨立、相互作用的分系統構成一個整體。這五個分系統分別是目標與價值分系統、技術分系統、社會心理分系統、組織結構分系統和管理分系統。這些分系統還可以劃分為更小的子系統。企業的成長、發展要受到這些系統的影響，管理者需要保持各部分的平衡和穩定，從而適應情況變化，達到預期目標。另外，企業是社會大系統中的一個子系統，還需要與外部條件相互影響，在平衡穩定中發展。

系統觀點的運用，可以使管理者重視組織大目標和自己在組織中的地位與作用，從而提高組織的整體效率。但系統理論在對組織構成因素的分析上存在問題，導致其只是一些籠統的原理和觀點，並未形成具體的管理行為和職能。

9. 權變理論學派

這一學派是對經驗主義學說的進一步發展，其代表人物為美國的弗雷德·盧桑斯、英國的瓊·伍德沃德等。「權變」在這裡是權宜應變的意思。該學派認為，沒有普遍適用、一成不變的最好的管理方法和管理理論，企業管理要根據企業內外部的不同條件，尋求最合適的管理模式和方法。該學派從系統觀點考察問題。其理論核心是，通過組織的各子系統內部和各子系統之間的相互聯繫以及組織和它所處的環境的聯繫，來確定各種變數的關係類型和結構類型。

該學派與經驗主義學派關係密切，但研究重點又不相同。經驗主義學派以各個企業的實際管理經驗為研究重點，在比較研究的基礎上對個別事例的具體解決辦法做出概括；權變理論學派以事例類型的權變關係為研究重點，在研究和概括大量事例的基礎上，歸納基本類型並建立可變因數之間的函數關係模型。

10. 管理角色學派

這一學派直至 20 世紀 70 年代才出現，其代表人物是加拿大的亨利·明茨伯格。該學派在觀察管理者的實際工作情況的基礎上，探索發現管理人員的活動規律，明確管理者的工作內容。他們同時對管理者工作的特點、所擔任的角色、工作目標及管理者的職務類型進行劃分，考察、研究影響管理者工作的因素以及提高其工作效率等重點問題。

他們的工作方法為日記法，系統地觀察和記載管理者的工作活動，並在觀察中和觀察後對其工作內容進行分類。明茨伯格的研究內容非常廣泛，包括美國總統工作記錄、企業高層管理者和中層管理者的工作日記、醫院行政人員和生產管理人員的持續觀察、車間主

任活動的典型調查、高級經理工作結構調查等。

11. 管理過程學派

這一學派又被稱為傳統學派或作業學派，是現代管理理論的主要流派之一，其創始人是亨利‧法約爾。20世紀50年代以後，其主要代表人物是孔茨、奧唐奈等。其理論是對亨利‧法約爾一般管理理論的發展。該學派認為，管理是一個有效地完成工作的過程，由組織中的管理者通過別人或同別人一起完成。組織的性質不同，所處的環境也不同，但管理者的管理職能卻是相同的。他們把管理工作劃分為若干職能，並以此為基本框架，把管理學說同管理人員的職能聯繫起來，形成了一套科學的管理理論體系。

法約爾將管理活動劃分為五項管理職能，即計劃、組織、指揮、協調和控制；孔茨和奧唐奈在此基礎上又提出了五項職能，即計劃、組織、人事、領導和控制。孔茨憑藉管理職能對管理理論進行分析、研究，最終建立了管理過程學派。該學派對後世影響深遠，許多管理學教科書都是按照該學派的理論架構編排的。

五、當代方法

20世紀80年代以來，國際環境巨變，政治多極化和經濟全球化快速發展，顧客的個性化和消費的多元化要求企業不斷適應消費者的需要。這對管理者提出了新的挑戰。管理理論逐漸轉向企業組織與環境關係的研究，重點研究企業如何更好地適應充滿危機和動盪的環境的問題。

各個學派相互滲透、互相融合，管理理論趨向全面化、綜合化，一些新的思潮逐漸湧現。其代表理論主要包括企業文化管理理論、競爭戰略理論、企業流程再造論和學習型組織理論。

（一）企業文化管理理論

「企業文化」一詞及其理論是在20世紀70年代末80年代初產生的。科學技術的飛速發展，極大地改變了企業職工的結構，提高企業職工的文化價值觀在客觀上推動了企業文化理論的產生；二戰後，日本經濟躍居世界之首。美國學者經過多方面的研究發現，「日本成功的秘密」取決於對人的獨特管理，即企業文化。

在著名的《成功之路》和《日本企業管理藝術》兩本書中，美國學者對比了美日企業後總結出了管理的7S要素，又稱7S管理結構，即結構（Structure）、戰略（Strategy）、制度（Systems）、技巧（Skills）、作風（Style）、人員（Staff）與共同的價值觀（Shared values）。其中，共同的價值觀是7S要素的核心，也就是企業文化。

企業文化又稱組織文化，由價值觀、信念、儀式、符號和處事方式等共同組成，是一個組織特有的文化形象。企業文化由多層文化構成，主要包括物質層文化、行為層文化、制度層文化和核心層的精神文化。物質層文化包括企業容貌、企業建築、企業廣告、產品包裝與設計等，行為層文化包括企業經營、宣傳教育、人際關係活動和文娛活動等，制度

層文化包括企業領導體制、企業組織機構和企業管理制度三個方面，核心層的精神文化包括企業精神、企業經營哲學、企業道德和企業價值觀等。

企業文化具有獨特性、繼承性、相融性、人本性和創新性等多種特徵，具有一定的導向功能、約束功能、凝聚功能、激勵功能、調適功能和輻射功能。企業文化的發展經歷了四個階段，分別是無意識的文化創作階段、自覺的文化提煉與總結階段、文化落地執行與衝突管理階段、文化的再造與重塑階段。

在「企業文化」一詞被提出後，很多知名企業紛紛開始探索。企業文化管理理論形成後，很快風靡全世界，世界 500 強企業和很多世界知名企業紛紛導入這一理論。

(二) 競爭戰略理論

競爭戰略又稱業務層次戰略，其創始人是美國哈佛商學院的大學教授邁克爾‧波特。他是管理界公認的「競爭戰略之父」，是當今全球第一戰略權威。他在 2005 年世界管理思想家 50 強排行榜上位居榜首。

競爭戰略是在企業總體戰略的制約下，指導和管理具體戰略經營單位的計劃和行動，其理論的內容主要包括五力模型、三大一般性戰略、價值鏈、鑽石體系、產業群。

五力模型：企業能否獲利主要取決於「產業吸引力」。產業競爭戰略的擬定，必須深入瞭解決定產業吸引力的競爭法則。邁克爾‧波特總結了五種競爭力，並制定了「五力模型」。這五種競爭力分別為新加入者的威脅、客戶的議價能力、替代品或服務的威脅、供貨商的議價能力以及既有競爭者。

三大一般性戰略：總成本領先戰略、差異化戰略和集中化戰略。總成本領先戰略要求企業嚴格控制研發、服務、推銷、廣告等，降低企業的成本費、管理費；差異化戰略將產品或服務在名牌形象、性能特點、顧客服務、服務網絡等方面差異化，樹立一些產業範圍獨特的東西；集中化戰略助攻某個特定的客戶群、某產品系列的一個細分區段或某一個地區市場，滿足特殊顧客的需求。

價值鏈：企業競爭優勢來源於產品設計、生產、行銷、銷售、運輸、支援等多項因素。價值鏈將企業各種活動以價值傳遞的方式逐個分解，從而瞭解企業成本特徵，發現潛在的差異化來源。企業根據相關問題，設計組織結構，提高企業創造力，保持企業競爭優勢。企業的價值鏈，可與供應商、買主的價值鏈相連，構成一個產業的價值鏈。

鑽石體系：國家競爭力對企業競爭力有很大的影響，國家在企業競爭中扮演了重要的角色。邁克爾‧波特提出了「鑽石體系」。他歸納了增強本國企業創造競爭優勢的因素，主要包括生產要素、需求狀況、企業戰略結構和競爭對手、相關產業和支持產業。

產業群：邁克爾‧波特認真考察了 10 個工業化國家後發現，在所有發達的經濟體中，都存在各種產業集群。產業集群是指在地理上靠近的相互聯繫的群體，它們同屬一個特定的產業領域，且具有共性和互補性。它既包括企業、專業化供應商、服務供應商、金融機構等群體，還包括銷售渠道、顧客、輔助產品製造商、專業化基礎設施供應商等。產業群

現已成為考察一個經濟或其中某個區域、地區發展水準的重要指標。

（三）企業流程再造論

社會發展日新月異，企業不斷面臨新的挑戰，企業需要重新合理化安排生產、服務和經營過程，從而更好地適應新形勢，這也就是所謂的「企業再造」。企業再造又稱公司再造或再造工程，1993年開始在美國出現。美國麻省理工學院教授邁克爾·哈默和詹姆斯·錢皮是該理論的創始人。他們在《再造企業》一書中認為，企業應圍繞工作流程這個中心點，重新設計經營、管理及運作方式，進行所謂的「再造工程」。

企業再造的內容涵蓋企業各個方面、每個環節，主要包括企業戰略、企業文化、市場行銷、企業組織、企業生產流程和質量控制系統等。

企業再造適用於三類企業：①問題叢生的企業；②目前業績雖然很好，但潛伏著危機的企業；③正處於事業發展高峰的企業。其具體實施應遵循以下程序：

（1）全面分析原有流程的功能和效率，發現其存在的問題；

（2）改進方案，設計新的流程，並進行評估；

（3）制定系統的企業再造方案，制定與流程改進方案相配套的組織結構、人力資源配置和業務規範等方面的改進規劃；

（4）實施企業再造方案。

企業再造方案的制定和實施，必定會觸及甚至打破原有的利益格局。管理者既要堅定態度，努力克服重重阻力，又要積極宣傳，精心組織，確保企業再造順利進行。企業再造不會一蹴而就，而是一個長期做的事情。企業需要不斷改進再造方案，以適應新形勢的需要。

20世紀80年代，美國、日本等很多國家的企業開始了大規模的「企業再造」，企業管理開始了前所未有的大變革。

（四）學習型組織理論

20世紀80年代，信息革命、知識經濟時代進程不斷加快，企業面臨的競爭環境和變化也非常嚴峻，傳統的管理理念已經不能適應時代變化。在這種形勢下，學習型組織理論應運而生。

1990年，美國麻省理工學院斯隆管理學院的彼得·聖吉教授出版了《第五項修煉——學習型組織的藝術和實務》，引起了管理理論界的矚目。他明確指出，企業唯一持久的競爭優勢源於比競爭對手學得更快更好的能力，學習型組織正是人們從工作中獲得生命意義、實現共同願景和獲取競爭優勢的組織藍圖。

彼得·聖吉學習型組織應修煉以下五大要素：

（1）建立共同願景。願景是指組織及個人對未來的願望、景象和意象。通過建立共同願景，可以更好地凝聚公司上下的意志力，使大家甘於為組織的目標而共同努力。

（2）團隊學習。團隊學習可以更好地發展員工與團體的合作關係，讓個人的智慧成為

集體的智慧，從而做出正確的組織決策。企業的重大而複雜的議題，可以通過深度會談等形式，進行開放性的交流，讓每個員工表達自己的看法，瞭解別人的觀點，減少差異，從而更好地相互配合。

（3）改善心智模式。組織的障礙大多來自個人的舊思維，改變個人的心智，可以增強組織的力量。改善心智模式的方法有兩種：一是反思自己的心智模式，從自身角度查找問題並改正心智模式；二是學習他人的心智模式，通過團隊學習和標杆學習，完善自己的心智模式。

（4）超越自我。組織、個人與願景之間存在「創造性的張力」，這正是超越自我的來源。組織和個人都需要超越自我。超越自我要從長期利益和整體利益出發。

（5）系統思考。系統思考是一種縱觀全局的思考能力，管理者需要透過資訊收集，掌握事件全貌，瞭解因果關係，看清問題本質。管理者需要在實踐中反覆運用，從而及時瞭解整體的變動態勢。

任務四　技能訓練

一、應知考核

1. 最早系統地提出管理各種具體職能的是法國的管理學家亨利·法約爾，認為（　　）是所有管理者都執行的五種職能。
    A. 計劃、組織、指揮、協調和控制　　B. 激勵、組織、決策、協調和控制
    C. 計劃、溝通、指揮、創新和控制　　D. 計劃、組織、指揮、協調和創新

2. 在具有傳統結構的組織，常常是＿＿＿＿＿的。按管理者所處層次的不同，可以分為高層管理者、中層管理者和基層管理者。（　　）
    A. 矩陣型　　　　　　　　　　　　B. 直線型
    C. 金字塔型　　　　　　　　　　　D. 扁平式

3. ＿＿＿＿＿涉及人與人（下屬和組織外部的人）的關係以及其他禮儀性、象徵性職責。＿＿＿＿＿涉及收集、接收和傳播信息。＿＿＿＿＿涉及做出決策或選擇，包括企業家、危機處理者、資源分配者和談判者。（　　）
    A. 人際關係角色　決策制定角色　信息傳遞角色
    B. 人際關係角色　信息傳遞角色　決策制定角色
    C. 信息傳遞角色　人際關係角色　決策制定角色
    D. 決策制定角色　信息傳遞角色　人際關係角色

4. 成功的管理人員（這裡定義為在組織中提升速度快的管理人員）與有效的管理人員

(這裡定義是指績效在質和量兩方面俱佳,並使下屬感到滿意和得到下屬支持的管理人員)各自側重點不同。_____是有效管理者與成功管理者的區別。( )

  A. 遠離核心資源   B. 思維模式局限於具體事件
  C. 傾向發展社會關係   D. 傾向內部溝通

 5. 網絡聯繫與管理人員的成功與否關係最大,而人力資源管理活動則相關性最小;對有效管理人員來講,他們最為側重的活動是_____,而網絡聯繫所占的比重最小。由此,他把工作數量多、質量好以及下級對其滿意程度高的管理者稱為「有效的管理者」,把在組織中晉升速度快的管理者稱為「成功的管理者」。( )

  A. 溝通   B. 創新
  C. 決策   D. 計劃

 6. 下列選項中,( )不是管理的必要性。

  A. 管理是社會進步與發展的物質力量
  B. 管理是任何組織生存發展的重要條件
  C. 管理活動具有的普遍性
  D. 管理是人類各項活動中最重要的活動之一

 7. 隨著管理活動越來越複雜,管理學開始向縱深發展。對於管理的定義有很多種,比較知名的也不下 200 種。本書認為規範的管理的概念包括( )。

  A. 管理是一種活動,在一個特定組織、特定時空環境下的動態過程
  B. 管理是有目的的,即組織欲實現的目標
  C. 實現組織目標需要資源,資源是有限的或稀缺的
  D. 資源是有限的,人的創意是無限的

 8. 由管理的概念,我們可以得出管理核心的結論,即_____。( )

  A. 制定決策   B. 實現資源的有效配置
  C. 謀取剩餘   D. 建立一種能產生有效的分工合作關係

 9. _____是管理的首要職能,它確定了組織在未來期間所要實現的目標和達到這個目標的方法、途徑及時間的安排等。它是組織中各項活動的指南。( )

  A. 決策   B. 計劃
  C. 領導   D. 組織

 10. _____通常擁有部門主任、科室主管、項目經理、地區經理、產品經理或分公司經理等頭銜。_____包括董事長、首席執行官、總裁或總經理及其他高級經理人員等。_____有汽車廠生產車間一個工作小組的主管人員、醫院婦產科的護士長等。( )

  A. 高層管理者 基層管理者 中層管理者
  B. 中層管理者 基層管理者 高層管理者

C. 基層管理者　高層管理者　中層管理者

D. 中層管理者　高層管理者　基層管理者

11. _____是指負責管理整個組織或組織中某個事業部全部活動的管理者,應當是管理的全才、是全能管理者。如一個公司的總經理應當具有生產管理、行銷管理、財務管理、人力資源管理、技術管理等多方面的才能。(　　)

　　A. 專業管理者　　　　　　　　B. 綜合管理者
　　C. 高層管理者　　　　　　　　D. 中層管理者

12. 亨利·明茨伯格研究發現,管理者扮演著十種不同的角色。管理者通過這些角色的履行影響組織內外個人和群體的行為,他們的活動既包括思考也含有行動。這十種角色可以進一步組合成(　　)。

　　A. 人際關係方面、信息傳遞方面和技術技能方面的角色
　　B. 人際關係方面、創新能力方面和決策制定方面的角色
　　C. 組織能力方面、信息傳遞方面和決策制定方面的角色
　　D. 人際關係方面、信息傳遞方面和決策制定方面的角色

13. 管理的主體即_____,也就是靠什麼去管理的問題。人既是管理的主體又是管理的客體,既是管理者又是被管理者。管理的客體即_____,也就是管什麼的問題。(　　)

　　A. 管理的手段　管理的對象　　B. 管理的對象　管理的計劃
　　C. 管理的計劃　管理的對象　　D. 管理的手段　管理的計劃

14. 下列選項中,(　　)不屬於管理者的工作。

　　A. 協調部門群體　　　　　　　B. 臨時工
　　C. 組織商服務　　　　　　　　D. 以上都是

15. 財務管理人員屬於_____,一個公司的總經理屬於_____。(　　)

　　A. 專業管理者　綜合管理者　　B. 綜合管理者　高層管理者
　　C. 專業管理者　中層管理者　　D. 中層管理者　綜合管理者

16. 在明茨伯格的管理角色中,名義領袖、領導者屬於_____,宣傳人、監管人屬於_____,企業家、資源分配者屬於_____。(　　)

　　A. 決策制定角色　人際關係角色　信息傳遞角色
　　B. 人際關係角色　信息傳遞角色　決策制定角色
　　C. 信息傳遞角色　決策制定角色　人際關係角色
　　D. 決策制定角色　信息傳遞角色　人際關係角色

二、案例分析

七人分粥

有七個人住在一起，每天共喝一桶粥，顯然粥每天都不夠喝。一開始，他們抓鬮決定誰來分粥，每天輪一個，於是乎每週下來，他們只有一天是飽的，就是自己分粥的那一天。後來他們開始推選出一個道德高尚的人出來分粥。由於強權產生腐敗，大家開始挖空心思去討好他、賄賂他，搞得整個小團體烏煙瘴氣。然後大家開始組成三人分粥委員會及四人評選委員會，互相攻擊扯皮下來，粥吃到嘴裡全是涼的。最後大家想出來一個方法：輪流分粥，但分粥的人要等其他人都挑完後才能拿剩下的最後一碗。這樣，為了不讓自己吃到最少的粥，每人都盡量分平均，就算分得不平均，也只能認了。

分析：同樣是七個人，不同的分配制度，就會有不同的風氣。所以，一個單位如果有不好的工作習氣，一定是機制問題，一定是沒有完全公平、公正、公開，沒有嚴格的獎勤罰懶制度。如何制定這樣一個制度，是每個領導需要考慮的問題。

管理的真諦在「理」而不在「管」。管理者的主要職責就是建立一個像「輪流分粥，分者後取」那樣合理的游戲規則，讓每個員工按照游戲規則自我管理。游戲規則要兼顧公司利益和個人利益，並且要讓個人利益與公司整體利益統一起來。責任、權力和利益是管理平臺的三根支柱，缺一不可。缺乏責任，公司就會產生腐敗，進而衰退；缺乏權力，管理者的命令就會變成廢紙；缺乏利益，員工的積極性就會下降，消極怠工。只有管理者把責、權、利的平臺搭建好了，員工才能「八仙過海，各顯其能」。

三、項目實訓（社會實踐）

（一）現實生活中管理者是如何看待「管理」二字的？

1. 下面是一些來自管理實踐者的認識，如何理解：

管理就是做人做事的道理，做人就是如何搞好人際關係，做事就是如何提高效率

管理就是給人創造的機會

管理就是不斷改進工作

管理就是使一群平凡的人做出一番不平凡的事業的過程

管理就是借力，發揮大家的能力、實現自己的理想

管理就是把複雜的問題簡單化

管理就是發布可執行的命令

管理就是創造價值

管理就是選擇

管理就是激勵

管理就是服務

管理就是溝通

管理就是摳細節

管理就是扔包袱

管理就是拿捏慾望

……

2. 請以小組為單位，每組訪問1~2個現實生活中的管理者，看看他們是如何理解管理的。

3. 請你也給「管理」下個定義，並在以後的學習和實踐中不斷思考自己的「管理」定義，初步樹立個人的管理觀。

4. 讀一本管理著作期間，要提出你的問題。這可能是你的困惑和需要同大家討論的問題，結論有嗎？最後形成讀書心得體會一篇，所包含的參考意見如下：

內容概要

主要觀點

寫作的背景情況

我的問題

解決問題的過程/方法

結論

留待解決的問題

（二） 自我評估練習

下面的問題用來評價你在一個大型組織中從事管理的動機。他們基於7種管理者工作的角色維度，對每一個問題，在最能反應你的動機強烈程度的數字上劃個圓圈。（1表示希望的程度為「弱」，7表示希望的程度為「強」，4則表示希望的強度為一般）。注意：對於任何一個問題的回答，都不存在一個所謂的標準或正確的答案。

　　　　　　　　　　弱　　　　　　　強

1. 我希望與我的上級建立積極的關係　　　　　　　1234567
2. 我希望與我具有同等地位的人在游戲和體育比賽中競爭　1234567
3. 我希望與我具有同等地位的人在與工作有關的活動中競爭　1234567
4. 我希望以主動和果斷的方式行事　　　　　　　　1234567
5. 我希望吩咐別人做什麼和用法令對別人施加影響　1234567
6. 我希望在群體中以獨特的和引人注目的方式出人頭地　1234567
7. 我希望完成通常與管理工作有關的例行職責　　　1234567

上述練習可以評價你_____

參考答案：

你在一個大型組織中從事管理的動機有多強？加總你的分數，你的得分落在7~49分

的區間。評分標準為：

  7~12 分＝較弱的管理動機

  22~34 分＝中等

  35~49 分＝較強的管理動機

項目二　管理情境

【導引案例】組織環境情景案例

情景1：永久、飛鴿自行車都是中國久負盛名的高質量產品，在海外也受到了高度贊譽，然而在盧旺達地區銷售卻遭遇了瓶頸。盧旺達是一個多山地的國家，想要用自行車來趕路，往往只能在平坦地帶騎行，這就導致了盧旺達人必須背負自行車趕至平坦地帶。而中國的永久、飛鴿自行車儘管質量好，但重量也大，給盧旺達的人民增添了很大的負擔，令當地人感到十分不便。日本人發現了這一漏洞，瞅準這一缺點，在做了詳細的市場調查之後，專門定制了一款輕型且便於攜帶的山地車，車身是用鋁合金材料製作的。最終該款山地車在盧旺達成功地擁有了一定的市場份額。

啟示：中國本土企業由於對自身優質產品太過自信，忽略了一些具體實踐，以至於錯失了一個提升自我競爭力的絕佳時機。

情景2：早在20世紀80年代初，中國就曾向某阿拉伯國家出口過塑料材質的底鞋，因設計的鞋底的底紋與伊斯蘭語中「真主」的一詞極為酷似，結果被當地政府機關出動了大批軍警督察並予以銷毀，給該企業造成了很大的政治損失和經濟損失。由於忽視了研究當地人的宗教信仰和文化所造成的慘案，給我們上了沉重的一課。

啟示：決策要適應外部環境，成功才有保證。正因為企業的外部環境是一個不可控的動態環境，其中某一因素的變化都會直接或間接或早或晚地對企業的營運週期及其各不同階段產生不同程度的影響。所以，企業要想在眾多艱難的經營環境中脫穎而出，並實現可持續發展，就必須順應時代變革潮流，及時調整與企業有關的既定目標、戰略、計劃與策略，採取及時有效的對策及措施，用以適應內、外部條件的不同變化。

任務一　組織環境概述

一、組織環境的概念

所有的組織活動都必須是在一定環境中進行的，它不存在脫離整個集體而單獨生存的可能性，而林林總總的活動都與社會的各方面有著剪不斷理還亂的聯繫。這個活動環境就

是組織環境。也就是說，影響組織生成與發展的各種力量和條件因素的集合就是組織環境。

二、組織環境的分類

組織環境是由紛繁複雜的因素交織而成的，而且難以理解和預測。因此，如果把組織環境區分成不同的部分，將有利於組織識別和預測環境。管理學界有許多對組織環境的分類，常見的分類方法是把環境分成組織的外部環境與組織的內部環境，如圖 2-1 所示。

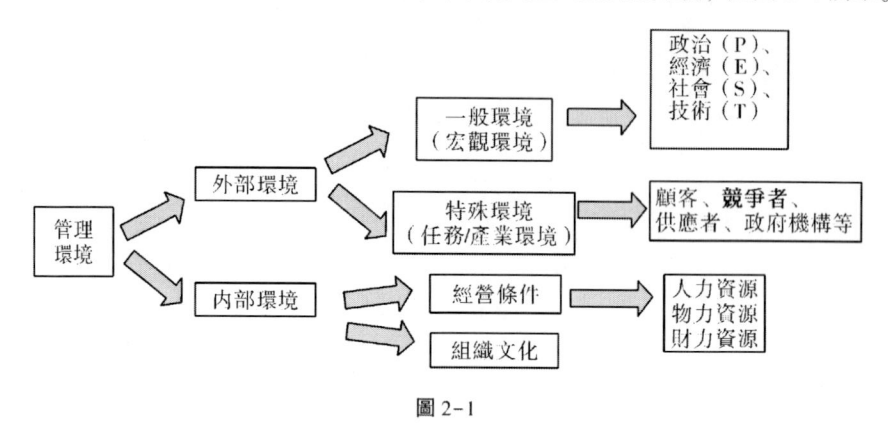

圖 2-1

（一）外部環境

外部環境是指存在於組織周邊、影響組織績效的因素和力量。組織的外部環境盤根錯節、撲朔迷離。通過收集和處理環境因素的相關信息，分析組織面臨的機遇和挑戰就是對外部環境分析。外部環境主要包括兩方面：一是一般環境，二是具體環境。

1. 一般環境

一般環境是組織的大環境，是指可能對所有組織的活動產生影響的各種因素所構成的集合，包括政治環境、經濟環境、社會環境、技術環境，故也被稱為宏觀環境。

2. 具體環境

具體環境也稱特殊環境，是指與實現組織目標直接相關的那部分環境。它具體與某一組織發生作用，直接而迅速地影響著組織的活動方式等。

對企業來說，外部環境主要包括供應商、顧客、競爭者（現實的競爭者、潛在的競爭者、替代品製造商）、政府機構以及企業所在社區等影響企業經營的一組因素所構成的環境，這些因素的特點直接影響著企業的競爭能力。

（二）內部環境

組織內部的各種影響因素的總和就是內部環境，其中包含了組織文化、組織資源等因素，這是一種組織內部的同享價值體系。內部環境是制定戰略的條件和依據，是競爭取得勝

利的根本因素。它是隨組織產生而產生的，在一定條件下內部環境是可以控制和調節的。

三、組織環境的特點

組織環境是由紛繁複雜的因素交織而成的，許多情況下，這些環境因素動態多變且相互影響、難以預測。組織環境具有以下特點：

（一）客觀性

組織環境是一種客觀存在，有著自己的運行規律和發展趨勢。對組織環境變化的主觀臆斷必然會導致管理決策的盲目與失誤。

（二）複雜性

組織環境的複雜性不單單表現在環境因素的總量上，還表現在環境因素的多元化方面，即影響組織的環境因素不是同屬於某一類或幾類，而是多種多樣、千差萬別。其中，既包含了人的因素，也包含了物的因素。這些因素以不同的方式綜合地影響著管理工作，影響或制約著組織行為。

（三）關聯性

構成組織環境的各種因素和力量是相互聯繫、相互依賴的。如經濟因素不能脫離政治因素而單獨存在；同樣，政治因素也要通過經濟因素來體現。因此，管理者必須把所有環境因素作為一個整體來考慮其綜合影響力。

（四）不確定性

不確定性是指外部環境的變化所引起的連鎖反應使外部環境產生的不可控性和不可預測性。主要表現在以下兩個方面：第一，組織環境發生變化的速率具有不可控性。社會的發展使得各種環境因素總是處於不斷發展變化之中，變化成為不變的真理。第二，組織環境的信息和情報的不確定性。這是指情報信息本身存在一定錯誤或信息傳遞過程中的模糊，都會令信息接收者無法及時、準確地瞭解外部環境的變化程度。

（五）層次性

從空間上看，組織環境因素是個多層次的集合。第一層次是指組織內部各種要素的影響；第二層次是指組織本身所在地區的環境、行業，譬如本地的地理位置及市場條件；第三層次是指整個國家的社會經濟因素、政策法規，包括國家自身國情的特點、社會政治經濟狀況發展程度等不同方面。這幾個層次的環境因素與組織發生聯繫的緊密程度是不同的。

對不相同的組織而言，組織環境中的各構成部分的繁瑣性與變化程度的高低是不同的。如一些組織與競爭者、顧客、供應商或政府機構的聯繫相對少，或是相對比較固定，而另一些組織則恰恰相反。正因為如此，根據各個環境中所構成要素的總量（即環境複雜性）和浮動程度的大小（即環境的變化性）的不同，可以將組織中的組織環境分為四種模式。

（1）簡單和穩定的環境。如柴、米、油、鹽等生活必需品就處於並長期不斷處於這種不確定性很低的環境中。

（2）冗雜和均衡的環境。這種環境的不可控性程度隨著組織所面臨環境的元素增加而提高，如各類製造商所生產的某一成本材料的價格突然被拔高，所生產的產品價格浮動就處於這種環境中。

（3）單調和發展的環境。因為環境中某些必要元素發生強烈變化，使環境的不穩定性明顯升高，如戰時銀行利息和國債等就處於這種環境中。

（4）複雜和動態的環境。其不確定性最高，對組織管理者的挑戰性最大。如電子行業、計算機軟件公司就處於這種環境中。

四、組織與環境的關係

（一）環境對組織的影響

環境對任何組織都存在以下三個方面的影響：

1. 環境是組織賴以生存的土壤

（1）要根據所在的環境、社會需要和可能的條件決定是否應組建一個組織。離開社會需要，組織的存在就失去了意義。

（2）要想開展組織工作，就必須籌集各類生產要素，譬如人力、財力、物力等，而這些要素必需從外部環境中獲取。

（3）組織中所產出的產品等，只有到組織以外的環境去進行交互，才能維繫和擴充生產經營的運行模式。

2. 外部環境對組織內部的各種管理工作的影響

組織環境中的外部環境會對組織的各類管理活動產生不同層次的影響。以經濟環境為例，組織生活在充滿變數的經濟環境之中，物價的變化往往也會引起其互補品的價格發生變化。

3. 環境制約組織的管理過程和管理效率

組織環境與組織管理工作質量的高低和效益的大小密切相關。倘若國家政策穩定、教育水準較高、市場發育健全、法律政策完善、基礎配套設施齊全，良好的組織環境則會大大提高組織管理工作的質量和效率。

（二）組織對環境的影響

組織並不只是單純地、被動地適應陌生環境，組織可以主動、積極地適應環境，甚至還能影響和改變一定的環境，使之朝有利的方向發展。組織對環境的適應，主要是指組織對環境的覺察和反應。

（1）適應環境，改變自己。當環境變化時，組織需要調整策略以適應新環境。

（2）影響環境，即通過改變給組織帶來麻煩的要素，從而改變環境。

（3）選擇新環境，如 IBM 從計算機終端供應商轉變為網絡諮詢、服務商。

五、組織環境分析方法

組織環境分析其實是指通過對組織本身所處的內、外部環境進行充分認識和分析，以此來發現機會和解決潛在威脅，確定組織自身的優劣勢，從而為戰略管理過程提供指導的一系列活動。我們通常用 SWOT 分析法來對組織環境進行綜合分析。

（一）SWOT 分析法的含義

SWOT 是英文 Strengths（優勢）、Weaknesses（劣勢）、Opportunities（機會）和 Threats（威脅）的縮寫集合體。SWOT 分析法是指一種建立在外部環境與內部環境分析的基礎上，將外部環境中的機遇與威脅和內部的優劣勢結合在一起的一種科學的分析方法。SWOT 分析法是編製科學戰略計劃的一個重要步驟，它能夠有效地避免力量被削弱，並幫助組織將精力集中在關鍵問題上，以取得更大的效益。

（二）SWOT 分析的基本步驟

（1）分析組織內部的優劣勢，不僅可以提高組織自身的運行效率，而且可以提高組織自身的競爭力。

（2）分析組織所面臨的外部機遇與威脅，關鍵性的外部機遇與威脅應予以反覆確認。面對既有可能來自競爭對手力量與因素的變化，也有可能來自與競爭對手無關的外部環境因素的變化，或二者兼之，都應該冷靜分析其中的利害關係。

（3）科學地將內、外部的各種因素綜合地進行對應匹配，實現使用效率的最大化，避免資源浪費，形成良好的具有可行性的組織發展戰略。

（三）SWOT 分析的四種組合

1. 優勢-機會（SO）組合

這是一種企業可以用自身內部優勢撬起外部的絕佳機會，在這種情況下能使機會與優勢充分結合併發揮出相應作用來。例如，在擁有企業市場份額提高等內在優勢的同時，給予良好的產品市場前景、供應商規模擴大等外部條件，可成為擴大生產規模、企業收購競爭對手的有利條件。

2. 弱點-機會（WO）組合

即外部存在某一機遇，但內部某一缺點嚴重阻礙了使用這個機遇，這時候則需要提高對應弱點的配置，使其能夠抓住機遇，從而迎合或適應外部機遇。例如，若企業的弱點是創新和生產能力不夠，在新型產品市場前景看好的基礎上，企業可考慮加大科研投入，提升產品創新，搶先一步佔領市場贏得競爭優勢。

3. 優勢-威脅（ST）組合

在這種情況下，外部環境狀況極有可能對公司的優勢元素構成威脅，致使出現優勢不優的脆弱局面，使優勢得不到充分發揮。為此，組織需要利用自身優勢，避重就輕地迴避或減少外部威脅所造成的不利影響，以發揮優勢的優越性。例如：競爭對手利用新技術大

幅度降低生產成本，給企業帶來很大的成本壓力；同時，材料供應處於緊張狀態，其價格可能上漲；消費者要求大幅度提高產品質量及收購數量；等等。這使企業在競爭中處於劣勢地位，但企業若是簡化生產工藝過程，且擁有充足的現金、較強的產品開發能力和熟練的技術工人，便可以利用這些優勢元素開發新技術，提高原材料的使用率，降低材料消耗和生產成本，以迴避來自外部威脅的挑戰。

4. 弱點-威脅（WT）組合

當組織內部的自身弱點與外部威脅相遇時，組織面臨的挑戰難度過高，超出了自身的承受範圍，其結果往往是致命的。例如，企業資金鏈中斷，生產能力落後，原材料供應不足，無法實現規模效益，且設備老化嚴重，使企業在生產控制方面極為落後，企業一度面臨是轉型還是破產的境地。這時，企業必須要採取合理戰略，摒棄落後的模式，採取以舊換新的模式來減少生產成本方面的劣勢，並迴避因劣勢因素帶來的不利條件。

任務二 組織文化

當某天你在組織中找到了令你興奮到每天（或大多數日子裡）都願意去上班的工作，這難道不是一件很開心的事嗎？雖然其他各種因素也會影響工作的不同選擇，但組織文化程度的高低可能是「適配工作」的重要指標之一。組織文化不同，每個個體也不同。通過將個人傾向與組織文化匹配，你有可能在工作中找到滿足感，降低離職的概率。

一、組織文化的產生與發展

組織文化也稱企業文化，它首次出現在1980年的美國《商業周刊》中。早在20世紀六七十年代，日本企業在世界市場上的驚豔表現令全球震撼，極大地促使美國管理界對管理不同階段的管理思想進行了多方向和多角度的比較。據研究，在20世紀80年代初短短的幾年裡連續出版發行的由帕斯卡爾和阿索斯合著的《日本企業管理藝術》、威廉·大內的《Z理論——美國企業界怎樣迎接日本的挑戰》、彼得斯和沃特曼合著的《成功之路》以及迪爾迪爾和肯尼迪合著的《企業文化》等一系列著作中，他們都發表過各種不同的來自自身的獨到見解。這些著作在管理風格方面及反思西方文化傳統的觀點雖各有不同，甚至存在比較大的分歧，但其中有兩點是共同的：

（1）充分揭示並分析了西方傳統文化與傳統管理模式的落後之處。如認為美國的企業管理偏重吸取自然科學的研究成果，忽視了人和人的感情因素、對吸收社會科學的研究成果不夠肯定、過分強調定性分析或定量分析導致出現了一種抽象而又無情的所謂哲學等。

（2）肯定企業文化在企業生存、發展中的關鍵作用，是日本經濟快速發展的主要原因之一。受到東方文化思想影響的日本企業管理階層，不僅著眼人的管理，更著眼人的情感

和理智的協調，處理好了人與人之間的微妙關係。它並不完全以理性的標準、以普遍的要求來安置每一個人，而是盡力照顧到人的情感因素。因此，它是人性化的管理，產生了巨大的凝聚效應，為企業管理和企業發展展現了一種新的天地。並在管理學界形成了一種「企業文化熱」的新風尚，掀起了一股企業文化建設的新熱潮。

隨著企業文化的逐漸興起，就其重視人的作用這一點來說，可以說是行為科學發展階段的又一里程碑。

《紅樓夢》中重點撰寫的組織環境是賈府。如果把賈府比喻成一家企業，那麼這家公司是否人人都想去呢？眾所周知，賈府硬件裝備非常好，環境也很優美，但是每個員工的工作都不是很開心，這是因為賈府的企業文化出了問題，老闆對下級的管理方式就是打罵，上下級關係並不融洽。從淺層次上看《紅樓夢》中的賈府，無疑乃鐘鳴鼎食之家，族人皆為富貴，且為詩禮簪纓之族；下人的待遇也是非常優厚，完全有資格拼比當代的最佳雇主。那麼，為什麼賈府的企業員工總是感覺到在這裡工作是那麼寡淡，毫無生趣可言呢？

《紅樓夢》展現的是一首時代悲歌、一個命運悲劇。《紅樓夢》中的企業文化，也是末世文化。紅樓夢中有名有姓的人物共有732人，但令人嘆惋的是《紅樓夢》卻是一部看穿紅塵滾滾的棄世經史，紅樓夢中的賈府縱有天上人間般的高雅環境，瓊林玉池般的旖旎風光，工資待遇也不低，但榮寧二府從上到下，每個人都充滿著悲觀厭世的情緒。《紅樓夢》中的棄世有自殺與出家兩種方式，棄世而去的人數比例占紅樓夢總人數比例的3%。實際上，以賈府為代表的大型企業的待遇是相當不錯的，如高級丫鬟一個月的工資是一兩白銀並包吃、住。這說明賈府兩個高級丫鬟的工資就夠當時的老百姓養活一大家子人，這也難怪賈府不愁招不到工人。

大觀園的環境很優美，文化生活也很豐富。然而，就是這樣好的工作環境和豐厚的薪酬，卻換不來真正的快樂工作。因為賈府有先天的基因缺陷，那就是企業文化管理的缺失。最開始，賈府因為有良好的工作環境、令人豔羨的工作待遇，所以在外界的口碑非常好。而本質上賈府內部的企業文化卻令人擔憂，主要表現在壓制員工的個性、漠視員工情感訴求、森嚴的等級制度。甚至就連丫鬟都有大小之分，例如：隨女主人一同嫁到男方家的陪嫁的婢女，像平兒一樣的為通房丫鬟，是為一等丫鬟；伺候主子、貼身掌管釵釧盥沐的，如晴雯、紫娟則為二等丫鬟；負責打掃房屋、來往使喚幹粗活兒的，如墜兒、入畫則為三等丫鬟。在這個等級森嚴的企業裡，主人對丫鬟從來都是隨意打罵。

其實現在的一些大型企業，某種程度上也像另一個賈府。一個普通的員工進入企業，他的上面有十多個層級，一個普通的員工三四年才能提升為線長，而要提升至科長，則需要十年甚至更長時間，看不到成長的希望。壓抑難受，沒有前景，成為這種工作氛圍的真實寫照。這樣的企業精神就是制度，在這樣的企業文化下員工有各種負面心態也就不足為怪。在有的工廠中，一個線長就可能像晴雯一樣對下屬拳打腳踢，最後甚至異化成保安治廠。倘若現代大型企業只知道制度上不斷推陳出新而不付出相應具體實踐的話，想要創造

出一個溫馨的組織，無疑是十分困難的，雇員對雇主的價值認同感就會在無形中、潛意識裡面逐漸流失，主動性、創造性與積極性更是無從談起。

二、組織文化的概念與特徵

（一）組織文化的概念

組織文化可以使員工感覺被包容、被允許和被支持，或者可以有相反的效果。因為文化可以有很強大的力量，所以管理者關注它是非常重要的。

組織在長期管理實踐中形成的組織文化有著不可替代的地位，不僅要全體員工認同並遵守，還要帶有本組織特點的使命、願景、宗旨、精神、價值觀和經營理念等特色元素。換句話說，就是講明一個組織的信念、價值觀、思維方式、處事方式、符號等組成企業自身所特有的文化外在形象。任何組織從籌備成立時便開始逐步形成某種特定的組織文化。

組織文化被描述為影響組織成員行動、將不同組織區分開的共享價值觀、原則、傳統和行事方式。在大多數組織中，這些共享價值觀和慣例經過長時間的演變，在某種程度上決定了「這裡的事情應該如何完成」。一個組織的精神風貌與組織文化息息相關，決定著組織凝聚力的大小。隨著越來越多的企業開始認識到文化的重要性，經濟全球化的進程也隨之加快，企業的組織文化給予了一個企業動力及凝聚力，這個平臺的核心是技術。

組織文化由三個層次構成，如圖2-2所示。

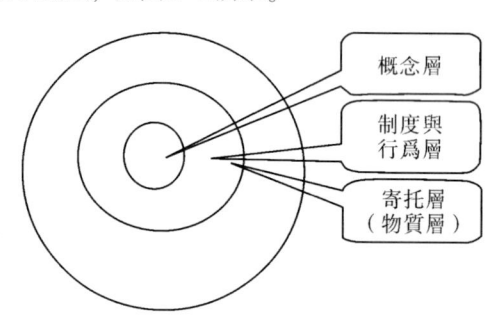

圖2-2 組織文化的層次

文化的定義包括了三個方面：第一，文化是一種感知。它不是可以被實際觸摸或看得見的物體，但是員工基於自己在組織中的經歷可感知到它。第二，組織文化是描述性的。他們是否喜歡文化與此無關，而成員要如何感知文化和描述文化則與它大有關聯。第三，個人可能有不同背景或在組織的不同層級工作，他們傾向於用相似的詞語描述組織文化。

（二）組織文化的特徵

組織文化具有以下幾個主要特徵：

（1）客觀性。不以人的意志為轉移的產生和存在的文化才是組織文化。只要是一個組

織，在組織中必然會形成組織文化，不管人們是否意識到，組織文化總是存在的，並發揮著積極的或消極的作用。

（2）獨特性。任何組織的組織文化都有其鮮明的個性。從外部看，每個組織所處的國家、民族、地域、時代、行業等外部環境不同；從內部看，每個組織管理的特點、管理者的個人作風和員工的整體素質各不相同，因而沒有完全相同的組織文化，組織都會形成各自獨特的組織文化。

（3）相對穩定性。組織文化是在組織的長期發展過程中逐步形成的。組織發展的靈魂是組織文化，它並不會因為領導人的更換、組織結構的調整、產品的更新換代而發生本質性的變化，在組織中它會長期發揮作用。同時，隨著組織內外經濟條件和社會文化的不斷發展變化，組織文化也應不斷地完善、調整和昇華。

（4）繼承融合性。一方面，所有的組織都是在一定的文化背景下形成的，組織文化必然在這個國家和民族的文化傳統和價值體系中打下深深的烙印，如中國的企業文化深受中國儒家文化的影響；另一方面，組織文化也會吸收其他民族、其他組織的優秀文化。

（5）發展性。沒有一勞永逸的組織文化。隨著社會的發展、環境的變遷以及組織的變革逐步演進和發展，組織文化也會隨之發展。

【專欄2-1】合唱裡的企業文化

曾有一位從事過業餘合唱的公司中層經理，對企業文化的理解頗有啟發。她說：「企業文化是什麼？原來我也不懂，後來我懂了。合唱裡面有高音聲部，也有低音聲部。低音聲部通常都是和弦，高音聲部才是主弦。企業文化就是企業中的和弦，經營是主弦。和弦不能沒有，否則音樂不夠圓潤；但和弦也不能搶主弦的風頭，否則就跑調了。」

三、組織文化的基本內容

組織文化是組織特有的精神財富和物質形態的總和，包括一系列豐富的內容。其中，價值觀是企業文化的核心。

（一）共同價值觀

組織內全體成員對組織的生產經營、產品服務、公眾形象、社會聲望等的總和的觀點與看法就是價值觀，是組織長期形成的價值觀念體系。一種共同的比較穩定的心理定勢或者文化積澱的表現就是共同價值觀。共同價值觀是組織經營管理者和全體成員的最高追求，是衡量事物優劣的標準，對於組織的發展具有指導意義。例如，部分公司的價值觀是「顧客永遠是對的」，還有的公司價值觀則是「員工是我們最寶貴的財富」或者「質量第一」。

【專欄2-2】聯想的文化

　　一種文化只能對應一個企業。聯想公司建立了一種統一的企業文化——一種客戶至上、以人為本的文化。俗話說：「近朱者赤，近墨者黑。」我們不想看到同是聯想集團，不同的部門有不同的價值觀。我們更希望看到，每一位員工、每一個部門、每一位領導幹部都能在一種統一的獨到的聯想文化下共同發展進步。

　　大多數企業主張建立一種「以人為本」的企業文化，而聯想對這種企業文化的理解是：達到員工個人理想和高素質生活追求的實現就是通過聯想事業目標的實現而實現。所以，聯想文化的最核心理念就是：「把員工的個人思想追求融入企業文化的長遠發展之中。」這句話有三層含義：①每個員工個人的目標只有與企業的長遠發展目標同步，才有可能得到實現；②企業發展態勢的變化必然會給員工帶來更多的發展機遇，要著力為每位在崗員工提供沒有限制的舞臺；③聯想公司為所有員工都提供了平等的發展機會，不唯資歷重業績，不唯學歷重能力。所有的聯想公司員工都有展示平臺，且每個人都會有發展的機會，企業與員工相互依靠、相互促進。

（二）企業使命

　　我們通常所說的企業使命是指企業在一定的社會經濟發展中所要擔當的責任和角色，是每個企業存在的理由和根本性質。企業的使命要說明企業在整個社會經濟領域中所經營的層次和活動範圍，具體地描述企業在社會不同的經濟活動中所扮演的角色或身分。

（三）企業精神

　　企業精神是指企業基於自身特定的任務、性質、宗旨、時代要求和發展方向，並且經過了精心培育而形成的企業群體的精神風尚。

　　在整個企業文化中處於支配地位的是企業精神。價值觀念是企業精神的基礎，以價值目標為動力，對企業經營哲學、道德風尚、管理制度、企業形象和團體意識起著決定性的作用。可以這麼說，企業的靈魂就是企業精神。

　　企業精神一般用一些既包含哲理又輕快簡潔的語言來表達，方便職工牢記在心，時時刻刻用來激勵自己；也能夠方便對外宣傳，比較容易在人們的思想裡形成印象，進而可以在整個社會層面上形成獨特鮮明的企業形象。譬如王府井百貨公司的「我是一團火」精神，其實就是鼓勵百貨大樓人用自己的光和熱去溫暖、照亮消費者的每一顆心，其本質就是奉獻自我服務；西單企業市場的「奮進、求實」精神，其實就是企業真誠守信、開拓奮進的經營作風和以求實為核心的價值觀念。

（四）企業道德

　　調整企業與企業之間、顧客與企業之間、企業職工之間關係的行為規範的總和就是企業道德。它是一種從倫理關係的角度，以善與惡、榮與辱、公與私、誠實與虛偽等道德範疇為標準來評價和規範企業的精神束縛。

企業道德與制度規範和法律規範有所不同，企業道德並不具備那樣的約束力和強制性，但有著具體的、積極的、強烈的感染力和示範效應，當被人們接受和認可後就具有了自我約束力。所以，它具有更加廣泛的普適性，是約束職工行為和企業的重要手段之一。中國老字號藥店同仁堂之所以能夠歷經 300 多年經久不衰，關鍵就在於它能夠把中華民族優秀的傳統美德文化扎根企業的生產和經營過程裡面，從而形成了具有行業特色的職業道德，即「童叟無欺、精益求精、濟世養身、一視同仁」。

（五）團體意識

團體意識是指組織成員所擁有的集體觀念。企業內部凝聚力形成的重要心理因素條件就是團體意識。企業團體意識的形成能夠使企業的不同崗位職工把自己的工作內容和行為準則都能看成是實現企業目標的組成部分之一，能夠使他們對自己是企業的一員而感到無比自豪，對企業所產生的成就產生榮譽感和歸屬感。有了這一意識，他們就會自主地為實現企業的目標而拼搏進取，自覺地克服自身缺點與實現企業目標一樣的目的。

（六）企業制度

在生產經營實踐活動中所形成的制度就是企業制度，這是對人的行為帶有一定強制性，並且能夠保障部分權利的各種規則限定。從企業文化的層次上來看，中間層次屬企業制度，它是精神文化的一種表現形式，是物質文化得到具體實現的一個保證。職工行為規範的模式就是企業制度，使內外人際關係得以協調，個人的活動得以合理進行，員工的一致利益能夠受到保護，進而使企業能夠有序地組織起來並為實現企業目標而不停奮鬥。

（七）行為規範

行為規範是組織群體所確立的行為標準並通過公眾輿論調整員工的行為。

【專欄 2-3】猴子摘香蕉

一些猴子對於籠子裡掛著的香蕉垂涎欲滴，但是每當有猴子想要去摘取時，都會有專人去敲打猴子，猴子們只得一一放棄，圍在籠子裡看著香蕉。這時，一只新猴子進來了，它不知道去摘香蕉會有人打它，而事實上也的確沒有人打它，但這只猴子依然沒有吃到香蕉。原因很奇怪，竟是因為在它每次剛想伸出手去摘香蕉的時候，其他的猴子就會自主去攻擊它。

啟示：在一定的組織或群體中，一旦規矩形成後，就成為其成員的行為準則。

（八）企業形象

企業通過外部特徵和經營實力表現出來的形象就是企業形象。在外部特徵表現出來的企業形象被稱為表層形象，如門面、招牌、徽標、廣告、服飾、商標、營業環境等，這些都能給人以最為直觀的感受，比較容易形成思維印象；通過經營產品的好壞表現出來的形象被稱為深層形象，是指企業內部元素的集中體現形態，如管理水準、人員素質、生產經營能力、產品質量、資本實力等。表層外在形象是以深層內在形象為基礎的，沒有內在的

深層形象這個基礎，表層形象就是虛浮的，不能夠長久保存。

四、組織文化的功能

組織文化是一種亞文化，是社會文化在組織中影響和滲透的結果。組織文化除具有社會文化的共性之外，還有其自身的個性功能。

（1）導向功能。組織文化一旦形成和確立就是觀念形態定型，就會有一定程度的引領作用。組織文化作為一種軟約束，通過共同的價值觀和行為規範，引導全體成員朝著組織的目標前進。

（2）凝聚功能。通過培育組織成員的認同感和歸屬感的組織文化，讓他們在無形中相互信任與相互配合，凝聚成一股強大的力量和巨大的向心力，能夠讓他們自願把自己的力量和智慧凝聚到目標的實現上。

（3）激勵功能。組織成員一旦做出符合組織要求的行為選擇，他們無形中就會被這種文化接受認同和鼓勵，久而久之，他們的行為就會更加符合組織的要求。組織文化是組織中所有員工都能夠認同的一種制度、一種觀念。優秀的組織文化能調動員工的積極性，讓他們主動擔起責任。

（4）調適功能。組織文化的影響力可以從根本上改變員工老化的、被淘汰的價值觀念，從而建立起新的價值體系觀念。組織文化對組織中的全體成員有著潛移默化的影響，在文化「潤物細無聲」的作用下，人們的行為逐漸調整為組織所希望的，而不適應者則退出。

（5）輻射功能。組織文化具有學習性、分享性和傳遞性，它不僅在組織內部被全體成員共享，而且還向外輻射、影響社會文化。

五、組織文化塑造的途徑

組織高層管理者的一個職責就是創建和駕馭文化，並在發展中不斷昇華、提煉，實現對全體管理者和員工的系統傳遞。正如迪爾與肯尼迪在其《企業文化》中強調的：「一個總經理的最終成功，在很大程度上取決於正確理解本公司的文化，以及對文化進行精雕細琢，並使它形成適應市場不斷變化所需要的能力。」

組織文化塑造需要從多方面著手，其實現途徑主要包括以下幾個方面：

（一）確立合適的價值觀標準

組織文化的核心是價值觀，塑造良好的組織文化的首要問題是確立合適的價值觀標準。不同的組織有不同的特點，價值觀的標準也不相同，高層管理者要識別和評估哪一種價值觀適合本組織。組織的價值準則要真實、可行，要能夠體現組織的戰略、宗旨和發展方向，要考慮各方面因素，使它能夠真正地反應本組織的特色和員工的心態。平淡乏味、毫無實效、自欺欺人的價值觀不僅起不到應有的作用，而且會使員工變得玩世不恭、士氣

低落，並降低對管理層的信任。

（二）選擇與組織價值觀相融合的應聘者

組織在招聘時要注重考察應聘者的價值取向，要選擇那些個人價值觀與組織價值觀相融合的各個層次的應聘者，以減少文化方面的衝突。在索尼公司裡，所有的新雇員為了被雇用，必須證明他們很注重質量，如把生產優質產品作為一種習慣。對於任何一個同組織文化步調不一致的人來說，取得成功的機會是十分渺茫的。當然，組織為了對現有文化進行變革，也會選擇與組織價值觀不同的應聘者。

（三）強化員工的認同感

組織文化不是組織的口號，需要得到組織中每個員工的認同。組織文化的創立是離不開員工的認同的，必須要通過切實可行的方法才能夠使組織的文化內涵深入人心，成為所有員工行動的準則。例如：通過宣傳創造濃厚的文化氛圍，使員工自覺或不自覺地受文化的熏陶，如在不同的、適宜的場合運用標示、標語、海報等視覺刺激，充分營造文化氛圍，傳遞組織精神；只有通過組織培訓和教育，才能使組織成員系統地瞭解和接受組織的價值觀，進而才能知道組織對員工的期望是什麼，怎樣才能得到組織及其他人的認可。

（四）建立符合組織文化要求的獎勵系統

美國有家電子商務公司 Comergent 是以價值觀來評估員工的，在給予股票、獎金和晉升等獎勵時，公司也會以價值觀作為考核標準。以至於要解雇某位員工時，也要受到價值觀的驅使。公司首席執行官科瓦克斯說：「我可以接受需要更多指導和培訓的員工，但在核心價值觀上，我決不遷就，這是為了確保公司的文化力量。」所以，為了使組織的文化能得到認同，就必須對符合組織文化要求的想法和行為進行獎勵。如果一個組織是崇尚創新的文化，那麼就要對員工的創新意識和創新行為給予獎勵。創新者的報酬很高，能得到較快地提升，這樣就會鼓勵創新的行為。

（五）不斷豐富和完善組織文化

任何組織的文化都不可能一勞永逸，組織文化是特定歷史階段的產物，價值觀會隨時間而演變。組織內活動在發生變化，如由生產型變為經營型、組織規模擴大、組織結構調整等變化；外在因素在發生變化，如技術突飛猛進等，都對組織文化提出了新的要求，需要增加新的元素和摒棄不合時宜的內容。因此，組織應不斷豐富和完善組織文化，或者對組織文化進行變革，使之適應變化的環境。

任務三　管理道德與社會責任

一、管理道德概述

(一) 管理道德的概念

依靠社會傳統習慣、輿論、教育和人的信念力量去調整人與人、個人與社會之間的關係的一種行為規範就是道德，它是規範行為對與錯的一種慣例和原則。通常來講，社會基本價值觀一個約定俗成的表現就是道德。通常情況下，人們都會根據自己對社會現象的看法、社會認同的不定形態來形成與社會大多數人群認同的道德觀，大部分人能清楚地知道該做什麼和不該做什麼，有哪些是道德的，有哪些是不道德的。

道德一般可分為社會公德、家庭美德和職業道德三類。其中，職業道德是指同人們的具體職業活動所掛勾的符合其職業特點的道德情操、道德準則與道德品質的集合，也是指從事一定職業的人在一定的職業勞動和工作過程中所要遵守的與其具體職業活動相適應的行為準則規範。職業道德是從業人員在職業活動中應遵守或履行行為的標準與要求以及應承擔的道德責任和義務。

有一種特殊的職業道德叫作管理道德，是指從事管理工作的管理階層的行為準則與規範的集合，是特殊的職業道德規範，是對管理者提出的道德要求。對管理者自身而言，管理道德可以說是管理者的立身之本、行為之基、發展之源；對企業來說，管理道德不僅是對企業進行管理的價值導向，還是企業健康持續發展所必要的一種重要資源，更是企業提高經濟效益和綜合競爭力的核心。

(二) 管理道德的特徵

1. 普遍性

人們在參與管理活動中根據一定社會的道德準則和基本行為規範為指導而概括出來的管理行為的規範就是管理道德，它能夠適用於廣泛領域的管理。不管是行政管理、企業管理、經濟管理、文化管理，還是部門、單位、家庭和鄰里的人際關係管理，都應當遵從管理道德的要求和原則。

2. 特殊性

與一般的社會道德不同，管理道德自身具有一定的特殊性，因為它所調整的關係是管理關係，規範的行為是管理行為。管理關係包括管理者與被管理者之間以及管理者相互間的特殊的職業關係。管理行為是管理者在從事管理活動中的行為，與一定的管理職權和管理責任聯繫在一起。

3. 非強制性

人類最開始的管理方式，是屬於人民公權的且都可以平等地參加管理工作，並不具備強制性。與之相應的是，調整管理行為的規範，即管理道德也沒有強制性。人類社會進入階級社會以後，管理被打上階級的烙印，具有階級的性質和內容。它依靠國家或組織的權力實行管理活動，具有強制的性質。但與此相適應的管理道德並沒有改變其非強制的性質。但是，管理道德在內容上更偏向於調整和約束組織管理者的自身行為，而在社會環境中管理道德則更偏向於依賴被管理者的輿論來影響管理者的行為，從而調整管理者與被管理者之間的關係，使其具有特殊性。

4. 變動性

隨著人類社會實踐的發展，人類的管理活動也將發生變化，作為管理關係和管理行為規範的管理倫理，也不可避免地隨著管理的變化和發展而改變其內容和形式。原始社會的公共事務管理性質簡單、形式簡單、內容簡單、發展極慢。相應的管理道德內容也是簡單、規範、發展緩慢的。在現代，隨著管理內容的複雜化、管理方法的制度化和管理目標的多樣化，相應的管理道德內容也隨之增加和豐富，形式也多元化，特別是在科學管理迅速發展的當代，進一步推動了道德管理的變化和發展。想要在這種變動性中順應實際來調整道德的架構和層次，因此，新的管理道德規範需要整體反應出新時代特點和當代科學管理水準的高低，滿足具有中國特色的社會主義管理發展方針的需要。

5. 社會教化性

道德教化是一個古老的概念，重視教化是中國傳統文化的一個優良傳統。中國古代傑出的思想家大都重視以德治國，所以都強調了道德培育的作用。儒家代表孔子主張用「仁愛」的道德品質感化於人，認為人只要能夠做到「仁」，就能夠自愛，也能夠「愛人」，對他人能夠寬容。而孟子則繼承並發展了孔子的仁愛思想，提出了「親親而仁民，仁民而愛物」的思想文化，孟子認為「仁」就是「愛之理，心之德」。除此之外，儒家還把重行、公正、廉潔、修養、舉賢任能等都看作「仁愛」教化的結果，還要求管理者都應具備這些道德品質。當代中國的社會主義管理道德體系，應當自主地吸收和實踐中國傳統文化中的優秀思想，高度重視管理道德的教化作用。特別是應當強調組織管理者的道德示範和引導作用。只有這樣，才能使管理道德的信念、意識、意志、情感更深入人心，並成為人們的自覺行為，這對於促進社會主義管理目標的實現具有非常有效且重要的作用。

（三）影響管理道德的因素

1. 道德的發展階段

研究表明，道德的發展歷程總共要經歷三個層次，而每個層次又劃分為兩個階段。

（1）前慣例層次。這是道德發展的最低層次。在這一層次，管理道德觀受個人利益支配。根據一定情況對自己制定有利的決策，並按照一定行為方式來導致自己受到獎賞或懲罰從而確定自己的權益。在這一階段上，行為者認為凡是對自己有利的行為就是道德的、

對自己不利的行為就是不道德的。

（2）慣例層次。自我的道德觀受他人期望的影響較大，其中就包括了遵守法律和對一些關鍵人物的期望高低做出反應。這種道德觀，既有良性的也有惡性的。一些真正為企業整體利益著想的道德觀就是良性的；相反，以個別人期望為是非標準的管理道德觀就是惡性的。

（3）原則層次。這是道德發展的最高層次。原則是指個人的道德原則，它們既可以與社會的準則和法律一致也可以與社會的準則和法律不一致。這種管理道德觀念強調的是個性和個人英雄主義，認為人假如壓抑自己，不充分表現和發展自我，違背自己內心的是非觀，是不道德的。

2. 個人特徵

研究發現，影響個體行為的人格變量有兩個，即自我強度和控制中心。一個人的自我強度越高，就越有可能抵制衝動，遵守自己的內在信念。這意味著自我強度高的人更有可能做他們認為正確的事情。控制中心被用來衡量人們在多大程度上掌握自己的命運。擁有內部控制中心的人認為自己掌握了自己的命運，而那些擁有外部控制中心的人則認為，他們生活中發生的事情是由運氣或機遇決定的。擁有外部控制中心的人不太可能對其行為的後果負責，更有可能依賴外部力量；相反，擁有內部控制中心的人更有可能對後果負責，並依靠自己固有的是非標準來指導自己的行為。

3. 組織結構變量

組織結構設計有助於管理者道德行為的產生。一些結構提供了有力的指導，而另一些結構令管理者模糊不清。模糊程度最低並時刻提醒管理者什麼是「道德」的結構設計有可能促進道德行為的產生。正式的規章制度可以降低模糊程度，促進行為的一致性。不斷有研究表明，管理者的行為符合道德或不符合道德對員工有著重要的影響，即所謂上行下效。人們密切關注管理者作為可接受行為的標準正在做什麼以及他們應該做什麼。一些績效考評體系只對結果進行評價，而另一些系統則對結果和手段進行評價。在只對結果進行評估的地方，人們會想辦法追求結果。與評估系統密切相關的是報酬的分配方式。在不同的結構中，管理者在時間、競爭和成本等方面的壓力也不同。壓力越大，越可能降低道德標準。

4. 組織文化

組織文化的內容和強度也會影響道德行為。

最有可能產生道德標準的組織文化是一種具有很強的控制風險和抵禦衝突的能力的文化。在這種文化中，管理者是有進取心和創新精神的。他們意識到，不道德的行為是可以被發現的，沒有他們認為不現實或個人的需要或期望。公開的挑戰，如高風險容忍、高度控制和高度容忍衝突的文化可能導致更高的道德標準。與薄弱的組織文化相比，強組織文化對管理者的影響更大。如果組織文化是強大的，支持較高的道德標準，它將對管理者的

道德行為產生重要而積極的影響。在薄弱的組織文化中，管理者更容易對組織中的道德行為產生重要影響。

5. 問題強度

問題強度是指管理者所面對問題的大小和嚴重程度。換句話說，該問題如果採取不道德的處理行為可能產生後果的嚴重程度。道德問題強度會直接影響管理者的決策。損害的嚴重性、不道德的輿論、損害的可能性、後果的直接性、與受害者的接近程度等決定了道德問題對個人的重要性。根據這些原則，受傷害的人越多，公眾輿論認為該行為不受歡迎、行為造成損害的可能性就越大，人們就越能直接感受到行為的後果，觀察者對受害者的感覺接近，對受害者的影響就越集中，問題就越嚴重。當一個道德問題是重要的，也就是說，當問題強度更大時，我們就有更多的理由期望管理者在道德上採取行動。

二、培育管理道德的途徑

【專欄2-4】袁世凱吃鹽

範旭東，一位傑出的化學工業家，中國重化工業的創始人，被譽為「中國國家化學工業之父」和「中國重工業之父」。1915年，範旭東在天津成立了久大精鹽公司，股本為5萬元。在塘沽漁村，他開始研發精製鹽，不久就達到了90%以上的純度。久大用海灘鹽加工鹵水，在鋼板鍋中蒸發結晶，生產出第一批國產精製鹽。產品質量乾淨、均勻、衛生，主要品種有食鹽、粉鹽、磚鹽等。通過傳統製鹽法生產的粗鹽根本無法與之相比。

20世紀初，中國人被西方人嘲笑為「吃土」的民族。這是因為中國鹽業開採雖然已有幾千年的歷史，但由於生產工藝落後，鹽中雜質含量較高。在外國，含Nacl低於85%的鹽一般被禁止飼養牲畜，而當時許多中國人食用的鹽含NaCl不足50%。為了盡快改變這種情況，1915年，範旭東四處募捐，成立了久大精鹽公司，並正式投入生產。久大精鹽公司生產含Nacl 90%以上的精製鹽，既好又便宜，深受人們歡迎。這一成果宣告了中國產鹽業新時代的到來。然而，一起意外差點毀掉了範旭東的前程。在1915年8月的某一天，天津一家報紙傳出「精鹽毒死人」的消息，天津街頭立刻傳得沸沸揚揚，老百姓們無不談鹽色變。緊接著，英國駐津的艦隊奉命封鎖了天津港灣，禁止久大精鹽向外運輸。國內外的鹽商更是群起攻之。

而真正的原因是，範旭東新成立的久大精鹽公司觸犯了國內外鹽販的集體利益。很久以來，中國的食鹽產出與銷售都是由官商合夥壟斷的，他們巧立名目，肆意哄抬價格，甚至有些奸商還向食鹽中加土，殘害百姓。而範旭東所創辦的久大精鹽公司直接損害了他們的利益，於是他們試圖通過散布謠言的方式將久大精鹽公司逼出市場!

面臨絕境的久大精鹽公司如果不能快速做出反應，其後果難以預料。範旭東幾經輾轉，終於拿出良策。

短短數日後，這種被謠傳有「毒」的鹽被呈上了軍閥袁世凱的餐桌上，在袁世凱吃得高興的時候，旁邊的楊度提醒他道：這菜所放的是被外面謠傳有「毒」的久大精鹽。袁世凱聽後仔細品嘗，連聲說幾聲「好」。次日，「大總統袁世凱親自品嘗並稱讚久大精鹽」的新聞就刊登在各大報紙上。一時間，那些散布久大精鹽有毒的謠言不攻自破。而與此同時，範旭東還獲準通過國內的五個港口運銷久大精鹽，擴大市場份額。久大精鹽從此名聲大振，遠銷國內外。

啟示：利用重大事件開展公關活動，是企業創造商機的重要手段。重大事件一般成為媒體和公眾關注的焦點。如果能將品牌與重大事件積極聯繫起來，必然會提高品牌的知名度，使企業與政府或公眾的關係更加密切。此外，利用名人的名氣也是許多品牌成功的原因之一。

改善管理道德行為、提升管理道德水準是綜合性的、長期的工作。其培育途徑主要包括以下幾個方面：

（一）挑選道德素質高的管理者

管理者應該是一個道德高尚的人，至少是一個以高尚道德標準要求自己的人，而不只是一臺會賺錢的機器。管理者是員工的表率，他們直接影響員工的行為，因此，培育道德素質高的管理者就非常重要。在選拔管理人員的過程中，要通過嚴格的篩選（如申請材料審查、筆試組織、面試、審判等）來招聘道德素質較高的人才，以避免聘用道德素質較低的人才。

（二）做好管理道德的教育工作

（1）提高對管理倫理的認識，包括對管理的地位、性質、角色、服務對象、服務手段等方面的認識。對管理道德價值的認識是培育管理者管理道德的前提，就是要認識管理道德的實質、內涵，充分認識到管理道德對個人、企業乃至社會的重要性。只有提高管理道德意識，才能在思想上重視管理道德，在實踐中貫徹管理道德，促進管理道德的發展。

（2）培養管理者的道德情操，即管理者在處理自己與職業的關係和評價管理行為的過程中形成好惡等情感和態度。它主要包括管理工作的榮譽感和責任感、客戶的親和力、對工作的熱愛、對工作的投入等。管理道德情感一旦形成，就會成為一股穩定而強大的力量，積極影響人們管理道德行為的形成和發展。

（3）行使管理道德意志，即人們在履行管理義務的過程中自覺地克服一切困難和障礙，做出一種力量和精神的選擇。是否有堅定的管理道德意志是衡量每一位管理者管理道德素質高低的重要標志。

（4）堅定的管理道德信念。管理者一旦確定了道德信念，就可以自覺地、毫不動搖地履行自己的義務，並能相應地識別自己或他人的行為。終身管理道德信念的培養和確立是每個管理者管理道德修養的核心環節。

（5）樹立管理道德典型。典型引導是激勵人們自覺規範道德行為的有效途徑。為此，

一是要注重發揮管理者的管理道德的表率作用；二是要樹立典型人物，做好輿論引導工作，發揮示範作用。

（三）提煉規範管理道德準則

管理道德建設的過程是管理道德素質的形成和不斷提高的過程。這就要求管理者將管理道德情感、管理道德意志、管理道德信念與企業的管理工作和實際情況結合起來，注意吸收西方道德的合理元素，廣泛繼承中華民族傳統道德的精髓，抽象出體現管理特點的管理道德規範。只有使管理者瞭解和明確了管理倫理規範和行為規則，才能形成良好的管理道德體系。通過完善管理道德標準，實施規範化的管理道德管理，使管理者始終自覺地根據管理道德規範檢查和規範自己的行為。因此，培養良好的管理道德行為習慣，不僅有利於管理者的自我建設和發展，也有利於企業管理水準的提高。

（四）將管理道德行為列入崗位考核內容

管理道德的主體是管理者，合格的管理者也必須是道德的管理者。為此，管理人員需要將管理道德要求與自己的工作結合起來，並在實踐中加以落實。具體工作中，形成穩定的職業行為，客觀上也會在組織內部形成良好的道德風尚，使組織步入良性的發展軌道。因此，要把管理道德建設納入管理崗位評估，加強檢查、考核、獎懲，使每一個管理者不斷地對照準則自我檢查，不斷地修正自己的行為方向，最終形成良好的管理道德。

（五）提供正式的保護機制

正式的保護機制允許面臨道德困境的雇員自主行動，而不必擔心受到譴責或報復。例如，員工可以向上一級政府部門或紀律檢查委員會進行信訪或上訪。而接受信訪或上訪的部門應明確提出處理意見，而不是簡單地轉交原單位處理。這對保護檢舉人不受報復是十分必要的。

三、社會責任概述

（一）社會責任的含義

社會責任通常是站在企業角度而言的。20世紀初，由於資本的不斷擴張，產生了一系列的社會矛盾，如貧富差距問題、勞工問題和勞資衝突等社會矛盾不斷被提出。在西方，20世紀60~90年代，從企業對社會責任的紛爭到眾多企業對社會責任的支持和認同，企業對社會責任的態度發生了極大轉變，而社會責任走上制度化的發展軌道還是20世紀90年代末才逐漸形成的。

就目前而言，雖然社會責任的基本概念已被大眾廣泛接受，但是許多重要國際組織對社會責任的定義表述不一。也就是說，社會責任的定義在國際社會上還沒有統一，但是各方在社會責任的內涵和外延都是一致的。

社會責任到底是什麼呢？社會責任指的是組織在遵守、維護和改善社會秩序，保護和增加社會福利方面需要履行的責任和義務。而企業的社會責任則更具體，指的是企業在創

造價值、獲取利潤、對股東利益負責的同時，還要遵守商業道德、保障生產安全、維護職業健康、保護勞動者的合法權益、保護環境、支持慈善事業、資助社會公益、保護弱勢群體等，履行對消費者、企業員工、環境和地區的社會責任。

通過企業社會責任的對象我們不難看出，企業在履行社會責任時，不僅要對股東負責，還要對企業的利益相關者負責任。利益相關者是指購買企業產品的消費者、服務於企業的員工、為企業提供原材料的供應商、企業所在地區、影響企業發展和被企業所影響的民間社會團體與政府等。在企業經營過程中，不僅要從經濟因素上對股東負責，而且應該考慮到環境和社會因素，並同時承擔起相應的責任。

（二）兩種不同的社會責任觀

在企業對待社會責任問題的方式上，理論界存在古典觀與社會經濟觀兩種不同的觀點。

1. 古典觀

古典觀認為，企業的資本屬於股東，只應該對股東負責。企業具有社會責任的表現在於保障股東的利益，至於其他人的利益，則不是企業所要管的和所能管的。為此，古典觀也稱純經濟觀。

諾貝爾經濟學獎獲得者弗里德曼是支持古典觀的代表人物。古典觀站在資本家的立場上只對股東負責，要求企業管理者以實現企業利潤最大化為唯一的社會責任，達到為股東謀求最大的投資收益的目的，是典型的反社會責任的觀點。這種觀點只追求滿足企業自身的經濟利益，與社會利益相對立。弗里德曼認為，如果企業的管理者將經營資源投向社會利益方面，其行為和做法就會使市場機制的作用大打折扣。比如：如果企業履行社會責任而導致企業利潤下降，則股東的利益就會受到損害；如果企業履行社會責任而導致員工工資福利待遇相應減少，勞動時長增多，那麼員工利益就會受到損害；企業履行社會責任而導致產品售價上漲，那麼消費者的利益就會受到損害。

2. 社會經濟觀

社會經濟觀與古典觀則恰好相反，社會經濟觀認為企業除了要賺取合理的利潤以外，企業還必須承擔社會義務以及為相關利益群體承擔其應該負擔的社會責任。因此，他們必須扮演積極的角色，服務和融入地區並向慈善組織提供資助，從而推動社會進步。因為企業是社會中的企業，企業是依託社會而存在的，社會的進步會推動企業的進步，企業的成長也會推動社會的進步，社會是企業生存和發展的沃土。企業只有履行了自己的社會責任、樹立了良好的企業形象，才能贏得社會美譽。

【專欄2-5】東方航空公司返航事件

2018年3月31日，東方航空公司飛往麗江、大理、西雙版納、思茅、芒市、臨滄六地的航班同時返航，而當天其他航空公司的航班則照常起降，這一情況受到消費者的質

疑。隨後東方航空公司發表聲明稱因為遭遇惡劣天氣才導致航班集體返航，然而這則聲明卻引起了乘客的強烈不滿。

當天飛往麗江、大理等六地的航班中，其他航空公司的飛機都可以正常降落，只有東方航空公司的 18 架飛機同時遇到惡劣的天氣返航。

而根據相關法律規定，民用航空器的機長遇到特殊情況，為保證民用航空器及其所在人員安全，有權對民用航空器做出處置，機長也有權返航。那麼，當時的氣象條件是否又像東方航空公司所說的 18 架飛機都遇到了惡劣天氣呢？中央氣象臺首席預報員楊貴名表示雲南省在 3 月 31 日基本上沒有威脅飛機飛行的雲系或大風天氣。所以，東方航空公司集體返航另有其他原因，並不像發表的聲明那樣是因為天氣原因，顯然是在掩蓋真相。

後經國家民航局調查，在返航的航班中僅有 3 個為合理返航。民航局認定，返航事件主要是因為少數飛行人員無視旅客權益所造成的一起非技術原因的返航事件。在返航前，一些飛行員與東方航空公司已經是矛盾重重，返航事件僅僅是矛盾的集中釋放。

此事結果一出引發了公眾對企業職業道德與社會責任等一系列問題的深思。有消費者表示：如果飛行員真的是故意這樣做的話，那我覺得就是沒有職業道德了，拿飛機上這麼多旅客的生命安全開玩笑，我們是不能原諒的。

河海大學副教授萬國彤認為東方航空公司飛行員為解決勞動爭議而不顧乘客利益集體返航，行為本身以及東方航空公司都應該受到道德層面的譴責，任何一個職業都有職業道德，愛崗、敬業、奉獻、誠信是基本的道德要求。在這個問題上，東方航空公司以及東方航空公司的飛行員都違背了基本的職業道德和公司在市場經濟競爭中應該遵守的行為規範，都有相應的道德責任。

延陵律師事務所律師徐晉麻認為，飛行員一旦啟動飛機就掌握了公共權力，就要對數百名乘客的利益和安危負責。濫用公共權力來達到維護私權的目的，這是任何國家的法律都不允許的。該事件絕對是一種危害公共安全的行為。

從企業的社會責任來看，飛行員的職業道德培養和提升不僅是其個人的事，也是東方航空公司和社會共同的責任。社會、企業和員工三個方面有必要共同努力去建構、營造和維護員工的職業道德。而在職業道德的建構上，三方各自承擔不同的角色與責任，它不僅需要與社會形成共識，還需要企業方管理層的重視、努力和有條不紊的溝通、宣傳、疏導，更需要員工能充分意識到其重要意義。

隨著社會的不斷進步，市場環境在不斷發生變化，消費者的消費觀念也不斷改變，社會企業的信譽要求也越來越高，企業要想長期發展，承擔社會責任已成為必要條件。對企業的所有利益相關者來說，開展企業社會責任與企業績效關係的研究，有著無法估量的價值。由於企業社會責任與經營業績的關係會直接影響到企業利益相關者，企業的發展也會因而受到影響。企業在履行社會責任的過程中是需要付出成本的，但投入這些成本並非產生不了價值，並非不能為企業帶來收益。正如英國學者約翰・凱教授所言，「一個公司成

功的核心因素是超越以賺錢為目的的。正是這個因素激發了員工的忠誠度,使企業有創造和革新的激情,最終使企業能夠獲得成功。」

通過大量的實踐,我們可以看出企業履行社會責任、嚴格遵守環境標準、從事公益事業,在短期內確實增加了經營成本。而企業要想長遠發展,企業承擔的社會責任的大小與其經營業績呈正相關。也就是說,企業承擔的社會責任越大,其經營業績也就越多;企業承擔的社會責任越小,其經營業績也就越少。企業履行社會責任有助於提升企業績效,有助於在社會樹立良好的企業形象與獲得不錯的企業聲譽,進而提高其經濟效益。因此,企業的經營者應以企業的長遠利益和社會的可持續發展為目的。企業在追求利潤的同時,除了為股東服務以外,還應主動為其他利益相關者謀取一定利益。當然,企業承擔社會責任還需要做很多工作:

(1)企業要建立員工與管理層的溝通渠道,廣開言路,尊重員工的話語權,為員工創造自由的工作環境,充分發揮人力資源的作用。

(2)企業應參加力所能及的公益和慈善活動,幫助社會上的困難群體。

(3)企業在生產中也要充分考慮到社會責任。例如,實施「綠色」發展理念,積極轉型、優化生產模式,引進先進技術,勇於創新,放棄傳統的高成本、高耗能、高污染能源,積極尋找和開發清潔能源。一方面,可以降低企業的生產成本;另一方面,可以節約社會資源,保護生態環境,在全社會分享企業貢獻的同時,也讓投資者關注到企業的長期投資價值,有利於經濟社會的可持續發展。

總之,企業主動承擔社會責任,是企業樹立良好的社會形象,實現更好、更快發展的必由之路。承擔社會責任越多的企業社會聲譽就會更好,吸引的消費群體就會更多,也會使企業獲得更多的支持,擁有更好的發展環境,從而獲取新的競爭力。

四、社會責任的具體體現

企業社會責任就是企業對於社會所承擔和所應該付出的一些責任。那麼,為什麼企業要付出社會責任?著名的管理學家德魯克曾經在他的著作中提到,我們這樣的企業為什麼會成為社會型或者社區型。一個企業,只有把社會的東西,把社會的價值和社會的福祉作為自身存在的這種使命,它才能夠長久持續的在這個社會存在和發展下去,否則你可能是曇花一現。

(一)對雇員的責任

企業應堅持以人為本的發展原則,在提高企業核心競爭力的同時,要優化企業管理結構,積極維護企業員工的合法權益,完善企業晉升機制,建立規範和諧穩定的勞動關係;企業要解決就業問題,讓員工有工作可做、有錢可掙,生活得到保障,收穫幸福感和歸屬感。然而,有些企業只追求利益,不管員工的工作環境和生活條件,損害員工的身體健康;有些企業不按章辦事,對員工的工作進行不公正評價,隨意克扣薪酬;有些企業在招

聘、晉升和待遇上有性別、種族歧視，不尊重員工，侵犯其隱私；等等。

（二）對顧客的責任

企業對顧客的責任主要體現在提供安全的產品、提供正確的產品信息、提供售後服務、提供必要的指導以及賦予顧客自主選擇的權利，企業千萬不可做對顧客不負責任的事情。例如，在產品的行銷和推廣上不切實際，信口開河，誇大產品的作用與功效，利用虛假廣告宣傳欺騙顧客，故意向消費者隱瞞實情，生產製作危害顧客健康的產品，或故意高價銷售價值低廉的產品，愚弄大眾等。

（三）對競爭對手的責任

在競爭激烈的市場中，競爭與合作是市場經濟條件下的永恆主題。有些企業認為競爭的終極目標不在於占領現有市場，而在於通過何種方式創造出更大的市場空間共同分享。為此，企業不要假冒其他企業的商標、生產假冒偽劣產品、侵犯他人的商業秘密、損害競爭對手的商業聲譽，要遵守市場的游戲規則，特別是避免企業間不講信譽、彼此拖欠和賴帳、不履行合同。

（四）對環境的責任

20世紀60年代以來，人類賴以生存的環境因為發展而不斷遭到破壞，自然環境不斷惡化，人類保護環境的意識不斷增強，全球範圍興起了形式多樣的環境保護運動，守護人類共同的家園逐漸成為人們的共識。無論是在國外還是在國內，公眾對環境的要求越來越高，綠色環保已逐步成為各個行業發展的理念，進而促使社會個體將環境保護視為維護自身生存與發展的自覺行動。步入新時代以來，「綠水青山就是金山銀山」的理念植入中國各項事業發展的過程中，全國大中小微企業也積極回應黨中央的號召將環境保護、環境管理等納入企業的生產經營決策之中，尋求可持續發展。

使用清潔能源、共同應對氣候變化和保護生物多樣性是企業的責任。企業通過採取改良工藝，優化結構，創新技術，生產對環境無污染的產品，使用清潔能源，提高能源利用效率，努力節能降耗，全面推行清潔生產、防止污染等措施，來體現企業對環境保護的責任意識，達到經濟與環境協調發展的目的。

近年來，中國不斷加強法制建設，全面依法治國，嚴厲打擊漠視環境利益、任意排放污染物和掠奪性開發資源等現象。在中國發生的環境違法案件中，不良企業向陸域、海域和大氣空間排放有毒物質成為釀成惡性環境事故、造成環境危害的主要原因。例如，一些開展化工、印染、造紙的小規模工廠，為追求高利潤，對治理污染採取消極態度，偷偷地排放「三廢」，並對其造成對污染置之不理、嚴重缺乏對環境保護的責任意識。

（五）對社會發展的責任

企業需要對社會發展擔負一定責任，做出一定貢獻，包括贊助支持社會公共福利事業及社會救助事業等，如贊助科教、文化、醫療、衛生、體育、環保、養老、社會公共設施建設等，幫助搶險救災、濟貧扶困等方方面面。同時，企業應避免財務詐欺、偷稅漏稅、

官商勾結、權力腐敗、商業賄賂、地方保護主義、國有企業改革中的「內部人」控制現象等，也是對社會發展責任的貢獻。

【專欄2-6】鱷魚的夥伴——牙籤鳥

眾所周知，鱷魚是一種凶猛的動物，誰也想不到這樣的動物也有合作夥伴。在公元前450年，古希臘的歷史學家希羅多德發現了一種奇怪的現象，他在埃及奧博斯城的鱷魚神廟裡觀察鱷魚時發現，飽食後趴在大理石水池中的鱷魚時常張著大嘴，而有一種灰色的小鳥卻在鱷魚嘴裡上下翻飛，啄來啄去，有的甚至站在鱷魚的嘴巴裡，啄食鱷魚牙齒上的食物殘渣，眼前的這種現象令希羅多德非常驚訝，從而顛覆了他對鱷魚的認識，讓他對這一現象進行了認真觀察和深入思考。希羅多德通過觀察發現幾乎所有鳥獸見到凶殘的鱷魚都會迅速避開，而這種灰色的小鳥不僅不避讓鱷魚，還能同鱷魚友好相處，而且鱷魚也從不傷害這種小鳥。每當鱷魚從水裡上岸後，就會張大嘴巴，等待這種小鳥飛到它的嘴裡去啄食食物殘渣，吃水蛭、蒼蠅等小動物。希羅多德認為鱷魚能與這種小鳥和諧相處的原因是因為他們相互需要：因為鱷魚需要小鳥幫助清理其口腔中的寄生蟲和食物殘渣，這會讓鱷魚很舒服，而小鳥則通過吃這些寄生蟲和食物殘渣來填飽肚子，雙方互利互惠，合作共贏。所以，人們就把這種灰色的小鳥叫作「牙籤鳥」。有時牙籤鳥乾脆把巢建造在鱷魚棲居地，作為鱷魚的哨兵，每當有其他動物逼近，它們就會一哄而散，給鱷魚發信號讓其做好準備，而牙籤鳥則遠遠觀察等待鱷魚捕食完畢之後美餐一頓。

啟示：凶猛的鱷魚和小小的鳥兒之間都懂得互利共贏，而人類是「萬物之靈長」，更應該懂得合作共贏的好處，以人之長補己之短，學會合作共贏的思維方式。而企業也只有通過更多的關注社會，才能找到更多的合作夥伴，實現更大的商業目標，承擔更多的社會責任，創造更多的社會價值。

任務四　創業

經濟動力及工作機會主要來自熊彼特所關注的創業家與其創新。——現代管理學之父彼得·德魯克

一、創業的含義

創業通常分為狹義創業和廣義創業兩類。我們將創建一個新企業的過程叫作狹義創業，而廣義創業則是指創造新的事業的過程。換言之，所有創造新的事業的過程其實都是創業。所以，無論是創建新企業還是在企業內部創業以及在已有工作崗位上通過發現機會、整合資源創造性地發揮自己的才能，實現自己的價值和抱負，其實都可以稱之為創

業。創業者類型包括了謀生型、投資型和事業型。

我們認為，創業是一種行為過程，主要表現在創業者不拘泥於當前資源約束、尋求機會、進行價值創造。其內容具體包括：

(1) 不拘泥於當前資源約束。創業者為了達到創業目標，不能被資源約束，而應該努力通過資源整合、風險投資等方式來實現創業。

(2) 尋求機會。尋求商業機會是創業者進行創業活動的前提，所以創業者在創業前需要做大量工作，努力尋找和識別創業機會，確定創業項目。

(3) 進行價值創造。主要指創業必然伴隨著新價值的產生，新價值的創造是創業的結果。

二、創業者素質構成

創業者素質是個綜合性很強的概念，其內涵豐富、外延廣泛。創業者素質泛指其品德、知識、技能、經驗等諸要素的總和狀態，是身心要素的整體系統，具有內在性、本質性、相對穩定性。創業者素質一般包括以下七種：忠誠正直、渴望成功、精力充沛、天資過人、學識淵博、領導能力、創新能力。

(一) 忠誠正直

忠誠正直是創業者的立身之本，也是最重要的品質。做事業首先是做人。只有忠誠正直的創業者，才能幹出更大的事業，才能創造出更大的財富。很多企業家，更願意和忠誠正直的人合作。

忠誠正直的內容主要包括以下幾個方面：

(1) 正直。創業者要真誠，要有坦蕩的胸懷。

(2) 可信。創業者在各種交易行為中是可以信賴的。

(3) 守法。創業者遵紀守法，不做違法亂紀的行為。

(4) 公平。創業者奉行公平交易準則。

(二) 渴望成功

創業有兩個結果，即成功或者失敗。每一個創業者在確定目標、制訂計劃的時候，都是希望自己創業成功。但在實際創業過程中，很多困難會讓意志不堅定的創業者止步不前甚至退縮。對成功的渴望，是每個創業者必備的素質之一。

(三) 精力充沛

精力充沛的含義很多，主要分為兩個部分。第一，創業者要有健康的體魄。創業從來都不容易，熬夜、加班、應酬等需要耗費大量的體力和精力，創業者必須要有健康的體魄，有能力應付艱苦的工作，支持自己不斷前進。第二，創業者要有勇往直前的奮鬥精神。創業路上必定有很多困難，如人才問題、資金問題、產品問題、創新問題等都需要一個個解決。創業者要有堅定的信念，有驅動力和奮鬥熱情、首創精神，為實現既定目標而

不懈努力。

（四）天資過人

天資通常被認為是人的天性。有的人擅長形象思維，有的人擅長邏輯推理，有的人擅長全面觀察，有的人擅長綜合分析。優秀的創業者通常天資過人，能夠在錯綜複雜的環境中，在充分分析的基礎上，做出正確的判斷，進而進行最優決策，同時敢於承擔必要的風險。

（五）學識淵博

是否接受過良好的高等教育是評定一個創業者學識淵博的重要依據之一，但創業者的學識不僅與其教育程度有關，而且與其經驗和眼界有關。豐富的行業經驗，能讓創業者少走很多彎路，同時也是保證事業成功的重要因素；眼界決定了創業者的創業思路，開闊的眼界、廣博的見識能拓寬創業者成功的道路。

（六）領導能力

領導能力是創業者必備的能力之一，也是創業者非常重要的素質。領導能力既表現為獨立處理問題的能力，又表現為組織他人共同解決問題的能力。領導的決策能力、資源整合能力、交往溝通能力、激勵能力、溝通能力、談判能力等，能夠有效地解決創業過程中遇到的各類困難。但選人用人、知人善任、獎懲嚴明、有效激勵等能力，能夠充分發揮其他人的作用，能夠有效保障創業的成功。

（七）創新能力

創業者首先需要具有創新精神。創新能力是技術和各種實踐活動領域中不斷提供具有經濟價值、社會價值、生態價值的新思想、新理論、新方法和新發明的能力。當代社會經濟飛速發展，各類經濟形式不斷湧現，創新能力顯得尤為重要。創業能力也是創業者成功與否的關鍵。

【專欄2-7】創業改變人生——宋雄

宋雄，湖北武漢人，1985年出生。他自小患佝僂病，脊椎側彎，身高不足1.5米，臉部因病也略有變形。被鑒定為四級肢體殘疾的他2003年考入武漢生物工程學院。2006年大學畢業的宋雄在殘疾媽媽的支持下，賣掉住房，四處借款籌錢，在2007年創辦了瑪拿西養老院。2007年宋雄創業的故事被《湖北日報》《長江日報》《楚天都市報》《武漢晚報》等多家媒體爭相報導，其所創辦的養老院掛牌「江漢區殘疾人創業示範崗」，他個人也被被武漢市民政局、武漢市慈善會譽為「武漢市扎根福利事業的大學生第一人」，被江漢區政府譽為殘疾人創業和自立自強的典型模範，被區勞動局評為「再就業明星」。

2007—2012年，有170多名老人先後來到養老院被宋雄照看，安度晚年。2012年宋雄與在養老院長期參加義工的善良女孩董美娟擦出了愛情的火花，並喜結良緣，二人攜手致力於公益事業。

如今的瑪拿西養老院已更名為冬英福壽苑（養老院），但十餘年來，宋雄身體力行獻身公益事業的精神始終沒變，他以奉獻精神和大愛之心悉心呵護 250 多名老人的生命與尊嚴，播撒著愛的陽光，溫暖了老人的心田。2017 年 12 月宋雄被評選為「百萬大學生留漢十大青年榜樣」，冬英福壽苑也成了武漢大學生們「尊老愛老」的教育實踐基地。

啟示：當不了員工，就當老板！宋雄的事業、生活都取得了很好的發展，普通人不普通的故事。

三、創業機會

創業是一種訓練，而就像任何一種訓練一樣，人們可以通過學習掌握它。——德魯克

【專欄 2-8】共享經濟中的摩拜單車

「共享」是共享經濟中的核心理念，被入選「2017 年度中國媒體十大流行語」。2017 年，北京外國語大學絲綢之路研究院對「一帶一路」沿線 20 多個國家的青年最愛的中國生活方式進行了調查，評選出了中國的「新四大發明」，共享單車就名列其中。

共享單車家族裡的重要成員摩拜單車一年之內融資超過 3 億美元，3 年內的估值就超過了 30 億美元。摩拜單車的創始人胡瑋煒借助「互聯網+」，握住了共享經濟的脈博，以無樁停車為特點，創造了城市綠色出行的新模式，成了國務院總理的座上賓，繼而也成為家喻戶曉的風雲人物。

究竟是什麼原因讓摩拜單車風靡全國？為了在競爭中取勝，胡瑋煒通過模式創新、理念創新、管理創新，對摩拜單車進行了與眾不同的設計。

摩拜單車採用了防爆輪胎，不用擔心爆胎；沒有鏈條，不用擔心掉鏈子；車身是全鋁，不用擔心生鏽；不受固定停車地點的制約，不設固定樁，隨取隨還，有效地利用了街頭巷尾的零散空間，從而降低了經營成本；採用 APP 一鍵掃碼，快速尋車，快速還車，隨用隨取，隨停隨放；全城定位，避免盜竊；押金隨時可退，一週之內還款到位，手續簡單。

除了商業模式的創新獨具一格外，其創新理念也貫穿經營管理的全過程。利用互聯網「大數據」選擇投放點，什麼地點打開 APP 的次數最多，就往這些地點多投放單車；首創了信用分制度：用戶的初始信用分是 100 分，每騎行一次摩拜單車，或監督舉報一次摩拜單車違停，就增加一個信用分。亂停一次扣 20 分，如果你的分數低於 80 分，用車成本按照半小時 100 元計算，通過拍照舉報他人違停獲贈信用分，達到 80 分以上，將恢復 1 元/半小時的價格，正是這種信用制度，產生了一批「摩拜獵人」，以舉報亂停車為樂，從而在制度設計上規範了消費者的停車行為；通過摩拜紅包讓消費者參與到摩拜單車的營運中來，消費者通過 APP 手機可以查看有哪些車標志有紅包，然後找到那輛車掃碼開鎖，並

按照提示騎行10分鐘便可獲得紅包。這種方法有效地緩解了早上上班時地鐵站車輛大量堆積、下班時被騎一空的「潮汐現象」，提高了單車的使用率，降低了營運費用。

摩拜單車面前的路還很長，與之競爭的對手還很多，如OFO（小黃車）等企業，但其模式創新、理念創新、管理創新的方法足以成為創業者學習的榜樣！

創業機會的出現往往是因為環境的變動、市場的不協調或混亂、信息的滯後、領先以及各種各樣的其他因素的影響。創業機會主要來源於新的科技突破和進步、消費者偏好的變化、市場需求及其結構的變化、政府政策及國家法律的調整以及國際環境的變化。創業機會一般可歸納為三類，分別是技術機會、市場機會和政策機會。

（一）技術機會

所謂技術機會，是指因為技術變化而帶來的創業機會，它主要來源於新的科技突破和社會的科技進步。技術上的任何變化或多種技術的組合都可能給創業者帶來某種商業機會。技術機會的表現形式主要有三種：第一，替代舊技術。科技的發展必定會帶來新的技術，這也必然會帶來新的創業機會。第二，創造新產品或新服務。這必然會帶來新的商機。第三，帶來新的問題。科技具有兩面性，在帶來利益的同時，也會帶來新的問題，能夠解決新的問題也就意味著有更多的創業機會。

（二）市場機會

所謂市場機會，是指對企業經營富有吸引力的領域能給企業行銷活動帶來良好機遇與盈利的可能性。市場機會來源於行銷環境的變化，通常表現為市場上尚未滿足或尚未完全滿足的需求。一般來看，市場機會主要有四類：市場上出現的新需求、市場供給缺陷產生的新機會、先進國家或地區產業轉移帶來的市場機會和中外差距中隱含的某種商機。

（三）政策機會

政策機會主要有兩種：一是指由於政府法律法規的制定或變動而帶來的新的創業機會；二是由於政府的國家發展計劃重點的轉移，創業者跟著開發原來沒有受到重視的區域市場從中獲取新的創業機會。政策機會具體包括法律法規開禁帶來的創業機會、政府地區政策差異帶來的創業機會和新政策的實施帶來的創業機會等。

【專欄2-9】創業計劃書樣本

創業項目計劃書樣本

√按國際慣例通用的標準文本格式形成的項目計劃書，是全面介紹公司和項目運作情況，闡述產品市場及競爭、風險等未來發展前景和融資要求的書面材料。

√保密承諾：本項目計劃書內容涉及商業秘密，僅對有投資意向的投資者公開。未經本人同意，不得向第三方公開本項目計劃書涉及的商業秘密。

一、項目企業摘要

創業計劃書摘要，是全部計劃書的核心之所在。

投資安排

資金需求 數額		相應權益	

擬建企業基本情況

公司名稱	
聯繫人	
電話	
傳真	
E-mail	
地址	
項目名稱	
您在尋找第幾輪資金	□種子資本　□第一輪　□第二輪　□第三輪
企業的主營產業	

其他需要著重說明的情況或數據（可以與下文重複，本概要將作為項目摘要由投資人瀏覽）。

二、業務描述

企業的宗旨（200字左右）。

主要發展戰略目標和階段目標。

項目技術獨特性（請與同類技術比較說明）。

介紹投入研究開發的人員和資金計劃及所要實現的目標，主要包括研究資金投入、研發人員情況、研發設備、研發產品的技術先進性及發展趨勢。

三、產品與服務

創業者必須將自己的產品或服務創意做一介紹。主要包括下列內容：

（1）產品的名稱、特徵及性能用途。

（2）產品的開發過程。

（3）產品處於生命週期的哪一階段？

（4）產品的市場前景和競爭力如何？

（5）產品的技術改進和更新換代計劃及成本，利潤的來源及持續營利的商業模式。

四、市場行銷

介紹企業所針對的市場、行銷戰略、競爭環境、競爭優勢與不足、主要對產品的銷售金額、增長率和產品或服務所擁有的核心技術、擬投資的核心產品的總需求等。

目標市場，應該解決以下問題：

（1）你的細分市場是什麼？
（2）你的目標顧客群是什麼？
（3）你的5年生產計劃、收入和利潤是多少？
（4）你擁有多大的市場？你的目標市場份額有多大？
（5）你的行銷策略是什麼？

行業分析，應該回答以下問題：
（1）該行業發展程度如何？
（2）現在發展動態如何？
（3）該行業的總銷售額有多少？總收入有多少？發展趨勢怎樣？
（4）經濟發展對該行業的影響程度如何？
（5）政府是如何影響該行業的？
（6）是什麼因素決定它的發展？
（7）競爭的本質是什麼？你將採取什麼樣的戰略？
（8）進入該行業的障礙是什麼？你將如何克服？

競爭分析，應該回答以下問題：
（1）你的主要競爭對手是誰？
（2）你的競爭對手所占的市場份額和市場策略。
（3）可能出現什麼樣的新情況？
（4）你的核心技術（專利技術擁有和使用情況、物質基礎、研發水準）有哪些？
（5）你的策略是什麼？
（6）在競爭中你的市場和地理位置的優勢是什麼？
（7）你能否承受競爭所帶來的壓力？
（8）產品的價格、性能、質量在市場競爭中所具有的優勢？

市場行銷，應該解決以下問題：
（1）行銷機構和行銷隊伍。
（2）行銷渠道的選擇和行銷網絡的建設。
（3）廣告策略和促銷策略。
（4）價格策略。
（5）市場滲透與開拓計劃。
（6）市場行銷中意外情況的應急對策。

五、管理團隊

全面介紹公司管理團隊情況，主要包括：
（1）公司的管理機構，主要股東、董事、關鍵的雇員、薪金、股票期權、勞工協議、獎懲制度及各部門的構成等情況都要以明晰的形式展示出來。

（2）要展示公司管理團隊的特點與優勢，在團隊成員個人能力上體現出戰鬥力和獨特性，在團隊整體性中體現出與眾不同的凝聚力和團結向上的拼搏精神。

列出企業的關鍵人物（含創建者、董事、經理和主要雇員等）。

關鍵人物之一

姓名	
角色	
專業職稱	
任務	
專長	

主要經歷			
時間	單位	職務	業績

所受教育			
時間	學校	專業	學歷

企業共有多少全職員工？（填數字）

企業共有多少兼職員工？（填數字）

尚未有合適人選的關鍵職位有多少？

管理團隊的優勢與不足之處有哪些？

人才戰略與激勵制度是什麼？

外部支持：公司聘請的投資顧問、融資顧問、法律顧問、財務顧問等仲介機構名稱。

六、財務預測

財務分析包括以下三個方面的內容：

（1）過去三年的歷史數據，今後三年的發展預測，主要提供過去三年現金流量表、資產負債表、損益表以及年度財務總結報告書。

（2）投資計劃：

①預計風險投資數額。

②風險企業未來的籌資資本結構如何安排。

③獲取風險投資的抵押、擔保條件。
④投資收益和再投資的安排。
⑤風險投資者投資後雙方股權的比例安排。
⑥投資資金的收支安排及財務報告編製。
⑦投資者介入公司經營管理的程度。

(3) 融資需求。

創業所需要的資金數額，團隊出資情況，資金需求計劃，為實現公司發展計劃所需要的資金數額以及資金用途（詳細說明資金用途，並列表說明）等。

融資方案：公司所希望的投資人及所佔股份的說明，資金及其他來源，如銀行貸款等。

完成研發所需投入？

達到盈虧平衡所需投入？

達到盈虧平衡的時間？

項目實施的計劃進度及相應的資金配置、進度表。

投資與收益　　　　　　　　　　　　　　　　　　單位：萬元

	第一年	第二年	第三年	第四年	第五年
年收入					
銷售成本					
營運成本					
淨收入					
實際投資					
資本支出					
年終現金餘額					

請問：本期風險投資的數額是多少？有何退出策略？預計回報數額是多少？

七、資本結構

迄今為止有多少資金投入貴企業？	
您目前籌集的資金有多少？	
假如籌集成功，企業可持續經營多久？	
下一輪投資打算籌集多少？	
企業可以向投資人提供的權益有多少？	□股權 □可轉換債 □普通債權 □不確定

目前資本結構表

股東成分	已投入資金	股權比例

本期資金到位後的資本結構表

股東成分	投入資金	股權比例

請說明你們希望尋求什麼樣的投資者？包括投資者對行業的瞭解，資金上、管理上的支持程度等。

八、投資者退出方式

股票上市：依照該創業計劃的分析情況，分析公司上市的可能性，說明公司上市的前提條件。

股權轉讓：利用股權轉讓的方法，投資商可以拿回投資。

股權回購：依照該創業計劃的分析情況，公司應向投資者說明實施股權回購計劃。

利潤分紅：依照該創業計劃的分析情況，公司應向投資者說明實施股權利潤分紅計劃，投資商可以利用公司利潤分紅的方式收回投資。

九、風險分析

詳細說明項目實施過程中可能遇到的風險，提出有效的風險控制和防範手段，包括技術風險、市場風險、管理風險、財務風險及其他不可預見的風險。

十、其他說明

您認為企業成功的關鍵因素是什麼？

請說明為什麼投資人應該投資貴企業而不是別的企業？

關於項目承擔團隊的主要負責人或公司總經理詳細的個人簡歷及證明人。

媒介關於產品的報導；公司產品的樣品、圖片及說明；有關公司及產品的其他資料。創業計劃書內容的真實性承諾。

任務五　技能訓練

一、應知考核

1. 組織環境的特點有（　　）。
   A. 客觀性、複雜性、外部性、不確定性、簡化性
   B. 層次性、穩定性、不確定性、主觀性、簡化性
   C. 不確定性、層次性、客觀性、複雜性、關聯性
   D. 關聯性、動態性、不確定性、主觀性、複雜性

2. 下列環境對組織的影響中，正確的一項是（　　）。
   A. 離開社會需要，組織的存在就失去了意義
   B. 組織要開展工作，籌集各種生產要素——人、財、物，而這不需要從外部環境中獲得
   C. 組織環境中的外部環境對組織的各種管理活動都會產生相同程度的影響
   D. 組織管理工作質量的好壞和效益的大小與組織環境無關

3. （多選）SWOT 分析的組合類型是（　　）。
   A. SO 組合 WO 組合　　　　　B. SO 組合 WT 組合
   C. WT 組合 ST 組合　　　　　D. TO 組合 ST 組合

4. 下列選項中，對 SWOT 分析錯誤的一項是（　　）
   A. S——安全　　　　　　　　B. W——弱點
   C. O——弱點　　　　　　　　D. T——威脅

5. 從空間上看，組織環境因素是個多層次的集合。第一層次是組織_____各種要素的影響；第二層次是組織所在行業、地區環境；第三層次是整個國家的政策法規、社會經濟因素。這幾個層次的環境因素與組織發生聯繫的緊密程度是_____的。（　　）
   A. 外部　相同　　　　　　　B. 內部　相同
   C. 外部　不同　　　　　　　D. 內部　不同

6. 組織文化由（　　）三個層次構成。
   A. 精神層、制度與行為層、物質層　　B. 理念層、行動層、制度與文化層
   C. 象徵層、制度與規範層、理念層　　D. 行動層、象徵層、物質層

7. 下列選項中，（　　）是組織文化的特徵。

A. 客觀性、包容性、獨特性　　　　B. 相對穩定性、包容性、發展性
　　C. 多樣性、包容性、動態性　　　　D. 繼承融合性、發展性、獨特性
8. 組織文化有（　　　）。
　　A. 凝聚功能、激勵功能、調節功能　B. 指導功能、輻射功能、價值功能
　　C. 調適功能、激勵功能、輻射功能　D. 指導功能、價值功能、調適功能
9. 下列選項中，不屬於組織文化塑造途徑的是（　　　）。
　　A. 確立適合的價值標準
　　B. 強化員工的認同感
　　C. 建立不符合組織文化要求的獎勵系統
　　D. 不斷豐富和完善組織文化
10. 道德一般可分為社會公德、家庭美德、_____三類。（　　　）
　　A. 誠信道德　　　　　　　　　　　B. 職業道德
　　C. 個人道德　　　　　　　　　　　D. 敬業道德
11. 下列選項中，關於道德的特徵說法不正確的是（　　　）。
　　A. 管理道德是人們在參與管理活動中依據一定社會的道德原則和基本規範為指導而提升、概括出來的管理行為的規範，它適用於各個領域的管理
　　B. 管理道德不同於一般的社會道德，具有一定的特徵性
　　C. 最初的管理，屬於公權的、人人都可以平等參加的管理，沒有強制性
　　D. 人類的管理活動是隨著人類社會實踐的發展而不斷變化的，作為調整管理行為和管理關係的管理道德規範，也必然隨著管理的變化和發展而不斷改變自己的內容和形式
12. 研究表明，道德的發展要經歷_____個層次，每個層次又分為_____個階段。（　　　）
　　A. 三　三　　　　　　　　　　　　B. 兩　三
　　C. 三　兩　　　　　　　　　　　　D. 兩　兩

二、案例分析

「豐田汽車」能笑到最後嗎？

　　因「腳墊門」事件，2009年11月日本豐田公司在美國對420萬輛車豐田汽車進行了無償修理或更換油門踏板、腳墊。然而，該事件才發生不久，緊接著在2010年年初，豐田汽車經過檢測驗證發現其在美國銷售的凱美瑞乘用車等因為油門踏板有發生故障的可能性。2010年1月21日，豐田公司宣布對這批約230萬輛豐田汽車實施召回，並對其進行免費修理。豐田公司在主要市場國家連續進行大規模召回修理的行為，令擁有良好品質聲譽的豐田公司形象再度損毀。

因為大規模召回事件，眾多計劃購買豐田汽車的買家紛紛將目光轉向了其他汽車品牌，大量豐田車主為了安全也被迫封車，豐田公司的銷量因而連續下跌了數十個百分點，而其競爭對手卻獲得了幾十個百分點的銷售增長，這讓豐田公司陷入了有史以來最嚴重的一次信任危機。

2010年2月5日，豐田公司就大規模召回事件進行了公開道歉，在全球媒體的閃光燈下，豐田公司總裁豐田章男在日本豐田總部45度鞠躬，並用日語和英語分別做出了道歉和保證，想極力挽回豐田公司的信譽。

捲入「踏板門」之前，豐田公司正值攀上全球產銷第一的地位卻遭遇消化不良，而此次召回缺陷汽車產品維修，在其公司成立發展以來規模最大，面對如此大規模的召回，其應對成本就是一個天文數字，這對豐田公司的打擊更是雪上加霜。在如此環境下，「主動召回」「指令召回」「隱匿召回」和「拒不召回」等多個選項擺在豐田公司面前。然而，因為強烈的社會責任感，該公司果斷地選擇了「主動召回」。從某種意義上來說，豐田公司的做法不難理解，它是負責任、講信譽的表現，為企業重塑形象提供了機會。

分析與討論：
1. 豐田公司是怎麼面對信任危機的？你認為這種做法如何？
2. 這種做法對企業的發展會產生什麼影響？

三、項目實訓

模擬：企業調研

（一）以小組為單位，採訪一兩名現實生活中的管理者：
1. 你是如何理解「人性化管理」的？
2. 「人性化管理」與「制度化管理」是否會發生衝突？如果發生衝突，應該如何處理？
3. 你是如何看待「人性」二字的？

（二）如果你是某個學生組織的成員，通過回答下列問題來評估組織文化：你如何描述該組織的文化？新成員如何學習文化？如果你沒有參加學生組織，與另一個參加學生組織的同學交流並使用相同的問題評估組織文化。

（三）用自己的語言寫下你在本章學到的「關於如何成為一名好的管理者」的三個要點。

項目三　計劃

[案例導引]　誰最先到達目的地

《禮記·中庸》中講過這樣一句話：凡事豫則立，不豫則廢。意思就是說不論做什麼事，事先要有準備，就能得到成功，不然就會失敗。有一群專家做過這樣一個簡單的實驗：選定A、B、C三組人，讓他們沿著公路步行，分別走向10千米外的三個村子。情景設定：

A組所有成員都不知道即將要去的村莊叫什麼名字，也不知道要去的村莊距離有多遠，只是提示他們跟著向導走就是了，沒有目標，沒有方向。

B組成員雖然知道他們要去哪個村莊，也知道它的距離有多遠，但是所有人也都沒去過，路邊也沒有里程碑，人們只能憑經驗估計大概要走兩小時左右。

C組成員最幸運，大家不僅知道自己將要去的是哪個村子，距離有多遠，而且還知道路邊每千米都有一塊里程碑。

實驗結果如下：

A組成員剛走了兩三千米的時候就有人叫苦了，走到一半的路程時，有些人幾乎憤怒了，他們抱怨為什麼要大家走這麼遠，何時才能走到。有的人甚至坐在路邊，不願意再走了。越往後走人的情緒越低落，七零八落，潰不成軍。

B組成員走到一半時才有人叫苦，大多數人想知道他們已經走了多遠，比較有經驗的人說：「大概剛剛走了一半的路程。」於是大家又向前走。當走到四分之三的路程時，大家又振作起來，加快了腳步。

C組成員一邊走一邊留心看路邊的里程碑，每看到一個里程碑，大家便有一陣小小的快樂。這個組裡的人的情緒一直很高漲。大概走了七八千米以後，大家感覺確實都有些累了，但是他們不僅不叫苦、不抱怨，反而開始大聲唱歌、說笑，以消除疲勞。最後的兩三千米，他們越走情緒越高漲，速度反而加快了。因為他們知道，要去的村子就在眼前了。

啟示：上述實驗表明，如果想要帶領大家共同完成某一項工作，首先要先讓大家知道要做什麼，即要有明確的目標（走向那個村莊）；其次要指明行動的路線，這條路線應該是清楚的、快捷的（如路標）、有方向的，也就是說要提出實現目標的可行途徑，即計劃方案。這些是有效開展工作的前提。做什麼工作前都需要做充足的準備，確定目標及計劃行動方案是計劃職能的核心任務。

任務一　計劃概述

一、計劃的內涵

（一）計劃的概念

昭王新說蔡澤計畫，遂拜為秦相，東收周室。——《戰國策·秦策三》

及殺故吳相袁盎，景帝遂聞說、勝等計畫，乃遣使捕說、勝，必得。——《史記·韓長孺列傳》

自在臣營，參同計畫，周旋徵伐，每皆克捷。奇策密謀，悉皆共決。——三國·魏·曹操《請爵荀彧表》

公頓首流涕，累陳計畫。——唐·柳宗元《故銀青光祿大夫開國伯柳公行狀》

凡事豫則立，不豫則廢。——《禮記·中庸》

凡用兵之道，以計為首。——明·劉伯溫《百戰奇略·計戰》

《辭海》中也對計劃做出瞭解釋：

計劃是指人們為了達到一定目的，對未來時期的活動所做的部署和安排。

「計劃」一詞有多種理解方式：

從詞性方面理解，計劃既是動詞又是名詞。從動詞意義上講，計劃可理解為計劃工作、安排工作，是為了把握未來發展方向，有效地配置現有資源，實現績效最大化的一個連續過程，主要包括未來預測、目標設立、政策決定、方案選擇等；從名詞意義上講，計劃可理解為行動安排、行動說明，是為了更明確地告訴管理者、執行者未來的目標、行動的方式、時間範圍、工作進度、人員分工等內容。

從廣義和狹義兩方面理解，計劃可分為廣義計劃和狹義計劃。廣義計劃主要包括制訂計劃、執行計劃和檢查計劃執行情況，這三個方面緊密銜接，構成了計劃工作的全過程；狹義計劃主要指計劃制訂，即通過編製計劃、合理安排管理活動、資源有效利用等手段，達成任務目標。

從類別方面理解，計劃可分為經濟計劃、軍事計劃、社會發展計劃等；從制訂範圍方面理解，計劃可分為國家計劃、部門計劃、地方計劃、企業計劃等；從內容方面理解，計劃可分為工業計劃、農業計劃、基本建設計劃等；從時間方面理解，計劃可分為長期計劃、中期計劃、短期計劃等；從執行要求方面理解，計劃可分為指令性計劃和指導性計劃等。

計劃作為管理的一個獨立的職能，自古典管理理論創立之初便已確立。不同的學者紛紛從自己的立場提出了相關主張。主要包括以下幾種觀點：

計劃是預先決定的行動方案。

計劃是事先對未來應採取的行動所做的規劃和安排。

計劃工作就是預先決定做什麼，如何做和誰去做。計劃工作就是在我們所處的地方和所要去的地方之間鋪路搭橋。

計劃是一種結果，它是計劃工作所包含的一系列活動完成之後產生的，它是對未來行動方案的一種說明。

計劃就是根據實際情況，通過科學的預測，權衡客觀的需要和主觀的可能，提出在未來一定時期內所達到的目標以及實現目標的途徑。

我們認為，計劃是以現實情況為基礎，以科學預測為手段，具體制定未來規劃以及實現規劃的途徑。計劃工作主要分為以下三個方面：研究條件、確定目標，全方位制定實現目標的戰略，具體編製行動方案。

【專欄 3-1】清華女學霸的學習計劃表

在 2012 年年末的時候，有這樣一個演講視頻上了熱搜榜，被網友們廣為談論。視頻中的主人公馬冬晗是來自清華大學的一名學生。她曾在 2011 年獲得清華大學授予學生最高榮譽的獎項——清華大學本科特等獎學金。在短短 6 分鐘的視頻中，我們可以看到她成績單的最低分是 95 分，連續三年學分總成績和學分成績班級第一、連續三年素質測評第一。然而，她還參加了一系列活動及比賽，並且歷任精儀系乒乓球隊、排球隊、羽毛球隊等各類球隊長，獲得各種科研、競賽獲獎 28 項。不僅如此，跑馬拉松、主持晚會、朗誦詩歌也不在話下。視頻中還有一份詳細到每個小時的計劃表，什麼時候做微積分的習題，什麼時候開班會，都精確到分鐘，甚至連午休的那一個小時的時間都能擠進去兩三件事，每天睡覺也只留了 5 個小時。

啟示：著名的管理大師哈羅德孔茨說過，「計劃是一座橋樑，它把我們所處的此岸和我們要去的彼岸連接起來，以克服這一天塹。」自我激勵在這裡運用的是「目標聚合力」。當一個人有了明確的目標，就會堅持不懈，爭分奪秒，不達目的，誓不罷休，是一種有效的目標激勵手段。在我們的日常學習或工作中，有計劃是非常重要的。當你成為一名企業的管理者時，你要會善於思考怎樣才能有效激勵員工的工作意願，其中樹立一個充滿魅力的目標則是一定要有的。因為有魅力的目標具有一種特殊的吸引力，所以員工就會對其感興趣從而關注，激發起達到目標的意願。

（二）計劃的內容

【微課堂——創意微課】　　工作計劃六要素——5W1H

無論是狹義計劃、廣義計劃，還是計劃的名詞意義、動詞意義，根據計劃的內容，都可以概括為「5W1H」。相關內容如下：

What to do，即做什麼，包括目標與內容兩個方面。管理者需要明確計劃的內容是什麼，具體要求是什麼，中心任務是什麼，工作重點是什麼。只有明確了這些內容，才知道組織努力的目標和方向，從而更好地實現組織目標。

Why to do it，即為什麼做，瞭解這樣做的原因。管理者需要明確計劃工作的宗旨是什麼、目標是什麼、戰略計劃的原因，並論證其可行性。

When to do it，即何時做，需要明確開展工作的時間。管理者需要瞭解各項工作開始的時間、完成的進度，從而更好地控制工作進度、合理地調配各種資源。

Where to do it，即何地做，確定開展工作的地點和場所。管理者需要瞭解什麼樣的場所適合開展工作、企業要求在哪裡工作、工作環境如何、有沒有限制條件等，從而更合理地實施計劃。

Who to do it，即誰去做，確定工作人員。管理者需要明確每個階段的工作由哪個部門來負責、哪個部門來協調、部門裡誰具體負責、誰來具體開展工作、誰來鑒定和審核等。管理者要確定負責人，避免工作中出現相互推諉、資源浪費等現象。

How to do it，即怎麼做，達到目標的方式、方法和手段。管理者需要制訂詳細的計劃，明確開展計劃的具體措施、政策、規則等，合理地調配各類資源。

How much，即需要多少，資源的種類、資源的數量、企業預算及利潤等。管理者需要明確在實施計劃中，需要什麼種類的資源，各種資源的數量是多少，企業需要投入的成本，企業盈虧情況等。

二、計劃的特徵

（一）首位性

管理的最終目的是保障目標的實現，而計劃是具體規劃目標和實現目標。之所以把計劃放在首位，主要有三個方面的原因：第一，計劃工作先於其他管理工作。計劃職能比其他職能都要先行，組織、領導、控制等職能需要依據計劃而具體、有效地開展。第二，計劃工作是管理工作的前提。第三，計劃工作影響和貫穿其他管理工作。人員配備、業務指

導、領導工作、項目控制等在實施過程中，都要受到計劃的影響且圍繞計劃及時調整。

（二）目的性

計劃的制訂是為了組織或個人有效地達到某種目標，這就是計劃的目的性。計劃工作在開展之前，組織或個人的具體目標還不是很清晰。這就要求管理者在計劃的最初階段，以制定明確而具體的目標，之後的工作也要緊緊圍繞目標開展。目標是計劃工作的核心，所有管理工作都需要圍繞目標來開展；目標也是計劃的出發點和歸宿，管理工作以目標的計劃開始、以目標的實現結束。在管理工作實施過程中，管理者要依據總目標、具體目標來制訂計劃。

（三）普遍性

計劃的普遍性主要體現在兩個方面：第一，任何管理活動都需要計劃。計劃涉及管理工作的各個方面，如人事計劃、財務計劃、生產計劃、銷售計劃等。第二，各個層次的管理者和員工都需要計劃。

（四）前瞻性

計劃是對公司未來發展藍圖的描繪，是對未來活動的組織、安排，具有一定的前瞻性。計劃面向未來，是組織依據未來環境的變化而具體制定的策略。

（五）經濟性

經濟性也稱效益型，是指組織以較少的投入實現較大的回報，用較少的投入實現組織目標。經濟性是衡量一個計劃的標準。經濟性好的計劃是一份好計劃，經濟性不好的計劃則不是一份好計劃。

三、計劃的作用

【專欄3-2】分清主次，高效成事

一天，動物園管委會發現袋鼠從籠子裡跑出去了，於是經過反覆開會討論認為是籠子的高度過低造成的。所以他們每次都不斷地加高籠子，直到從第一次籠子的高度由原來10米加高到30米，到後來即使籠子的高度加高到50米的時候，結果袋鼠每次照樣還是往外跑。隔壁的長頸鹿很好奇袋鼠出入自由的原因。袋鼠神祕地答道：「呵呵，因為他們總忘了關門唄！」

啟示：事有輕重緩急之分。關門是本來原因，加高籠子是末，舍本逐末，當然不見成效了。與之類似的是，我們常常會看到這樣的現象，一個人忙得團團轉，可是當你問他忙些什麼時，他卻說不出個所以然，只說自己忙死了。這樣的人，就是做事沒有條理性。做事前需要科學地安排，要先抓住牛鼻子，然後再依照輕重緩急逐步執行，「自知是自善的第一步。」計劃的作用正在於此。

在組織管理活動中，計劃起著直接指導的作用。好的計劃，可以更好地指導組織實

踐，能起到事半功倍的積極作用；差的計劃，不能合理地安排組織的工作，會起到事倍功半的消極作用。因此，計劃在組織中非常重要。計劃的作用主要有以下四點：

（一）明確工作目標，提高工作效率

在管理活動中，計劃是各項活動開展的參考，所有活動的開展都必須以計劃為指引。計劃指明了組織實踐的目標，組織及組織裡的所有員工都圍繞組織目標而努力實踐；計劃保障了實踐的連續性，計劃會把實踐的階段和步驟具體規劃出來，按照計劃行事可以確保各種活動有序開展；計劃明確了各部門的職責，各部門可以更好地分工合作，協調各部門的關係。

（二）增強管理預見性，有效地規避風險

計劃是對未來變化的預測及行動指揮，建立在對社會環境變化的預測和組織內部實際情況的基礎上。計劃可以有效地預測未來的不確定因素，推斷組織會面臨的風險，從而制定相應措施更好地規避風險。各層管理者可以根據計劃，對實施中的問題有一個清醒的預見和認識，進而做好各項準備。計劃在具體實施的過程中，也會出現一系列問題，管理者可以根據相關問題，制訂相應的計劃，及時進行補救。

（三）減少資源浪費，取得最佳效益

計劃還會對各階段的資源種類、資源數量等進行一個預估和分配，可以有效地避免資源的浪費，使有限的資源發揮最大的效用。計劃可以預估各個環節的資源數量，減少不必要的浪費；計劃可以規劃各個環節資源的用途及步驟，管理者可以提前準備，從而減少時間上的浪費；計劃在均衡各環節活動的同時，也會對資源做出相應的配置，從而做好資源的分配，發揮資源的最大效用。

（四）有利於控制工作的開展

計劃和控制基本貫穿組織管理工作的全過程。計劃為控制提供了標準，計劃要達到什麼目標，管理工作包括哪些環節，每個環節的具體步驟是什麼，計劃實施的時間節點在哪裡等都為控制提供了具體的要求；計劃規定了相關要求，管理者可以按照計劃，具體檢查計劃實施過程中的執行情況，及時做出調整。

四、計劃的類型

（一）按計劃的形式分類

計劃的表現形式有很多種，不同層級的規劃有不同的表現形式，越高層的計劃越抽象，越基層的計劃越具體。按計劃的形式不同，可以分為宗旨、目標、戰略、政策、規則、程序、規劃和預算等。它們之間有一定的等級層次（如圖3-1所示）。

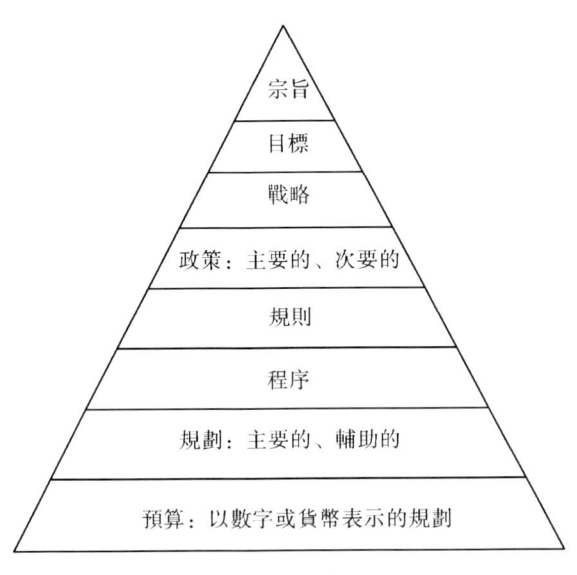

```
                宗旨
               目標
              戰略
           政策：主要的、次要的
              規則
              程序
          規劃：主要的、輔助的
       預算：以數字或貨幣表示的規劃
```

圖 3-1

【微課堂——創新微課】設計企業願景

【微課堂——創新微課】設計企業使命

1. 宗旨

宗旨又稱使命，主要說明了組織存在的根本價值和意義。宗旨標明了組織在社會上是幹什麼的以及應起到什麼樣的作用等。企業宗旨是企業奮鬥的終極目標和意義，是對組織價值的高度概括。企業使命具有崇高性、富有感染力，能為企業指明方向，同時也能更好地激發企業員工內心深處的動機。一些成功的企業，其原因就在於有明確的企業宗旨。英特爾公司的宗旨是「英特爾公司的目標是在工藝技術和營業這兩方面都被承認是最好的，是領先的，是第一流的。」也正是在這一宗旨的鼓舞下，英特爾公司才能不斷地續寫輝煌，

成為電子計算機芯片中的領航者。

2. 目標

目標是組織活動的最終結果，是組織在宗旨的指引下確立和制定的。組織目標是組織所要達成目的的具體化和數量化，它具體規定了組織所要達到什麼樣的目的以及所要達到目的的數量等。大學的宗旨是教書育人和科研，但其使命的實現，需要學校及各院系、部門制定並完成自己的目標。美國學者對美國前 80 強的公司進行過一次認真的調查研究。他們發現，這些公司都會設立目標，最少的 1 個，最多的 18 個，平均五六個。著名企業家王健林說過：「想做首富這是對的。但是最好先定一個能達到的小目標，比方說我先掙它一個億。」這個「首富」其實就是王健林的目標，而他又把這個「目標」分為很多「小目標」，「一個億」就是他具體數字化的「小目標」之一。

3. 戰略

「戰略」本是一個軍事用語，有對抗的意思。後來戰略被管理學家引用到了管理學理論中。在管理學理論中，戰略仍有對抗的含義。戰略是組織的總方針，對組織的管理全局具有指導性，關係到組織的長遠發展，能夠很好地引導組織及成員的思想和行動。戰略通過行動方針、行為原則、資源分配等總體謀劃，具體確定組織目標的發展方向和資源分配的優先次序。

4. 政策

政策是一種規定或規範，組織需要依據政策規定，具體決策組織各項事務，解決組織工作中的各類問題。政策通常都會「明文規定」，以文件的形式具體列出細則；但並非所有的政策都如此，有的政策較為「含蓄」，管理者會在自己的行為以及管理活動中含蓄地表達出來。政策是每個組織必不可少的重要組成部分。管理者通過政策的制定，可以將職權合理地授予下級管理者，將各個職能部門的工作規範化，將組織成員之間的思想與行動有效地統一和協調。政策要具有穩定性、持久性、連續性和完整性。如果經常改變政策，將不利於組織的穩定和組織目標的實現。

5. 規則

規則是一種計劃；計劃是一種規則和規章，組織成員在執行工作時需要嚴格遵守。規則與政策、程序一樣，都能指導組織工作，但又有很大的區別。執行人員在運用政策時，能酌情處理相關事情；在運用規則時，必須嚴格遵守。程序是一系列規則的總和，有一定的順序和時間限制；而規則只是一條準則，必須嚴格執行，沒有順序和時間的要求。

6. 程序

程序是完成工作的方法和步驟，將組織中的一系列行為按照合理的方式進行排序。程序能有效地指導組織的例行活動。

有效的管理者在制定程序的時候，需要具體分析目標的要求、工作的性質和特點等。程序的構成包含四個方面的內容，分別是行為者、作用對象、行為方式和時間順序。其

中：行為方式主要包括手段、方式、方法等；時間順序是程序的核心要素，主要是活動的先後程序以及每個活動的時間要求。例如，福特汽車公司的流水線生產，即規範了汽車生產的程序，將整個過程分為若干子過程，從而有效地縮短了時間、提高了勞動生產率。

7. 規劃

規劃是綜合性的計劃，為了實施既定的方針而制訂。規劃不同於計劃，計劃非常具體明確，規劃只是如綱要一般，粗線條指明方向。一項大的規劃由許多小的規劃組成，這些規劃是大的規劃的細化，他們相互依存、相互影響，共同指導組織實現大的規劃。

8. 預算

預算也是一種計劃，將企業的預期結果以「數字」的形式呈現。

預算可以將企業各類資源進行定量化的分配和部署，讓計劃工作更加細緻、更加精確。組織各層管理者可以通過預算，瞭解組織資金的收支情況，並以此更全面地瞭解管理活動的規模，掌握管理工作的重點，預測組織成果。好的計劃離不開預算。

（二）按計劃的期限分類

按計劃的期限不同，可以分為長期計劃、中期計劃和短期計劃三類。

1. 長期計劃

長期計劃又稱長遠規劃或遠景規劃，計劃時間一般為 5 年以上。長期計劃只是對遠景規劃的一種設想，為未來描繪了一幅宏偉藍圖。它綱領性或輪廓性地指出了組織在很長一段時間內的發展目標和方向，規定了組織活動應達到的目標和要求。它通常會制定綜合性指標，並以重大項目為主，內容較為籠統，需要中期計劃和短期計劃將之具體化。黨的十三大提出，到 21 世紀中葉人民生活比較富裕，基本實現現代化，人均國民生產總值達到中等發達國家水準，人民過上比較富裕的生活。這其實就屬於長期計劃。

2. 中期計劃

中期計劃的期限一般為 3～5 年。中期計劃是長期計劃的具體化，它往往是按照長期計劃的執行情況和預測到的具體條件變化而進行編製的。因此，中期計劃的內容比長期計劃更為詳細和具體，目標更加明確。它既賦予長期計劃的內容，又為短期計劃的編製提供了基本框架，具有銜接長期計劃和短期計劃的作用。

3. 短期計劃

短期計劃的期限一般在 1 年以內，以年度計劃為主要形式。它是在中期計劃的指導下，具體組織規劃本年度的工作任務的計劃。鑒於短期計劃時間較短，各種因素容易預測，因此，計劃比較詳細和具體。它通常對執行計劃的人力、物力和財力等資源做出具體的分配，從而為檢查計劃的執行情況提供了依據，保證了中期計劃和長期計劃的落實。

（三）按計劃的性質分類

根據計劃的性質不同，可將其分為三個層次，分別是戰略計劃、戰術計劃和操作計劃。

1. 戰略計劃

戰略計劃著眼組織的整體視野，在特殊時期起著長期規劃的主要作用。其規劃彈性大、計劃週期長（一般大於 5 年）、內容覆蓋廣的主要特性在一定程度上也成為計劃中不可或缺的一部分。

2. 戰術計劃

戰術計劃著眼部門的視野，相比前者，實踐性更為突出，以較為高效的方式將主要發展方向進行及時的「糾正」，在 1～5 年更為實用。

3. 操作計劃

操作計劃以一線管理者間的交流意見為基礎，甚至在幾天時間內制定出明確的執行方案，劃定嚴格的時間等方面的節點，以至於在信息交流反饋方面對組織有著更高的效率要求。但自其出現之時便存在著明顯的服務性，為戰術計劃的執行提供源源不斷的幫助。

五、計劃的工作原理

「原理」是工作的基本規律，在工作中具有普遍性的指導意義。計劃工作原理是建立在大量管理工作的基礎上的，並對之進行分析、總結後，歸納出來的基本規律。該理論能夠有效地指導相關實踐活動。計劃工作原理主要有四種，分別是限定因素原理、許諾原理、靈活性原理和改變航道原理。

（一）限定因素原理

【專欄3-3】一個馬蹄釘，失去江山

在世界軍事史上曾有一個非常著名的案例，差之毫厘失之千里，因為一個馬蹄釘，錯失江山。在爭奪英國統治權的最後較量中，國王理查三世和公爵亨利展開了殊死一戰。國王理查三世在準備應戰的早上命一個馬夫備好自己最喜歡的戰馬。

「快點給它釘掌」，馬夫對鐵匠說，「國王希望騎著它打頭陣。」

「你得等一下。」鐵匠回答，「我前幾天給國王全軍的馬都釘了掌，現在我得找點鐵片來。」

「我等不及了。」馬夫不耐煩地叫道。鐵匠埋頭干活，從一根鐵條上弄下四個馬掌，把他們砸平、整形、固定在馬蹄上，然後開始釘釘子。釘了三個掌後，他發現沒有釘子了。鐵匠準備砸釘子將剩下的一個馬掌釘好，但在馬夫的催促下，只好將馬掌掛在馬蹄子下。

兩軍交鋒了，理查國王就在軍隊的陣中，他衝鋒陷陣，指揮士兵迎戰敵人。遠遠地，他看見在戰場另一頭自己的幾個士兵退卻了。如果其他士兵看見他們這樣，也會後退的，所以理查國王快速地衝向那個缺口，想召喚士兵調頭戰鬥。但他還沒走到一半，那個掛著的馬掌掉了，戰馬跌翻在地，理查國王也被摔在地上。理查國王由於沒有抓住繮繩，驚恐的馬就跳起來逃走了。理查國王環顧四周，他的士兵紛紛轉身撤退，亨利的軍隊包圍了上

來。理查國王在空中揮舞寶劍喊道，「一匹馬，我的國家傾覆就因為這一匹馬！」

啟示：這是歐洲史詩中的一個故事。它告訴我們，一個明智的管理者，應從計劃的制訂開始，認真對待，防微杜漸。因為計劃工作居管理職能的首位，計劃工作的合理性是組織目標得以實現的重要前提。

在實現組織目標的過程中，總有很多妨礙目標實現的因素，此即限定因素。

限定因素原理又被稱作「木桶原理」。木桶的盛水量，主要由最短的那塊木板決定。在木桶周長不變的情況下，如果想要盛更多的水，就得提高木桶最短的那塊木板。在很多實踐活動中，管理者只要抓住了這些限定因素，就能更好地實現組織目標。管理者在制訂計劃時，要努力找出影響目標實現的限定因素，並針對這些因素採取有效措施。

（二）許諾原理

從某種意義上來說，計劃裡的任務都是對組織工作做出的許諾。計劃有期限限制，許諾原理也應該有期限限制。許諾原理涉及計劃期限問題，兩者之間成正比例關係。一般來說，工作任務越多，計劃期限就越長，實現許諾所需要的時間就越長；工作任務越少，計劃期限就越短，實現許諾所需要的時間就越短。計劃的許諾不能太多。如果計劃的許諾太多，會造成計劃時間越長，許諾實現的可能性就越小。

許諾原理要求計劃必須有時限要求，這也是對計劃最嚴厲的要求。在制訂計劃時，其期限就應合理地確定；計劃期限確定之後，不應隨意縮短計劃期限。另外，每項計劃的許諾量要合理，不能太多。

（三）靈活性原理

管理大師系鞋帶

有一位表演大師上場前，他的弟子告訴他鞋帶鬆了。大師點頭致謝，蹲下來仔細把鬆的鞋帶系好。等到他的弟子轉身後，他又蹲下來將鞋帶解鬆。有個旁觀者看到了這一切，不解地問道：

「大師，您為什麼又要將鞋帶解鬆呢？」

大師回答道：「因為我飾演的是一位勞累的旅者，長途跋涉讓他的鞋帶鬆開，可以通過這個細節表現他的勞累憔悴。」

「那你為什麼不直接告訴你的弟子呢？」

「他能細心地發現我的鞋帶鬆了，並且熱心地告訴我，我一定要保護他這種積極性，及時給他鼓勵。至於為什麼要將鞋帶解開，是因為將來會有更多的機會教他表演，可以下一次再說啊。」

啟示：在日常工作中，懂得抓重點的人才，才是真正的人才。靈活應對各種突發狀況，會讓我們更加自信，同時也有利於目標的早日實現。

計劃是對未來的一種推測，在計劃的實施過程中，可能會出現很多意外情況，這就要求計劃要有一定的靈活性。計劃的靈活性與突發意外時組織花費的代價成反比。靈活性越

大,組織花費的代價就越小;靈活性越小,組織花費的代價就越大。在制訂計劃時,管理者需要提高計劃的適應性,量力而行,留有餘地;在實施計劃時,管理者需要嚴格執行,盡力而為,不留餘地。

計劃的靈活性在工作中發揮著重要的作用,尤其是一些任務重、期限長的計劃,起的作用就更加明顯。

(四) 改變航道原理

【專欄3-4】權變理論:隨具體情境而變,依具體情況而定

東漢末年,曹操徵伐張綉。有一天,曹軍突然退兵而去。張綉非常高興,立刻帶兵追擊曹操。這時,他的謀士賈詡建議道:「不要去追,追的話肯定要吃敗仗。」張綉覺得賈詡的意見很好笑,根本不予採納,便領兵去與曹軍交戰,結果大敗而歸。

誰料,賈詡見張綉打了敗仗回來,反而勸張綉趕快再去追擊。張綉心有餘悸又滿臉疑惑地問:「先前沒有採用您的意見,以至於到這種地步。如今已經失敗,怎麼又要追呢?」「戰鬥形勢起了變化,趕緊追擊必能得勝。」賈詡答道。由於一開始打敗仗的教訓,張綉這次聽從了賈詡的意見,連忙聚集敗兵前去追擊。果然如賈詡所言,這次張綉大勝而歸。回來後,張綉好奇地問賈詡:「我先用精兵追趕撤退的曹軍,而您說肯定要失敗;我敗退後用敗兵去襲擊剛打了勝仗的曹軍,而您說必定取勝。為什麼精兵會失敗,敗兵會得勝呢?」

賈詡立刻答道:「很簡單,您雖然善於用兵,但不是曹操的對手。曹軍剛撤退時,曹操必親自壓陣,我們的追兵即使精銳,但仍不是曹軍的對手,故被打敗。曹操先前在進攻您的時候沒有發生任何差錯,卻突然退兵了,肯定是國內發生了什麼事,打敗您的追兵後,必然是輕裝快速前進,僅留下一些將領在後面掩護,但他們根本不是您的對手,所以您用敗兵也能打勝他們。」

張綉聽了,十分佩服賈詡的智慧。在這次戰役中,局勢變幻無常,而這些無常,卻決定了最終的勝與敗。現實的競爭世界中,沒有誰能在今天就斷定明天一定會怎麼樣,事情的發展都具有一定的未知因素。

啟示:賈詡那番充滿智慧的話,實際就是論述了一種「因機而立勝」的權變戰略思想。在激烈的競爭中,不要執著於某種外在的形式,不要先坐拘泥於事先的精心計劃,比事情發展過程中的計劃外因素往往會更加具有影響力。在競爭中,我們總喜歡說不要打無準備之仗,事前一定要做好計劃和安排。計劃代表了目標,代表了憧憬,代表了一個對自己的承諾,因為「計劃」會讓我們知道下一步該做什麼。然而,「一切盡在掌握之中」固然是好,但我們也無法排除計劃外的可能,正所謂計劃沒有變化快。

計劃執行總體方向的固定性,在一定程度上對目標實現的方式方法並無太大的限制。各種因素的改變,在一定時期內要求項目管理者對計劃的進度進行適度、適時協調。

作為計劃工作中的主要理論基礎之一,對各類情況應變的及時性使得其在實踐中可以

更合理地進行管理、規劃。正如航海家給世人所展現的那樣，遇障而繞的智慧，不定期核對航線的處理方式。

但是，計劃工作者在推動計劃實施的同時，應當保證既不能被計劃「管理」，也不能被計劃框住。必要時可以根據實踐經驗等加以調整。

需要注意的是，計劃工作為將來承諾得越多，主管人員定期檢查現狀和預期前景以及為保證所要達到的目標而重新制訂計劃就越重要。

因此，為應對各種情況的發生，最合理、正確的策略並不只是在最初制訂計劃時面面俱到，而是在計劃執行過程中及時調整甚至重新規劃方向。

六、計劃制訂的程序

【微課堂——創意微課】工作計劃制訂的一般流程 SWOT 分析

計劃制訂一般由包括評估機會、確定目標、確定前提條件、擬訂各種備選方案、評價各種備選方案、選擇方案、擬訂輔助計劃、編製預算等內容和步驟，見圖 3-2。

（一）評估機會

計劃的完備離不開縝密的情況分析。合理分析後的成果對後期的發展起著決定性的作用。

1. 外部環境

外部環境主要包括政治環境、經濟環境、社會環境、技術環境和資源環境五個方面的內容。①政治環境是指政府針對國家發展發布的相關政策等；②經濟環境，對國民生產能力水準影響較大的因素，如就業、收入等；③社會環境是指國民生活中對物質需求影響較大的因素，如社會風氣、消費傾向等；④技術環境是指國民生產中各類產業的發展情況；⑤資源環境是指對生產生活影響較大的因素，如人力資源、物質資源、自然資源等。

2. 內部環境

內部環境主要包括供應商、顧客、競爭對手、替代品、群眾基礎五個方面的內容。①供應商決定了供貨的質量價格穩定性、貨源選擇性、共需及時性等；②顧客決定了購買力、商品需求的要求及數量等；③競爭對手主要指對方的產品質量、產品價格、銷售技巧等；④替代品需要注意其質量、種類、生產工藝、市場分析結果等；⑤群眾基礎主要包括公眾形象以及公眾與政府機構、金融機構、媒體的關係等內容。

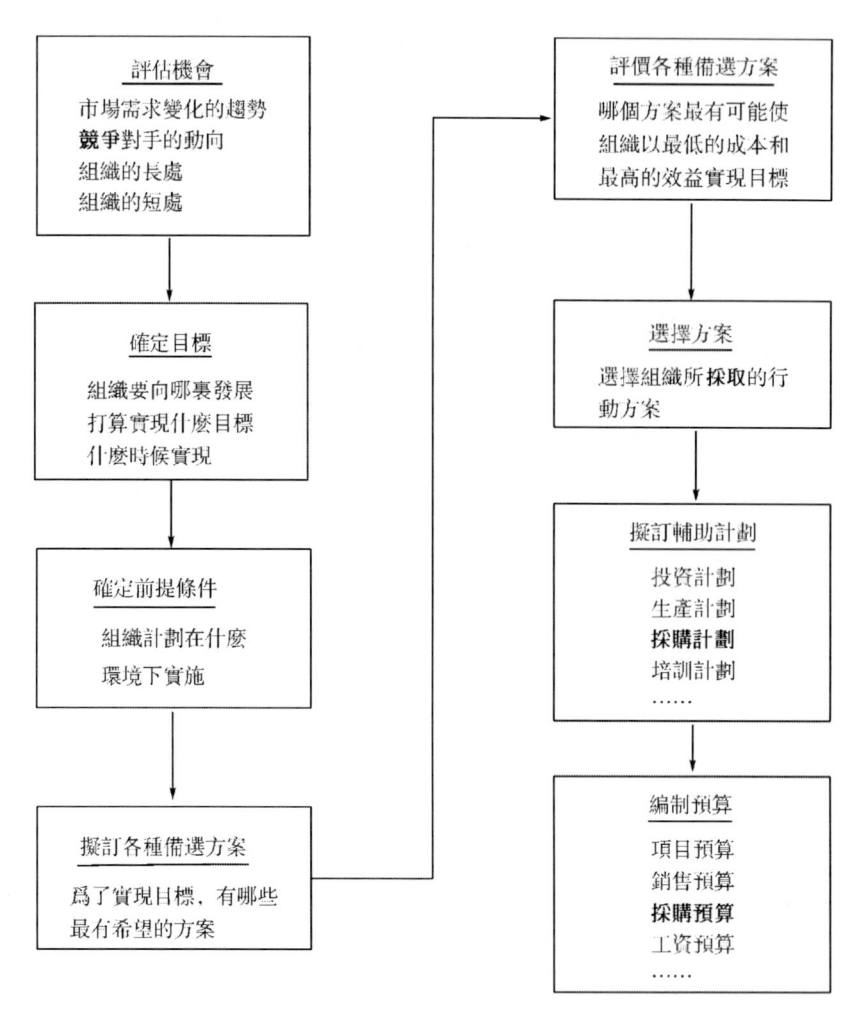

```
┌─────────────────┐                    ┌─────────────────┐
│     評估機會      │                    │   評價各種備選方案  │
│ 市場需求變化的趨勢 │                    │ 哪個方案最有可能使 │
│  競爭對手的動向   │ ─────────────────► │ 組織以最低的成本和 │
│    組織的長處    │                    │  最高的效益實現目標 │
│    組織的短處    │                    │                │
└────────┬────────┘                    └────────▲────────┘
         │                                      │
         ▼                                      │
┌─────────────────┐                    ┌─────────────────┐
│     確定目標     │                    │     選擇方案     │
│  組織要向哪裏發展 │                    │  選擇組織所採取的 │
│  打算實現什麼目標 │                    │      行動方案    │
│   什麼時候實現   │                    │                │
└────────┬────────┘                    └────────▲────────┘
         │                                      │
         ▼                                      │
┌─────────────────┐                    ┌─────────────────┐
│    確定前提條件   │                    │    擬訂輔助計劃   │
│                │                    │     投資計劃     │
│  組織計劃在什麼   │                    │     生產計劃     │
│   環境下實施     │                    │     採購計劃     │
│                │                    │     培訓計劃     │
│                │                    │       ……        │
└────────┬────────┘                    └────────▲────────┘
         │                                      │
         ▼                                      │
┌─────────────────┐                    ┌─────────────────┐
│   擬訂各種備選方案 │                    │     編製預算     │
│                │                    │     項目預算     │
│ 爲了實現目標，有哪些│ ─────────────────► │     銷售預算     │
│   最有希望的方案  │                    │     採購預算     │
│                │                    │     工資預算     │
│                │                    │       ……        │
└─────────────────┘                    └─────────────────┘
```

圖 3-2　計劃工作的程序

3. 作用

（1）企業能否開發新市場，市場調查是必經之路。將調查情況進行合理推理再做決定，或進行實踐探索，以最優方案避免風險，是企業管理者的一項責任。

（2）合理確定各項投入比例（如技術發展投資、技術設備更新等）對計劃執行有著較大影響。

（3）根據政府發布的相關官方信息（法律法規、政策）進行計劃執行，高效運行，提升效益。

（二）確定目標

在深刻總結企業發展各項條件的基礎上確定一定時期內的營運成果。全面考量利弊得失後，為組織及其所屬的下級單位確定工作目標，制定戰略、政策、規則、程序、規劃和預算等，指出工作的重點。

1. 計劃目標的分類

計劃目標一般可分為四類：貢獻目標、市場目標、發展目標、利益目標。①貢獻目標將積極為社會發展貢獻力量作為首要目標，通常以產品品種、質量、數量、應繳稅金、利潤等表示；②市場目標以提升市場佔有份額為目標，增強企業發展活力；③發展目標以國民經濟需求為基礎，通過考量相關政策扶持等優勢，以提升生產技術擴大生產力，從而推動自身發展；④利益目標以增加經濟效益、提高贏利水準為目標，增強企業內在活力。

2. 計劃目標的要求

①兼顧多方權益，避免顧此失彼；②明確分工，保證數量化；③為後期成果檢查奠定堅實基礎，積極鼓勵團隊成員參與內部發展目標規劃；④在不否定嚴肅性的前提下，增強適應性、變通性，保證符合客觀實際發展的需求。

（三）確定前提條件

主要通過對後期發展條件的考量，確定計劃的可行性。主要從經濟形勢、政策、科學技術、市場和資源四個方面考慮。

（1）經濟形勢。經濟水準的變化對於企業發展條件的影響存在一定聯繫。

（2）政策。稅務、產業改革、信貸調節等條件的充分利用對於企業的發展有著密不可分的推動作用。

（3）科學技術。技術革新隨著時代發展更新換代速度日益加快，企業的重視程度漸漸成為管理者能否做好引導的關鍵。

（4）市場和資源。對於市場發展程度、新型資源的合理運用，成為備受企業管理者關注的熱點。

（四）擬訂可供選擇的方案

「條條道路通羅馬」「殊途同歸」等話語均表明了一個道理：同一個目標可以通過不同的途徑來實現。實現目標的方案，同樣可以從不同的方面和角度來擬訂。在擬訂可供選擇的方案時，需要注意以下兩點：①多方面獲取可行方案，防止漏選最優方案；②保證各方案的互斥性，加強選擇的直接性。

（五）評價各種備選方案

根據可行方案的評價，以企業各項發展條件為基礎研究、比較備選方案，分析優劣。方案的評價一方面取決於評價者所採用的標準，另一方面取決於評價者對各個標準所賦予的權數。在評價方法方面，可以借助運籌學、數學方法和計算機技術等進行。

（六）選擇方案

選擇方案是在前面各項工作的基礎上做出的關鍵一步，也是制訂計劃實質性的階段。可能遇到的情況是，有時會發現同時有兩個可取的方案。在這種情況下，必須確定出先採取哪個方案，而將另一個方案也進行細化和完善，並作為後備方案。

（七）擬訂輔助計劃

方案選擇完畢之後，輔助計劃（總計劃下的分計劃）的擬訂也是有必要的。因為總計劃需要輔助計劃支持，而完成輔助計劃又是實施總計劃的基礎。例如，一個企業發展戰略中的投資計劃、生產計劃、採購計劃、培訓計劃等就是為了保證與落實企業總目標的實現的。

（八）編製預算

將計劃轉化為預算，使之盡可能指標量化。以數據呈現計劃，並進行合理的分解。編製預算一方面使計劃的指標體系更加明確，另一方面也便於對計劃的執行進行控制。

任務二　計劃的方法與技術

計劃的方法與技術有多種，主要有目標管理、滾動計劃法、甘特圖、番茄鐘和時間四象限法。

一、目標管理

【專欄3-5】不同的生活目標

目標對人生的影響究竟大不大？這是很多人都非常關心的問題。耶魯大學的一群專家就目標對人生的影響做了一項長達25年的研究。他們找到了一群智力、學歷、家庭環境等都相似的年輕人，對他們進行了持續的跟蹤。最後他們對相關數據和結果進行細緻的分析後發現，目標對人生有著重要的作用。他們還進一步把這一群青年人分為了四大類，分別是人生贏家、優秀人才、溫飽型人才和不幸的人。

第一類：人生贏家。這類人只占總人數的3%。他們都有著清晰且長遠的目標。25年來，他們一直堅持不懈，一步一步地朝著目標不斷前進，最後成為人生贏家。

第二類：優秀人才。這類人占總人數的10%。他們都有著清晰但短期的目標。雖然是短期目標，但他們正是通過這些小目標不斷地進步，也漸漸成為各行各業的優秀人才。

第三類：溫飽型人才。這類人占總人數的60%。他們的目標比較模糊，只求溫飽，覺得吃飽喝足就是快樂，所以也沒什麼大成就。

第四類：不幸的人。這類人占總人數的27%。他們從小沒有目標，只知道抱怨生活、

社會，卻從不努力。他們每天掙扎在社會最底層，生活過得很不如意。他們不去給自己設定目標，沒想過努力去改變自己的生活狀態。

啟示：同樣的一群年輕人，同樣的 25 年，人生結果卻有如此大的差異。究其原因就在於，他們是否對自己的人生設定目標，並為之努力奮鬥。目標對人生有著重要的影響，就好似人生的燈塔，為我們指引前進的方向。每個人都應該為自己的人生設立目標。

1954 年，美國管理學家彼得·德魯克出版了著名的《管理的實踐》一書。該書首次提出了「目標管理」概念。這個概念具有劃時代的意義。它不僅奠定了彼得·德魯克管理大師的地位，還將管理學開創成為一門學科。

目標管理是一種現代管理方法，它以目標為導向、以人為中心、以成果為標準，能使組織和個人在組織工作中取得最佳的業績。目標是組織活動的終點和方向，組織裡的各部門及其成員都必須圍繞組織目標開展各類活動。組織目標既是組織期望的成果，也是組織裡每個成員、每個小組、每個部門共同努力的結果。

目標管理通過設定管理者與員工均認可的目標，並將之作為評估員工工作績效的標準，從而將被動工作轉變為主動工作，能有效地提高組織工作效率。目標管理理論是建立在人本主義理論與效率主義理論的基礎上，將兩者完美地結合而形成的一種新的理論。早期的「科學管理」學派認為，實行工作專業化，提高工作熟練程度可以有效地提高員工的工作成效。實施目標管理，不僅能激勵員工更加明確、高效地工作，還能使考核更加科學規範、公平公正。

在制定目標的過程中，需要學習掌握 SMART 五項經典原則。該原則是由五個英文單詞的首字母組合而成的，分別是 S＝Specific、M＝Measurable、A＝Attainable、R＝Relevant、T＝Time-bound。

（1）Specific。組織的目標必須非常具體，不能籠統、模棱兩可。相關行為標準最好用具體的語言表述清楚。例如，考研的時候學習英語，備考者設定的大目標是提高英語水準，但很長一段時間學習之後，他們仍感覺自己沒有太大的提升，英語水準仍然原地踏步。其原因就在於，目標設定不明確。備考者如果把目標設定得很清楚，如掌握 1,500 個單詞、提高閱讀理解能力等，這樣他們在備考的過程中，就會有明確的目標，並且用目標不斷地衡量自己的學習效果。

（2）Measurable。組織的目標必須可以衡量，能夠數量化、行為化。目標是否達到，是需要檢驗的。所以，目標的設置必須能夠用明確的數據或信息來衡量，杜絕使用模糊的概念。如果無法衡量設定的目標，那麼就無法判斷其是否實現。組織目標衡量可以從五個方面來進行，分別是數量、質量、成本、時間和上級或客戶的滿意程度。

（3）Attainable。組織的目標必須是可實現的。目標的制定必須合理，能夠讓執行人在付出努力後，或者借助相關工具後，可以實現和達到。合理的目標是跳起來可以摘桃的目標，而不是跳起來摘星星的目標。如果組織目標制定得太高，執行人無法達到，那就不是

好的目標，甚至不能算作目標。例如，讓大一所有新生一年內掌握英語四級詞彙，這個目標可以達到，具有可實現性；但如果讓大一所有新生在一年內達到托福考試水準，這個目標定得就有些高了，難以達到，不具有可實現性。

在制定目標的時候，一方面需要上下級溝通，另一方面需要員工參與其中。普通員工參與制定目標，可以極大地提升他們對組織的認可度，也可以激發他們的責任心和工作熱情，還可以避免他們在工作中相互推卸責任。

（4）Relevant。組織的目標必須與其他目標相互關聯。組織的大目標通常被細分為很多小目標，他們之間有很大的關聯性。如果一個目標，與其他目標的關聯度較低，甚至沒有關聯，那麼即使這個目標實現了，它的意義也不大；如果一個目標與其他目標的關聯度很高，那麼它的意義就會非常大。目標要與崗位職責掛鉤。

（5）Time-bound。組織的目標必須要具有明確的截止期限。計劃有期限限制，目標的實現必須要有時間節點，執行者必須在時間節點內完成目標。上級與下級對目標的認識需要達成一致，完成期限需要共同確定。在認識一致的情況下，合理安排工作進度，並定期檢查溝通，發現並及時解決問題。如果員工不按照期限完成任務，領導通常會非常著急，團隊合作的和諧氛圍也會被打破。

在任何組織中，目標管理都具有非常重大的意義，發揮著非常重要的作用，得到了管理者的高度認可。其作用主要表現在以下四個方面：①發揮著「方向標」的作用，指明組織工作管理活動的方向。員工在目標管理「方向標」的指引下，能夠朝著目標一步一步地前進，保障目標的實現。②發揮著「助推器」的作用，能有效地激發員工的工作熱情。目標管理一方面要注重全員參與，即所有員工參與目標的制定；另一方面要注重員工自我管理，即員工在組織工作中，要更好地發揮自己的作用，為實現組織目標而努力。③發揮著「調控閥」的作用，能有效地規範全體成員的工作行為。在組織中建立完善的責任制，管理者和員工都要根據自己的責任，自覺調控自己的工作，規範自己的行為。組織目標通過層層的分解，規定了每一層員工的基本工作任務；每一層員工通過完成自己的工作任務，從而更好地實現組織的目標。員工在履行自己工作職責的時候，需要明確自己要做什麼、做多少、做到什麼程度。④發揮著「刻度尺」的作用，能有效地衡量組織工作完成情況。目標責任制的劃分，明確了工作的內容，同時也為組織工作提供了重要尺度，在確保各項工作保質保量地完成的同時，也為衡量工作完成情況提供了依據。

二、滾動計劃法

滾動計劃法是一種動態編製計劃的方法，按照計劃的執行情況和環境變化，定期調整和修訂未來的計劃。它將計劃按時間順序分為若干個時間段，並對之進行不同詳細程度的策劃；每過一段時間，就會將後一個時間段的計劃向前移動，並將之具體化。通過這種動態的滾動，不斷地編製和調整計劃，並將之逐步推進。滾動計劃法（見圖3-3）有兩個特

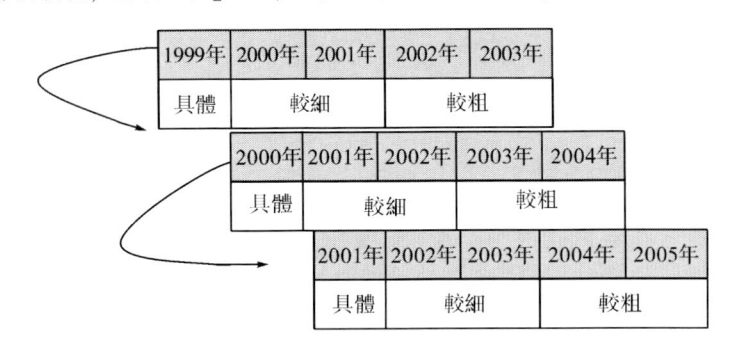

點，即「分段編製，近細遠粗」和「長、短期計劃緊密結合」。

1999年	2000年	2001年	2002年	2003年
具體	較細	較細	較粗	較粗

2000年	2001年	2002年	2003年	2004年
具體	較細	較細	較粗	較粗

2001年	2002年	2003年	2004年	2005年
具體	較細	較細	較粗	較粗

圖 3-3　滾動計劃法

滾動計劃法既可用於長期計劃的編製（如五年發展規劃），又可用於短期計劃的編製（如年度、季度、月度的生產作業計劃）。由於其時間長度的不同，其滾動期也不一樣，如長期計劃通常按年滾動、年度計劃通常按季度滾動、季度計劃通常按月份滾動、月度計劃通常按旬滾動等。

滾動計劃法因為優點明顯、效果顯著，現已被廣泛應用於各類組織計劃的編製中。其優點主要表現在以下兩個方面：

（1）有機銜接計劃期內各階段安排，定期進行補充，在解決各階段計劃銜接問題的同時，使計劃更符合實際、更科學合理。

（2）既保證了計劃的相對穩定性，又與社會實際情況結合得更密切。

三、甘特圖

甘特圖（見圖3-4）又稱條狀圖、生產計劃進度圖，由人際關係理論的先驅者之一、科學管理運動的先驅者之一的美國著名管理學家亨利·甘特在1917年提出。甘特圖的內在思想較為簡單，通過繪製線條圖，將特定項目的順序與持續時間形象地展示出來。甘特圖的橫軸和縱軸分別表示時間和活動（項目），線條表示在整個期間計劃和實際的活動完成情況。甘特圖是一種理想的控制工具。管理者通過甘特圖，可以迅速且清楚地瞭解計劃開展的時間，對比計劃與實際進展情況，並及時調整計劃和管理工作。

甘特圖是管理工作上的一次革命，被社會學家和歷史學家視為20世紀最重要的社會發明。甘特圖因為簡單、醒目、便於編製等特點，深受廣大管理者的喜愛。甘特圖被應用於企業管理工作中，在項目管理系統、生產執行系統、資源管理系統等領域中發揮著重要的作用。

管理學

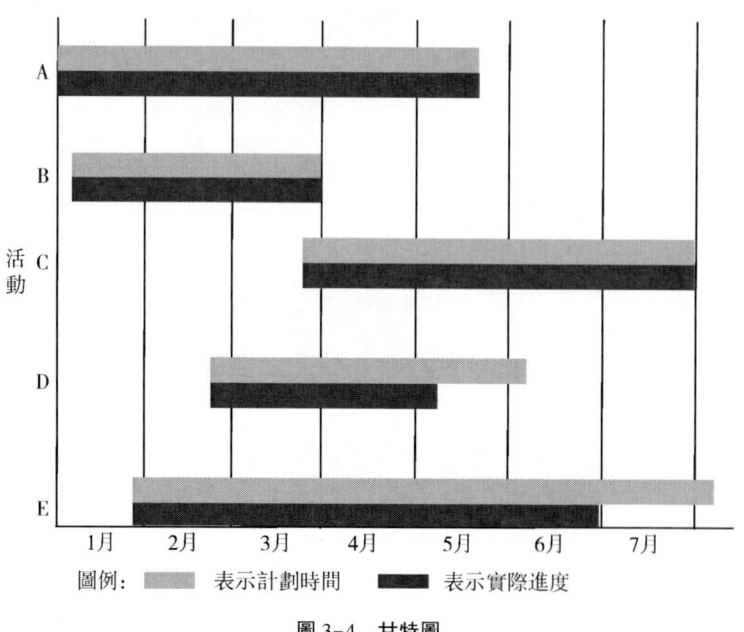

圖例： ▨ 表示計劃時間　■ 表示實際進度

圖 3-4　甘特圖

四、番茄鐘

【微課堂——創意微課】克服拖延

番茄鐘，是指把任務分解成半小時左右，集中精力工作 25 分鐘後休息 5 分鐘，如此視作裡一個「番茄」。哪怕工作沒有完成，也要定時休息，然後再進入下一個番茄時間收穫 4 個「番茄」後，能休息 15~30 分鐘。

相信大多數人會有小小的拖延症。拖延是我們學習生活工作中的一大障礙。時間在手邊悄悄溜走，可是我們依然改不了那小小的拖延症。我們根據一些造成拖延的跡象和原因得出，有拖延症的人不會去著急做事，他們覺得自己有很多時間。如果遇到客戶的投訴，他們會慌了神，會選擇逃避，不會想著迎難而上。許多拖延症者對自己的能力缺乏自信，面對任務，他們不會很積極地去做事，總會等到不能再等的時候才會去做，安慰自己有足夠的時間，有的時候這類拖延者也是因為過分去追求完美，總是覺得時機不成熟，不著急去做第一步。

具有拖延症的人總是會覺得自己太累了需要休息。有一些拖延症者在做一項長期且又複雜的任務時，大多會傾向於放慢節奏或停止。例如，部分有拖延症的作家，編寫一本書，前半部分會很容易，到了後面就很難再寫下去。這類拖延症者的規劃能力不足，導致拖延到任務的最後期限才開始忙碌。又比如我們經常會臨時抱佛腳，每當考試將近，我們就會拼命去學習以便提高考試分數。這是因為我們身體中的多巴胺在作怪，它會影響我們大腦中的神經元，讓我們喜歡重複這個行為。如果你覺得在壓力的作用下效率會更突出，那不妨先規劃好一項任務之後，再給自己安排新的任務。

五、時間四象限法

【微課堂——創意微課】四象限法則

【專欄3-6】時間管理的 ABC

你的時間夠用嗎？你每天的任務重嗎？你是否發現一堆事情未能及時完成，也許焦慮地耗到最後一秒才結束任務？當你發現有很多人和你有類似的經歷，你會忽然覺得你的時間沒有空餘。那麼，你最需要的是時間管理！人們常說「一寸光陰一寸金」「光陰似箭，日月如梭」，但時間真的能被儲存下來是不存在的。同時，相比其他的，你和別人每天、每週、每年度過的時間都是一樣的，沒有人能超越時間的界限。但是細心的你在生活中會發現，有一部分人對於時間的安排掌控似乎是與生俱來的，世界給你開了一個不小的玩笑。將你的休息時間進行條理化、具體化的安排，在陪伴家人、朋友的同時也能完美地兼顧學習、工作。也許這些可以指引你更好地去劃分每天的時間節點。

（1）將你在每個時間段內需要完成的事情提前進行記錄，選擇你最喜歡的備忘提醒方式。

（2）把你的目標按輕重緩急進行排列。因為你和他們的時間總量一樣，你需要保證在最短的時間裡完成你所需要完成的事情，留出足夠的時間可以完成其他想做的事。

（3）列出你的任務需要做哪些準備，在什麼時候去準備。為了準備，你又需要具備哪些特定的條件？

（4）將你的安排進行合理的分級標記。比如，A 類需要你立即完成，B 類需要你完成但不是現在，C 類需要你隨時可以去做甚至不需要花費任何時間、精力。

（5）根據重要程度，為你的安排確定合理的時間節點。比如，準備一個日程表。在每週的第一天開始前，將一週的安排進行簡要的規劃。然後根據重要程度分別標記。

(6) 規劃你後面一天所需要完成的事項，包括 A、B、C 三種類型的活動或任務。最好在每天都包含三種類型的任務，這樣一來，你的時間裡將會留出一部分緩衝時間可供調配。與此同時，你在一定時間內可以完成或者兼顧多少事項，在你的安排中一定要註明。

(7) 隨著時間等條件的改變，你的事項安排也需要做出相應的改變。

(8) 提前做出合理的規劃，並非按部就班。你的時間你做主，你應當是時間的掌控者，而不是時間的奴隸。

美國著名管理學家科維曾提出時間管理四象限法（見圖 3-5），即把工作按照重要和緊急兩個不同的程度，基本上可以分為四個「象限」：①既緊急又重要，如客戶投訴、即將到期的任務、財務危機等；②重要但不緊急，如建立人際關係、人員培訓、制定防範措施等；③緊急但不重要，如電話鈴聲、不速之客、部門會議等；④既不緊急也不重要。

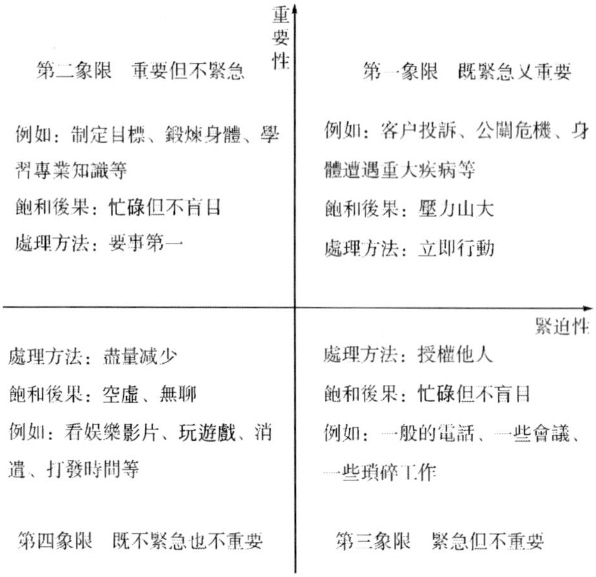

	重要性	
第二象限　重要但不緊急		第一象限　既緊急又重要
例如：制定目標、鍛煉身體、學習專業知識等		例如：客戶投訴、公關危機、身體遭遇重大疾病等
飽和後果：忙碌但不盲目		飽和後果：壓力山大
處理方法：要事第一		處理方法：立即行動
		緊迫性
處理方法：盡量減少		處理方法：授權他人
飽和後果：空虛、無聊		飽和後果：忙碌但不盲目
例如：看娛樂影片、玩遊戲、消遣、打發時間等		例如：一般的電話、一些會議、一些瑣碎工作
第四象限　既不緊急也不重要		第三象限　緊急但不重要

圖 3-5　時間管理四象限法

此外，按照處理順序，也可以這樣進行劃分：先是既緊急又重要的，接著是重要但不緊急的，再到緊急但不重要的，最後才是既不緊急也不重要的。

時間管理四象限法，最關鍵的是第二類和第三類，兩者的順序必須進行小心區分。但第一類和第三類的劃分也是尤其需要注意的，都屬於緊急事項，區別則在於前者可以讓你在一定程度上有成就感。

以下將對四個象限進行進一步的解釋說明：

(1) 第一象限：緊急又重要的事。

例如，報告明天必須上交、緊急會議將在 1 小時後召開等。對於你的經驗、判斷力提

出了很明確的要求。該象限的本質是缺乏合理規劃從而讓一件本身「重要但不緊急」的事情變成這樣，簡單地說就是「忙」。

（2）第二象限：重要但不緊急的事。

例如，參與研討、向老板提交你對公司現狀的改革方案等。主要關乎日常生活品質。你的一個念頭很可能讓你陷入更大的壓力，在多件事裡來回奔赴。反之，把你的時間更多地用在實際操作中，縮小第一象限的範圍，盡可能地提前規劃、做好預備。這個領域可能不會對我們有較多的壓迫力量，因此可以合理地解決。這更是傳統低效管理者與高效卓越管理者重要區別的標志，如果管理者把80%甚至更多的精力投入這裡，讓你或者他（們）不再瞎「忙」。

（3）第三象限：緊急但不重要的事。

例如，電話、會議、突來訪客都屬於這一類。從表面上看似乎十分緊急，因為某些聲音會讓我們覺得這件事急需你且只有你可以完成——也許從某種程度上來說，就算緊急也是他（她）的想法。我們也許開始安排了很多時間，其實不過是為了達到某一部分人的要求。

（4）第四象限：既不緊急也不重要的事。

例如，看一場電影、做一次美容保養等，諸如此類。這部分範圍倒不見得都是休閒活動，因為真正有創造意義的休閒活動是很有價值的。然而，像閱讀令人上癮的無聊小說、毫無內容的電視節目、辦公室聊天這些享受性活動，不僅不利於個人發展，反倒損害身心，也許中途會覺得舒適無比。慢慢地，你會感覺時間都用在了根本沒有意義的地方。

【微課堂——創意微課】六大法則

任務三　戰略計劃

一、戰略管理概述

戰略管理，主要運用於管理學中的企業經營、管理。首次出現於美國學者H.伊戈爾·安索夫的著作《從戰略計劃走向戰略管理》中。主要思想為：將企業日常業務決策與長期計劃決策結合，以此形成較合理的內部經營管理體系。

而美國管理學學者斯坦納在《管理政策與策略》一書中提到，企業戰略管理主要根據企業各個發展要素來制定企業經營目標。總體來說，戰略管理核心思想可從兩個方面來理解：一方面，企業戰略管理決定了企業如何進行長期發展；另一方面，企業戰略管理的重點在於如何制定和貫徹以及在把握各方關係時突出主幹思想。

二、戰略管理的定義

戰略管理從廣義來說，可將其理解為企業經營管理的理論基礎，主要代表為安索夫；從狹義來說，可將其理解為企業戰略在制定、實施以及評價的過程中進行適時的調控，主要代表為斯坦納。在此節內容中，僅對狹義戰略管理進行闡述。

在當代，戰略管理思想逐漸得到各方的重視並形成「百家爭鳴」局面。在這裡僅對三種理論進行介紹：

（1）資源配置理論。美國管理學家安索夫以「環境－戰略－組織」為基礎提出 ESO 理論，認為戰略行動即組織在調整內部結構及資源配置時對外部條件產生相互作用的過程。同時，根據基礎理論把戰略分成穩定型、反應型、占先型、探索型、創造型，還提到企業發展目標的實現需要環境、戰略、組織的協調適應。

（2）競爭戰略理論。哈佛大學教授波特認為其核心在於企業依靠什麼去進行競爭。通常會考慮三類方法：首先是成本領先戰略，以獲得市場份額等優勢將經營投入進行適度降低，從而進一步增強自身優勢；然後是標新立異戰略，以合理的技術等創造新產品，以開闢全新發展市場；最後是目標集中戰略，將產品需求進行整理，設立產品專有受眾群體，並逐步占據自身在某些方面的有利地位。

（3）目標戰略理論。美國哈佛大學教授安德魯斯認為是為達到戰略目標等而進行的發展方向指引。它針對企業今後如何生存發展的各項定位有著較為明確的指導方向。

三、戰略計劃的特徵

（一）總體系統性

通常管理者會將企業模擬為一個有機整體，以企業總體發展為目。它引導著企業的各項運作，保持企業的營運效果。通過對企業發展各類條件的全面考量，在調整內部運作中進行實踐管理。

（二）深遠預見性

戰略管理以長期發展為目標。長期發展對企業管理者的決策效率和明確分工提出了要求，要求他們對發展前景擁有較高的分析能力。即隨著各類影響因素的發展演變，需要進行多次調整，但對於企業而言，這才是真正符合發展規律的組織應當具備的素質。戰略管理預見相對一般預測而言，既需要對信息做出全面的推測，又要求反應主要管理者對企業業內生存的規劃，憑藉企業家的個人專長，以其獨特想法組成戰略合理內核。

四、戰略計劃的重要性

20世紀80年代至今，組織的生存環境風起雲湧。因此，只依靠傳統規劃方式制定發展目標已不合時宜，而應該及時對發展條件和影響因素進行合理分析把握，從而制定更符合實際的發展目標。

戰略計劃雖然屬於長期計劃，但戰略計劃和長期計劃也存在區別。

（1）戰略計劃可以改變組織的核心規劃，如企業發布新產品、開闢新市場資源等，但不包含全部細節；而長期計劃則是全面的，包含所有主要工作。

（2）戰略計劃的制訂一般由少數高層管理者參與討論決定；而長期計劃由組織團隊內各成員代表參與討論決定。

（3）戰略計劃著眼外部環境，根據外部環境的具體情況來確定企業組織的發展規劃，是對外部環境進行分析總結的結果；而長期計劃著眼組織團隊自身，即如何保證整體發展方向能一直保持協調和配合。

戰略計劃在企業等的發展中有著以下影響：

（1）戰略計劃用於協調內部各類營運（如資金籌措、資源配置等）的總體指導思想。它對企業經營影響因素的反應更為敏感，會以最快速度處理變化，為戰略發展增加新的相關投入，推動企業整體效益的提高和發展規模的擴大。

（2）戰略計劃可促使決策管理者考慮全局發展狀況，考慮在各種環境下應當如何進行操作，不斷關注決策對於發展的影響；使得管理者不斷對戰略價值的可行性進行評估並及時做出相應反饋。

（3）戰略計劃在減輕甚至消除企業營運發展障礙方面有著積極的效果，避免可能出現更大的影響。戰略計劃有助於統一思想步伐，也可以更好地提高分配各方任務的目的性、預見性、整體性、有序性和有效性，增強組織的競爭力及應變力。

（4）戰略計劃可以推動企業對於自身發展潛力的積極挖掘，通過不斷的方案比選做出最優決議，從而在優化內部結構的同時增強內部配合、調控、交流作用，最終使管理水準更上一層樓。同時，「以人為本」，積極鼓勵內部成員參與發展規劃的實施，及時發掘人才資源，加強內部營運效率，推動目標的實現。

五、戰略計劃過程

戰略計劃過程又稱戰略管理過程，是指組織的主要管理團隊為外部拓展而確立長期發展方式所實施的一系列重大舉措。其內容主要包括：①主要目標的闡明與戰略目標的確立。②戰略環境分析：研究內外部發展要素，保持組織在本行業中的位置。③戰略選擇：選擇合理發展方式。④戰略實施：通過確立一系列戰術性計劃將戰略性計劃正式實施。

（一）主要目標的闡明與戰略目標的確立

目標是對未來的規劃和指引。它主要從組織對社會的貢獻力、在行業中的地位、與關聯群體（客戶、股東、員工等）間的聯繫去闡述。只有清晰地描述企業的願景、社會公眾和企業員工、合作夥伴，才能對企業有更為清晰地認識。

目標一般具有三個特點：①長期性，目標是不可以朝令夕改的；②指導性，應該強調組織引以為榮的重要政策；③激勵性。如微軟公司用一句話作為最終目標：「在微軟，我們的使命是創造優秀的軟件，不僅使人們的工作更有效益，而且使人們的生活更有樂趣。」這個描述雖然很簡短，但是基本上涵蓋了上面提到的三方面的內容。

（二）戰略環境分析

1. 分析外部環境

外部環境主要分為兩類：一類是對企業營運有直接影響的，如行業定位、市場環境、競爭形勢等，由這些影響因素構成的環境是直接環境或微觀環境；另一類是對所有企業都有較為廣泛影響的環境因素，如國內外政治環境、經濟環境、技術環境、社會文化環境等，由這些因素構成的環境是一般環境、間接環境或宏觀環境。分析外部環境是為企業確立營運策略提供理論依據。

2. 分析內部條件

為保證組織的外部環境、內部條件和組織目標達到調和的最佳狀態，要求組織必須理順自身資源（人、財、物等）狀況。由此，可以將內部條件分析劃分為組織結構分析、組織文化分析、資源條件分析三項。

（1）組織結構分析。組織結構是組織發展的重要依據，與組織戰略存在以下聯繫：戰略計劃以組織結構作為基礎，組織結構對戰略計劃起著決定和制約的主要作用。一份接近實踐的戰略計劃應當對現有結構進行考量。

（2）組織文化分析。在長期發展中，擁有共同行為準則、具有相應特色的行為方式是發展的重要基礎。組織文化對戰略計劃起著支持和制約作用。分析組織文化是為了去瞭解現狀及特色，以便制定出與實際更符合的組織戰略。

（3）資源條件分析。在這裡，資源主要是指企業等為更好地促進營運發展必需的人力、機器設備、組織管理、市場行銷等方面的基本條件，是支持組織戰略的主要後備力量。

（三）戰略選擇

戰略選擇，即確定組織應採取的戰略。它是在綜合各類影響發展的主要因素的基礎上，結合組織實際狀況，為實現戰略目標而做出的總體戰略行動方案選擇。企業的基本戰略可分為以下三類：

1. 總成本領先戰略

總成本領先戰略主要通過降低產品成本，在不影響企業聲譽的前提下，使價格優勢逐

漸增強，以獲得更大的市場佔有率。它要求所在市場應當具有穩定、持久和大量的需求，產品設計應適度降低對製造和生產的要求。

2. 差別化戰略

所謂差別化戰略就是保證企業在行業發展具有獨特性，再利用已形成的差別，從而形成具有較為明顯的差別競爭優勢。

3. 集中戰略

所謂集中戰略是指在企業專一化、高效化和受眾專向化的基礎上，為某一狹窄的戰略對象服務，以至於在某一方面、一定業務範圍對競爭對手產生一定營運壓力的前提下，主攻某個特殊的細分市場或某一種特殊的產品。

（四）戰略實施

戰略實施需一系列相關措施給予幫助，必須有對應的人、才、物等來適應戰略發展的需求。在實踐過程中，它既是企業發展戰略的重要步驟，又是推動發展的理論基礎。

1. 主要任務

（1）確定戰略對內部行政管理的標準，對可能影響實踐發展的情況做出合理規劃；

（2）根據實際情況，對企業發展戰略的理論進行適當調整；

（3）推動發展戰略執行並做好督促。

2. 主要內容

（1）以發展規劃推動戰略實現。以戰略執行方案為標準，對工作分配等做出較為合理的闡述。

（2）實施方案。對某一項推動企業發展的決策性活動等進行簡要歸納闡釋。例如，企業的銷售方案需在戰略實施中進行相關的解釋說明。

（3）預算。預算對企業發展戰略實施起到財務支持的作用，為企業內部調整等做出詳細的資金調度規劃。

（4）調整內部運行模式，如組織結構、業務發展程序等。根據發展條件確立發展規劃，保證在人、財、物等方面可以及時適應業內發展規律。

（五）戰略評價

根據實踐發展的需要，參考標準可簡要分為兩類。

（1）定性指標：戰略對自身各項條件的統一性；戰略與發展條件的同步性、匹配性；戰略實施時對風險項分析的及時性；戰略與相比業內發展規律的實踐性。

（2）定量指標：產品質量、資源消耗率、市場份額、成本支出等。

但是，企業需根據自身發展條件、行業發展規律等做出合理判斷，從而制定出符合自身情況的標準。

任務四　技能訓練

一、應知考核

1. 下列選項中，關於計劃的特徵正確的是（　　）。
   A. 首位性、目的性、普遍性　　　B. 前瞻性、經濟性、客觀性
   C. 局限性、目的性、經濟性　　　D. 實施性、前瞻性、經濟性

2. 計劃指明了組織實踐的_____，計劃保障了實踐的_____，計劃會把實踐的階段和步驟集體規劃出來，按照計劃行事可以確保各活動的有序開展。（　　）
   A. 目標　連續性　　　　　　　　B. 計策　持續性
   C. 決策　連續性　　　　　　　　D. 實施　持續性

3. 下列選項中，關於計劃的作用錯誤的是（　　）。
   A. 可以明確工作目標，提高工作效率
   B. 減弱管理預見性，無效規避風險
   C. 減少資源浪費，取得最佳效益
   D. 有利於控制工作的開展

4. 計劃的表現形式分為（　　）。
   A. 宗旨、目標、戰略、政策、規則、程序、規劃、預算
   B. 宗旨、目標、政策、戰略、規則、程序、規劃、預算
   C. 目標、宗旨、戰略、政策、規則、程序、規劃、預算
   D. 目標、宗旨、政策、戰略、規則、程序、規劃、預算

5. （多選）下列選項中，關於計劃工作原則正確的是（　　）
   A. 限定因素原理　　　　　　　　B. 改變航道原理
   C. 許諾原理　　　　　　　　　　D. 不靈活性原理

6. 計劃制訂一般由包括評估機會、_____、_____、_____、_____、_____、_____等步驟。（　　）
   A. 確定目標　確定前提條件　擬訂各種備選方案　選擇方案　評價各種備選方案　擬訂輔助計劃　編製預算
   B. 確定前提條件　確定目標　擬訂各種備選方案　評價各種備選方案　選擇方案　擬訂扶助計劃　編製預算
   C. 確定前提條件　確定目標　擬訂各種備選方案　選擇方案　評價各種備選方案　擬訂扶助計劃　編製預算

D. 確定目標　確定前提條件　擬訂各種備選方案　評價各種備選方案　選擇方案　擬訂輔助計劃　編製預算

7. 計劃目標一般可分為四類：貢獻目標、市場目標、發展目標、利益目標。其中，關於以上四類目標說法錯誤的是（　　）。

A. 貢獻目標是企業立足自身，將積極為社會發展貢獻力量作為首要目標

B. 市場目標以提升市場佔有份額為目標，增強企業發展活力

C. 發展目標以市場經濟需求為基礎，通過考量相關政策扶持等優勢，以提升生產技術擴大生產力，從而推動自身發展

D. 利益目標以提高經濟效益、提升贏利水準為目標，增強企業內在活力

8. 計劃制訂時需確定的前提條件是（　　）。

A. 經濟形勢。經濟水準的變化對於企業發展條件的影響存在一定聯繫，至關重要

B. 政策。稅務、產業改革、信貸調節等條件的充分利用對於企業的發展有著密不可分的推動作用

C. 科學技術。技術革新隨著時代發展更新換代日益迅速，企業的重視程度漸漸成為管理者能否做好引導的關鍵

D. 市場和資源。對於市場發展程度、新型資源的合理運用，成為備受企業管理者關注的熱點

E. 以上都正確

9. （多選）下列選項中，關於戰略計劃的特徵正確的是（　　）。

A. 它引導著企業的各項運作，保持企業的營運效果。通過對企業發展各類條件的全面考量，在調整內部運作中進行實踐管理

B. 戰略管理以長期發展為目標

C. 長期發展對企業管理者的決策效率和明確分工提出了要求，要求他們對發展前景擁有較高的分析能力

D. 戰略管理可以在不同環境、相同管理制度中實施

10. 下列選項中，關於戰略計劃的重要性錯誤的是（　　）。

A. 戰略計劃可以改變組織的核心規劃

B. 戰略計劃的制訂一般由少數高層管理者參與討論決定；而長期計劃由組織團隊內各成員代表參與討論決定

C. 戰略計劃著眼外部環境

D. 戰略計劃著眼內部環境。根據內部環境的具體情況來確定企業組織的發展規劃，是對內部環境進行分析總結的結果

11. 戰略計劃在企業中的影響有（　　）。

A. 戰略計劃用於協調內部各類營運（如資金籌措、資源配置等）的總體指導思想

B. 戰略計劃可促使決策管理者考慮全局發展狀況，考慮在各種環境下應當如何進行操作，不斷關注決策對於發展的影響；使得管理者不斷對戰略價值的可行性進行評估並及時做出相應反饋

C. 戰略計劃在減輕甚至消除企業營運發展障礙方面有著積極的效果，避免可能出現更大的影響

D. 戰略計劃可以推動企業對於自身發展潛力的積極挖掘，通過不斷的方案比選做出最優決議，從而在優化內部結構的同時增強內部配合、調控、交流作用，最終使管理水準更上一層樓

E. 以上說法都正確

12. 外部環境分析和內部條件都是戰略分析中的重要部分。下列選項中，關於戰略分析說法錯誤的是（　　）。

A. 外部環境主要為兩類：一類是對企業營運有直接影響的環境因素，另一類是對所有企業都有較為廣泛影響的環境因素

B. 將內部條件分析劃分為組織結構分析、組織文化分析、市場條件分析三項

C. 組織文化分析在長期發展中，擁有共同行為準則、具有相應特色的行為方式是發展的重要基礎

D. 資源主要是企業等為更好地促進營運發展必需的人力、機器設備、組織管理、市場行銷等方面的基本條件，是支持組織戰略的主要後備力量

13. 在戰略選擇方面包含＿＿＿＿個方面，戰略實施包含＿＿＿＿個方面。（　　）

A. 三　兩　　　　　　　　　　　B. 三　三
C. 四　三　　　　　　　　　　　D. 四　兩

14. 下列選項中，關於戰略實施中的主要內容說法錯誤的是（　　）。

A. 以發展規劃推動戰略實現。以戰略執行方案為標準，對工作分配等做出較為合理的闡述

B. 實施方案。對某一項推動企業發展的決策性活動等進行簡要歸納闡釋

C. 預算。預算對企業發展戰略實施起到財務支持的作用，為外部調整等做出詳細的資金調度規劃

D. 調整內部運行模式，如組織結構、業務發展程序等。根據發展條件確立發展規劃，保證在人、財、物等方面可及時適應業內發展規律

二、案例分析

有一位著名的時間管理專家在給一群高智商、高學歷的商學院學生講課時，在課堂上做了這樣一個實驗，在學生們心底留下了一生不可磨滅的印象。實驗如下：

首先，這位專家拿出一個較大的廣口瓶、沙子、水、小石塊、大石塊……學生們被這些東西吊起了極大的興趣，紛紛上前發言。有人認為這樣一個小瓶子根本不可能裝下這麼多東西，還有人覺得應該可以裝進去但是要看順序，比如先裝水或者先裝小沙子……每個人都有自己的看法。如果是你，你會怎麼做呢？要怎麼樣才能把這些東西都放進去呢？通過這個小實驗你受到什麼啓發？

正確的順序是這樣的：

先把大石塊放進去，再把小石塊放進去，然後是沙子，最後放水。其實這個小實驗折射出一個人的生活態度，每個人的精力就像一個杯子的容量一樣是有限度的，大石塊就相當於非常重要且緊急的事情，小石塊類似稍微重要的事情，沙子和水相當於瑣碎的事情。每個人的精力有限，如果先去做那些瑣碎的小事情，到了最後做重要的事情時精力便會不足。所以，做事情要按照事情的重要程度來確定做事順序，這樣不僅節省時間也不浪費精力，可以專注於你要做的事情。如果按照反過來的順序，先放水，再放沙子，沙子融入水以後便會沉入杯子裡占據許多空間，再放小石塊就會沉在沙子上，最後放大石塊就會疊加在小石塊上，這樣這個瓶子便不能裝下這麼多東西。如果想要把大石頭、小石塊、沙子盡可能多地放在一個容器裡，那麼要先放大石頭，後放小石頭，最後放沙子。只有這樣，才能不慌不忙地完成你的目標。

其實人生也如此。在我們的日常生活中，我們總會遇到各種各樣的事情，它們就如故事中的大石頭、小石頭、沙子和水一樣。它們總是突然出現在我們面前，讓我們猝不及防又感覺無從下手。其實，只要我們靜下心來，用科學的管理方法分析一下、計劃一下，很多事情就會迎刃而解，我們的人生也會煥發另外一種光彩。

三、項目實訓

(一) 企業計劃——製作一份商業計劃書

計劃，作為組織企業發展有著不可或缺的作用。雖然各自的基礎可能存在明顯的差異，但對於所有組織企業，即使是創業型企業，制訂計劃也是十分重要的一項工作。想要對企業在發展規劃方面的可行性做出較為透澈的分析討論，作為一名有見識的企業家，需要對企業自身的各項計劃的具體內容做出合理的考量。企業家在企業的不同發展階段需要做出合理的安排，保證對企業的發展進行較為合理的規劃。因此，在企業計劃階段，作為管理者，首先必須要做的就是在適當的時間製作出一份具有遠見性的商業計劃書——主要是對於某時期的商業機會，作為引導企業如何把握該機會的書面文件。

對於大部分有意願或通過一定的鍛煉而成為企業家的人，高效地去製作出一份商業計劃書似乎是一項需要大量時間、精力的任務。但是，一份高質量的商業計劃書是有其自身的價值所在。它將所有關於企業家對於發展規劃的考量都匯總到一份較為清晰明了的文件中。商業計劃書最需要的是對於目前條件的完美規劃和具有開拓性的認識。如果商業計劃

書是經過合理認識分析而製作的，可以作為一項具有較強說服力的依據，在許多方面發揮著獨特的作用。它扮演著企業營運的風向標的角色。而且，商業計劃書具有「生命力」，在企業的大部分時間甚至整個生命週期都在引導、指引著組織的決策和執行，絕不單單是在啓動階段。

企業家做好了對於內部發展規劃的可行性分析，則其中所包含的一部分內容可以作為商業計劃書在後期編輯方面的堅實理論依據。一份好的商業計劃書應當具有六項主要內容：執行摘要、機遇分析、環境分析、企業描述、財務數據與預測、輔助材料。

執行摘要主要簡述了企業家在擬創辦企業時候的一些關鍵點。這些關鍵點主要是：簡要的使命宣言；主要目標；企業的歷史簡介（也以時間軸的形式展示）；企業中的關鍵人物；企業性質；主要產品或服務的描述；對市場定位、競爭對手和競爭優勢的簡要解釋；擬定的戰略；選定的關鍵財務信息。

可行的融資方案：

- 企業家的個人資源，如個人儲蓄、家庭資產、個人貸款、信用卡等。
- 金融機構，如銀行、儲蓄和貸款機構、信用合作社等。
- 風險投資家，提供外部融資的專業投資管理公司。
- 天使投資人，創業企業提供資金支持，以換取具有部分企業產權的私人投資者或私人投資者群體。
- 公司股票的首次公開上市和銷售。
- 國家或地方政府的企業開發計劃。
- 其他一些不常見的來源，如創業競賽、眾籌等。

機遇分析在商業計劃書的內容主要包括：①通過描述目標市場的人口特徵來估計市場的規模；②描述並評估行業趨勢；③識別和評估競爭對手。

機遇分析的重點在於對一定行業和市場中的發展機會，而環境分析則是以一個更為寬泛的角度。因此，企業家需要做出著重解釋說明的是經濟環境、政治法律環境、技術環境和全球環境中正在發生的更為廣泛的外部變化和趨勢。

企業描述，是指企業家對如何組建、啓動和管理企業進行解釋說明。它包括：希望形成的組織文化；市場計劃（包括總體市場戰略、定價策略、銷售策略、服務保證制度以及廣告和宣傳策略）；產品開發計劃（如對產品開發的現狀、任務、困難與挑戰以及預期費用的描述）；營運計劃（包括對企業擬進駐的地區、所需的設施、設備以及工作流程的描述）；人力資源計劃（包括對關鍵管理人員、董事會構成成員及其背景經歷與技能、當前與未來的人員需求、薪酬與福利以及培訓需求的描述）；所有相關事項的總體進程規劃表和時間表。

財務數據與預測，是每一份有效的商業計劃書都需要的一項內容。財務信息對商業計劃書的作用影響，其中之一就是保證內容的絕對完整度。財務計劃應當至少作為未來三年

內的有效依據，內容應當包括預計利潤表、預計現金流分析（第一年是月度分析，後兩年是季度分析）、預計資產負債表、盈虧平衡分析以及成本控制。如果在預算開支方面需要購置一些重大設備或其他資產項目，主要信息應當為名稱、費用以及可用的抵押品。所有的財務預估和分析在解釋說明中應當做出要求，尤其是在查看數據時發現異常或考慮到會受到質疑時。

輔助材料是一份有效的商業計劃書中的重要組成部分之一，企業家應該利用表格、圖片或其他一些可視性工具來支持前面幾個部分的描述。此外，包含擬創辦企業中關鍵參與者的信息（個人信息和與工作相關的信息）可能也非常重要。

（二）制定一份有效的任務清單

你是否有許多事情要做，而且只能在有限的時間裡完成？許多成功人士所採用的一種手段是制定一份任務清單。任務清單十分實用。因為任務清單有助於組織瞭解需要完成的事情，也有助於克服拖延心理。制定一份有效的任務清單並使用它，是每一位管理者都需要開發的技能。

練習技能的步驟：

● 將項目拆分為更細化的任務，並為這些任務設定優先級。當你需要完成一個重大項目時，先花一些時間來確定該項目有哪些必須完成的任務，盡可能詳細。

● 實事求是地對待你的任務清單。無論你的任務清單是每天的、每週的，還是每個月的——或者是所有形式的——你都應該意識到將會並且一定會出現干擾。

● 瞭解和關注你自己的時間和精力。關注你個人的日常生活慣例，並瞭解你什麼時候效率最高。在這個時間段裡，你應該完成你最重要的任務。或者你可能需要先完成你最不喜歡的工作。你希望更快地完成它，這樣你才能轉向你喜歡的任務。

● 瞭解什麼最使你浪費時間以及什麼最使你注意力分散。對於我們來說，這些東西可能來自網絡，也可能來自電視或者其他地方。此外，你要清楚你很有可能不能（並且你也不想）根除這些東西。但一定要提防它們，尤其是當你正在努力完成某些事情，或者你必須要完成某些事情的時候。

● 讓技術成為你的一種工具，而不是分散你的注意力。找到一款適合你的 APP（或者一種書面方式）。現在已經有許多可用的軟件程序了。不要不斷去嘗試新的軟件程序或方式——這本身就是在浪費你的寶貴時間。找到一個滿足你的需求以及個人狀況的方式並使用它。

● 戰勝電子郵件/即時信息的挑戰。儘管組織中同事之間的交流有很多種方式，電子郵件和即時信息都很受歡迎，但是當你正在努力完成工作任務時，這些信息也可能變得難以應付。你需要再次尋找什麼樣的工作方式最適合你。

（三）設定生活目標

練習為你個人生活的各個方面設定目標，比如學業、職業準備、家庭、愛好等。每一

個方面至少設定兩個短期目標和兩個長期目標。

針對你所設定的這些目標，制定方案以實現這些目標。例如，如果你的學業目標之一是提高你的平均學分，那麼你如何做才能實現這一目標？

撰寫一份個人使命宣言。儘管這聽起來十分簡單，但事實並非如此。我們希望這將會成為你想要保持、應用並在必要時予以修正的重要內容，也希望這有助於你成為你想要成為的人以及你想要過的生活。

選擇兩家公司，最好處於不同的行業。搜索公司的網站並找出它們所陳述的目標。（提示：公司通常會是一個開始的好地方）評價這些目標。這些目標闡述是否得當？

（四）製作一份計劃書

將全班分成A、B兩組；由A組制訂計劃，B組分析評價計劃，之後，A、B兩組互換角色；在給定的計劃項目中任選一個項目，負責制訂計劃的一組確定計劃制訂者，10分鐘時間草擬一份簡要的計劃；計劃提出後，另一組成員對該計劃進行評論，指出其合理之處、存在的問題與不足。制訂計劃的一組可對計劃做進一步補充和解釋說明。

［實訓成果與檢測］

根據選定的項目製作一份計劃書，課程結束後以書面材料的形式上交。教師對學生的計劃制訂、評價的態度等方面酌情打分。

附：計劃項目

（1）請你制訂一份大學英語四級考試的復習計劃。

（2）請你為「校園十佳歌手大賽」撰寫策劃書。

（3）請你為班級策劃一次團日活動，並草擬好計劃書。

（4）請你為學院的籃球比賽的舉辦製作一份計劃書。

（5）你作為一名班委，怎樣做好班級文化建設，請草擬一份計劃書。

項目四　決策

【引導案例】決策模擬

假若有一天世界遭受危機，身為人民群眾的我們要從下面三位候選人中選一位站出來領導大家渡過危機，闖過難關，帶領我們走向光明，我們應該選擇以下哪一位呢？

甲：嗜好菸酒，意志堅定，比較自我，有雄心，善於鼓勵。

乙：愛睡懶覺，吸食鴉片，好酒，愛攻擊別人，善於辭令，有文學水準，喜歡表現自己。

丙：戰鬥英雄，素食，不吸菸，敏感，有熱情，有幻想，比較自我。

【分析】 我們每個人的關注點都有所側重，有的人會更關注優點而忽略缺點，有的人也會將缺點放大而遺忘了優點，這樣一來，我們最終的選擇也就不一樣了。

實際上，這三位是歷史中三個真實的人物。甲是美國歷史上唯一一位連任四屆的總統羅斯福，乙是英國首相丘吉爾，丙是德國總理希特勒。假如你只看希特勒有雄心、善於鼓勵的優點的話，你也許就會選擇他，那麼很可能二戰就要重演了。假如你只看到羅斯福嗜好菸酒或者丘吉爾愛攻擊別人的缺點，那你很可能不會選擇他們來領導大家。其實當我們在看他們優點、缺點以及能力的時候，我們忘了還有比這些更加重要的東西——價值觀。如果不看價值觀，那麼天使和魔鬼就沒什麼區別，而且很可能魔鬼長得更帥，看起來更順眼，說話更好聽，能力更強。那樣的話，人們就可能把魔鬼當成天使請進家裡來。人類歷史已經證明，在歷次魔鬼當權的時候，人民群眾都慶幸以為自己選到了天使，以為自己可以渡過危機，殊不知這是噩夢的開始。

諾貝爾獎獲得者赫伯特·西蒙有一句著名的名言：「管理即是決策」。他認為，決策是管理人員的中心工作。決策滲透管理活動的各個方面、整個過程，是決定企業成功與否的關鍵。管理者在管理過程中，經常會抉擇做什麼、誰來做、如何做、何時做等問題。決策能力是管理人員的必備能力之一，高層管理者尤其要重視。

管理者在企業管理中需要做很多決策，現簡單介紹四種，分別是人事招聘決策、產品定價決策、資本市場決策和銷售渠道決策。

（1）人事招聘決策。人員穩定是企業非常重要的事情，人事招聘是保障人員穩定的重要因素。企業招什麼人、去哪裡招人、通過何種途徑招人、人員要求是什麼、招多少人等，都需要管理者進行決策。人力資源部門或者高層管理者通常需要確定相關內容。

（2）產品定價決策。產品定價對企業有著重要的影響，需要綜合考慮企業自身、社會因素及同類產品價位等多方面因素。以蘋果手機為例，iPhone8 手機進入市場的時候，iPhone7P 及其他老款蘋果手機通常會降價。iPhone8 手機的定價，既要參考 iPhone7P 的價位，還要參考三星、華為、小米等其他手機的價位。iPhone8 手機的定價通常會稍高於 iPhone7P，給消費者一種並沒有貴多少的感覺。實際上，這是通過價格來吸引更多消費者的關注。

（3）資本市場決策。企業要不要上市、什麼時間上市、在哪裡上市等都是一個充滿了決策的事情，關係企業的興衰。在電影《中國合夥人》裡，成東青和孟曉駿在新夢想公司是否上市的問題上，產生了極大的分歧。這其實就是資本市場決策的問題。

（4）銷售渠道決策。隨著互聯網經濟的發展，消費者買東西的渠道也更加多樣化。企業產品選擇哪種途徑銷售，這是一門藝術，也關係到企業的利潤。小米手機之所以能夠迅速占領市場，這與其採用了網上直銷的銷售渠道密不可分；其「饑餓行銷」的策略，在官網定期舉行限量銷售秒殺活動，也迎合了消費者的心理。

任務一　決策概述

一、決策的概念

決策由來已久，自管理工作開始，決策便已經發揮著重要的作用。關於決策的定義，可謂仁者見仁、智者見智，不同的學者均從不同角度進行了闡述。

約翰・麥克唐納認為：「企業總裁甚至包括一個國家的首腦，是一個職業的決策者。不確定性是他的敵人，而克服它則是他的使命。」

切斯特・巴納德認為：「個人的行為從原則上可以分為有意識的、經過計算和思考的行為，以及無意識的、自動的、反應的、由現在或過去的內外情況產生的行為。一般來講，前面一類行為的先導過程，不管是什麼過程，最後都可以歸結為『決策』。同決策有關的顯然有兩點：要達到的目的和採用的方法。」

周三多認為：「所謂決策，是指組織或個人為了實現某種目標而對未來的一定時期內有關活動的方向、內容及方式的選擇或調整的過程。」

最早提出決策概念的有三人，分別是路易斯、古德曼和範特。他們認為，決策是管理者識別機會、利用機會並且解決問題的過程。

美國決策研究專家亨利・艾伯斯，將決策分為狹義和廣義兩種。狹義決策是指從幾種行為方案中做出恰當的選擇；廣義決策是指在做出最後方案選擇前後所必須做出的一切活動。

決策對於任何企業和組織都非常重要，而決策和目標需要每個人在工作中認真執行和落實。隨著科技的進步，社會和經濟也有了極大的飛躍，管理決策的科學性、有效性顯得越發重要，很多企業和組織也越來越重視。在這種背景下，科學決策於 20 世紀出現並得到迅速發展。赫伯特·西蒙把決策比作管理的心臟，認為決策滲透管理的每一個環節。他創立了決策理論，且以他為首形成了決策理論學派。

赫伯特·西蒙經過大量的研究，將決策的過程分為收集信息、擬訂可供選擇的方案、識別和選定最優方案三個方面。他對決策理論做出了突出的貢獻，主要包括以下三個方面：①突出決策在管理中的地位；②提出了許多決策原理方面的新見解，如用「滿意標準」取代「最優標準」等；③既強調在決策中採用定量方法、計算技術等新的科學方法，又重視心理因素、人際關係等社會因素在決策中的應用。

本書認為，決策是指組織在管理工作中，為了實現某一特定目標，在兩個以上的可行方案中選擇並組織實施的全過程。

二、決策的特徵

瞭解決策的特徵，可以更好地認識決策。決策主要有以下幾個特徵：

（一）目標性

決策是為了選擇「最優方案」，從而更好地實現一定的目標。所以，決策具有目標性。方案的評價一般以目標為標準。目標不明確的方案，就不算是好的方案，也就不會被選擇，就更談不上決策。好的方案，目標必定非常明確。

（二）可行性

一個合理的決策，需要充分瞭解掌握各類信息。管理者首先通過對組織內、外部情況的調查分析掌握各類信息，並結合組織實際情況和需要，選擇最優方案。一個合理的決策，需要充分考慮組織自身的人力、財力和物力。

（三）選擇性

方案有優劣，且具有可行性和滿意性。管理者需要結合組織實際情況，對兩個及以上的方案進行比較和綜合評定後進行選擇。這就是決策的選擇性。如果組織無法制定方案，或者只有一個方案，那麼也就無從決策。

（四）滿意性

在方案選擇的過程中，需要注意滿意原則而非最優原則。滿意性決策是指決策者根據組織現實條件，選擇在總體上能使目標達到預期效果的方案。最優原則往往要求決策者需掌握組織所有信息、制定並執行沒有疏漏的行動方案。但因為社會環境和組織環境的複雜性、多變性和多約束條件以及管理者對客觀認識的缺陷等，決策者很難制定出最優方案，因此，決策者只能得到一個相對適宜和滿意的方案。

(五)過程性

決策需要過程,不是瞬間完成的。決策是一個分析判斷的過程,具有多階段性和多步驟性。管理者需要收集組織內、外部的信息,擬訂可供選擇的方案、識別和選定最優方案。不同類型的決策雖各有特點,但都有一個過程。

三、決策的類型

管理決策的對象各有不同,內容千差萬別。這也決定了決策的方式和方法的多樣性。我們可以根據角度和標準的不同,把決策分為不同的類型。通過對決策類型的劃分和分析,管理者可以更好地掌握不同類型決策的規律,從而在決策的時候,靈活選取不同的決策方式和方法。

(一)按照決策的重要性劃分,可以分為戰略決策、戰術決策和業務決策

1. 戰略決策

戰略決策事關組織的興衰成敗,通常是指帶有全局性、長期性的大政方針的決策,重點解決組織與外部環境的關係等問題。戰略決策涉及組織的方方面面,通常包括組織結構變革、目標與方針的制定、技術革新和改造、產品的更新換代等。戰略決策是組織高層管理者的主要職責之一,對決策者的洞察力、判斷力要求很高,具有長期性、方向性、全局性的特點,在所有決策中居於最重要的位置。

2. 戰術決策

戰術決策又稱管理決策,主要目的是為了實現戰略目標,在組織內部範圍貫徹執行。戰術決策主要通過高度協調組織內部各環節活動,合理利用各類資源,從而達到提高經濟效益和管理效率的目的。戰略決策主要涉及企業組織機構的設計和變更,各種規章制度的建立和改革,企業內部人力、財力、物力的協調與控制等,具體包括生產計劃、銷售計劃、產品定價等。戰術決策是中層管理者的主要職責之一,具有局部性、短期性的特點,在很大程度上影響著組織戰略決策的實現。

3. 業務決策

業務決策又稱執行性決策,主要是為了提高日常生產經營活動的工作效率。其內容主要包括工作任務分配、日常工作監督與管理、崗位責任制的指導與執行等,如生產決策、存貨決策、銷售決策等。業務決策是所有決策的基礎,在組織中影響最小、範圍最窄,它影響著組織的運行。業務決策是基層管理者的主要職責之一,具有常規性、短期性等特點,更多依賴決策者的經驗。

(二)按照決策重複性劃分,可以分為程序化決策和非程序化決策

1. 程序化決策

程序化決策是指日常管理工作中,重複出現的形式相同或基本相同的決策,具有常規性、重複性和例行性,主要適用於日常例行問題。當問題發生的時候,管理者只需按照已

規定的程序、處理方法和標準進行決策，不需要重新做出決策。程序化決策主要包括確定型決策、業務決策、大部分管理決策等，如工資發放、簽訂購銷合同、上班遲到處罰、招聘新員工等。程序化決策往往由中層管理者、基層管理者來承擔。

2. 非程序化決策

非程序化決策是指因受大量隨機因素的影響，在管理過程中很少重複出現，常常無先例可循的決策，具有獨一無二性、不重複發生性，主要適用於戰略決策。現實中一些新的問題或機會，往往需要管理者進行決策，但管理者常常不能確定預期結果。在這種情況下，往往沒有成型的處理相關問題的程序和規則，管理者必須全面收集各類信息，科學判斷各種備選方案並做出選擇。非程序化決策的正確性和效果，與決策者的氣魄、判斷力和決策方法有密切的關係。

非程序化決策往往由高層管理者來承擔，占其決策的一半以上。

（三）按照決策確定性程度劃分，可以分為確定型決策、風險型決策和不確定型決策

1. 確定型決策

確定型決策是指每一種備選方案都只有一種明確的結果，決策者具體比較各種備選方案的結果，選擇最好的方案。確定性決策要求決策者要充分掌握各備選方案的全部條件，並可以準確預測各備選方案的結果。因為備選方案結果的多樣性，確定型決策在現實中出現的情形較少。組織的業務決策，常常屬於確定性決策。決策者可借助數學模型或電子計算機進行決策。

2. 風險型決策

風險型決策是指每一個備選方案有多種不同結果，決策者對每一種結果出現的概率進行預先估計，權衡利弊，擇優選擇。風險型決策要求決策者經驗豐富，且對各類資料收集、評估到位。這種決策受管理者個人經驗和判斷的影響較大，具有一定的風險，故被稱為風險型決策。風險型決策更接近管理工作的現實情況。組織的戰略決策，大多屬於風險型決策。

3. 不確定型決策

不確定型決策是指在對每一個備選方案的幾種結果的概率無法確定的情況下決策者做出的決策。因為組織內、外環境紛繁複雜，變化較快，一些方案的結構不能完全確定。在這種情況下，決策者依據自身經驗、直覺和估計做出決策。不確定型決策通常沒有先例可參考，沒有固定模式可套用。組織的戰略決策，通常都是不確定型決策。

（四）按照決策的主體劃分，可分為群體決策與個人決策

1. 群體決策

群體決策又稱集體決策，是指由會議機構或上下級結合而進行的決策。會議機構主要包括董事會、經理辦公會、職工代表大會等；上下級結合形式主要包括領導機構和下屬有關部門相結合、領導和群眾相結合、組織主管和專家團隊相結合等。集體決策能克服個人

的局限性，集思廣益，充分發揮集體智慧；能有效地規避個人主觀的隨意性，保證決策的科學、合理性；易於被全體成員認可和支持，能有效地保障決策順利實施。群體決策的弊端主要表現在過程複雜、耗費時間多、花費成本大、意見存在分歧、速度慢、效率低等方面。集體決策適用於長遠性、全局性等重大問題。

2. 個人決策

個人決策俗稱「一言堂」，是指決策者依據個人的經驗、知識、能力，充分分析收集的信息後做出的決策。個人決策速度快、效率高。但每個決策者的知識、能力及掌握信息量等方面受個人因素限制較大，所以往往不可避免個人的主觀隨意性。個人決策通常適合於常規事務、緊急問題和隨機事件的決策。

【專欄4-1】緊急情況下個體決策與集體決策孰優孰劣？

美國阿波羅號宇宙飛船曾在運行過程中突發意外，地面總指揮隨即果斷做出決策，聯繫各部門並採取相應措施，最終使宇航員安全著陸、平安返航。與此相反，英國的一艘潛水艇曾發生漏水事故，艇長召集100名船員進行一番商討之後才採取措施，結果僅有三人生還。在緊急情況下，個人決策與集體決策孰優孰劣？

四、決策的誤區

在日常生活中，人們往往覺得選擇越多就越好，這幾乎成了一個共識。但美國哥倫比亞大學、斯坦福大學共同進行的一項研究，卻讓人大出意料。他們發現：選項越多，反而會造成負面效果。研究小組進行了一系列實驗，其中一項實驗是讓被測試者購買巧克力、另一項實驗是讓被測試者試吃食品。

在巧克力購買實驗中，研究小組將被測試者分為甲、乙兩組，每一組測試者從數種巧克力中選擇自己想買的。甲組被測試者可供選擇的種類為6種，乙組被測試者可供選擇的種類為30種。結果顯示，乙組被測試者大都感覺自己選擇的巧克力不太好吃，甚至還感到後悔。

食品試吃實驗在加州斯坦福大學附近一個食品種類繁多的超市裡進行。研究小組準備了甲、乙兩堆食品攤位，其中，甲攤位試吃食品6種，乙攤位試吃食品24種。路過的顧客可以隨意免費品嘗兩堆食品。在食品試吃實驗中，研究小組也將被測試者分為甲、乙兩組，每一組測試者試吃不同口味的食品。甲組被測試者可供選擇的食品口味為6種，乙組被測試者可供選擇的食品口味為30種。

結果顯示，260名顧客經過甲堆食品攤位，有40%的人會停下來試吃；242名顧客經過乙堆食品攤位，有60%的人會停下來試吃。但出乎意料的是，試吃甲堆食品攤位的顧客中，有30%的人至少買了一瓶果醬；試吃乙堆食品攤位的顧客中，只有3%的人買了東西。

兩種實驗的結果讓研究小組的專家們很詫異。在兩組實驗中，乙組人員普遍存在決策

失誤。那麼決策失誤的原因到底是什麼？很多情況下，決策失誤一方面在於決策過程本身，如方式不正確、收集信息不全、成本和效益計算失誤、沒有更好的方案選擇等；另一方面在於決策者個人的素質。決策者不是完全理性人，不可避免地會做出非理性的決定。

常見的決策思維陷阱有以下幾種：

（一）沉錨陷阱

第一印象在人際交往中發揮著非常重要的作用。在做決策時，第一個信息對我們的影響也非常重要。第一印象或數據就像沉入海底的錨一樣，把我們的思維固定在了某一處。沉錨效應表現方式有很多種，無意中的一句話、報紙上的一個數字、某個專家的預測等，都可能像沉錨一樣沉在我們的腦海裡，左右我們的思考和決策。沉錨陷阱對決策者的影響非常大，許多決策者都因此做出過一些錯誤的、不恰當的決策。

那麼，決策者如何走出沉錨陷阱呢？可以從三個方面入手：第一，多角度思考問題、選擇方案，不要太依賴第一個想法；第二，發揮群體決策的優勢，集思廣益，多聽取不同的意見，多借鑑不同的方法；第三，不斷學習，開拓自己的思維，打破原有思維框架。

（二）有利證據陷阱

在日常生活中，我們通常會被其他人的成功或失敗的事例影響我們的決策。決策者在做一個決策的時候，常常會收集其他成功或失敗的案例等信息，來證明自己決策的科學性、合理性。

在汽車不斷普及、市場已經開始追求個性化的時候，亨利·福特仍只生產黑色的 T 型車，因為他認為只有 T 型車是受歡迎的。他採用降價策略來應對競爭，並在短期內取得了成功。亨利·福特認為這正證明了自己觀點的正確。直到 1927 年，福特才認識到自己的錯誤，並停止了 T 型車的生產。

關於決策者如何走出有利證據陷阱，我們可以從以下三個方面入手：第一，同等重視各種信息；第二，採用逆向思維，既可以自己朝反方向逆推，也可以找不同意見的人辯論；第三，審視自己的動機，收集相關信息的原因，是為了合理決策還是為了找借口。

【專欄 4-2】決策中的沉金陷阱

經濟學家所稱的沉沒成本，是指那些過去已經投資而且再也無法收回的金錢或時間。而心理上的「沉金陷阱」是指人總傾向於在已有決策的基礎上做新的決策，即使明知過去的決策已過時無效，但仍難以擺脫或修正以往的決策，其根源在於人心理活動中的快樂原則。人的心理本能地傾向於忽略和遺忘痛苦，它使人在回顧過去決策錯誤時產生防禦性的反應——總希望以往的決策是正確的，這就不需要承受可能傷及自尊或名譽的心理負擔。

例如，沉金陷阱對銀行經營的危害極大。當一借款戶的經營陷入危機時，信貸經理更願意向它提供更多的資金，幫助它起死回生。即使這些資金沒能使該公司脫離危機，信貸

經理也會覺得這個做法是合理的、沒有問題的。其實這位經理就是陷入了沉金陷阱中，在過時無效的決策基礎上做出新的決策，喪失了客觀地評估風險的動機，從而做出了錯誤的經營決策。相反，許多經營有方的銀行往往在發現一項有潛在危機的貸款後就立刻將它轉給另一個經理辦理，防止經理被沉金陷阱套住，也方便新接手的人能客觀地評估風險。

（三）框架陷阱

在現實生活中，我們常常會為了確保安全，不自覺的傾向於已有事務的最初框架，而不願意冒險突破原有框架。人們會局限於一些傳統的框架思維模式，如烏鴉一定是黑的、車輪一定是圓的等。人們會被一切所謂的經驗、模式、規律、習慣、習俗束縛和限制，不敢去懷疑，更不敢對傳統說「不」。

司馬光砸缸的故事，可以說是突破框架陷阱的典型案例。小孩失足掉進大水缸裡，習慣性的想法就是爬到缸上把落水小孩拉出來。但司馬光突破傳統思維，用石頭砸破了水缸。

決策者如何走出決策陷阱？第一，從多方面考察問題或機會，預測不同的結果；第二，保持中立態度，充分考慮決策的得失，接受不同的參照點。

（四）霍布森選擇陷阱

1631年，英國劍橋商人霍布森販馬時，對客戶承諾道：「你們買我的馬、租我的馬，隨你的便，價格都便宜。」但霍布斯只允許他們在馬圈出口處挑選。霍布森的馬圈非常大、馬匹非常多，但馬圈的門卻很小，只有瘦馬、懶馬、小馬才能出得去，高頭大馬根本出不去。所以，前來買馬的人自以為挑到了最好的馬，其實不是瘦的就是懶的。人們自以為做了最好的選擇，但實際上思維和選擇的空間很小。西蒙把這種沒有選擇餘地的所謂「選擇」、假選擇譏諷為「霍布森選擇」。這種選擇被限制在有限的空間裡，無論決策者如何思考、評估與甄別，最終的決策也還是一個差的決策。決策者的思維也常常受到一定的局限和影響。

走出霍布森選擇陷阱主要有三種方法：第一，打開思維空間。俗話說「讀萬卷書，行萬里路」，努力開闊視野，豐富自身閱歷。第二，廣交智友，定期與智者會晤，借腦生智。第三，及時關注各方面變化，如相關產業、同業、同行和競爭對手的變化，包括好的變化和差的變化，並尋求其原因。

（五）布里丹選擇陷阱

布里丹的驢子餓得咕咕叫，他便牽著驢子去野外找草吃。他想讓驢子吃到最好的草。他覺得左邊的草很茂盛，便牽著驢子來到了左邊；他又覺得右邊的草的顏色更綠，於是又帶著驢子來到了右邊；他又發現遠處的草的品種更好，便又把驢子帶到了遠處。於是，他帶著驢子，忽左忽右，忽遠忽近，拿不定主意。最終，他的驢子餓死在尋找更好的草的路上。這其實是一個選擇的問題。我們把這種舉棋不定、優柔寡斷、難以做出抉擇的行為稱為「布里丹選擇」。在我們身邊，其實就有很多「布里丹選擇」。在企業經營中，決策者要學會規避「布里丹選擇」。

決策者如何才能處理好「布里丹選擇」困境？一方面，決策者既要善於選擇，還要學會放棄。正所謂「魚與熊掌不可得兼」，當我們選擇了「熊掌」，就要毫不猶豫地放棄「魚」。另一方面，決策者要善於決斷，養成良好的品質。

(六) 群體思維陷阱

群體決策是一種有效的科學決策基本方式，但不能完全等同於科學決策。經驗豐富的管理團隊，在進行集體決策的時候，也難免會犯一些幼稚的錯誤。群體決策有時候會共同選擇一個失敗方案，這常常會帶來災難性的後果。這就是所謂的群體思維陷阱。

決策者要想走出群體思維陷阱，需要注意以下幾點：第一，要明確決策原則，端正態度，審視自我的局限性，避免剛愎自用、自以為是；第二，合理運用衝突，促進思想碰撞，可適當運用頭腦風暴法、德爾菲專家意見法等科學的決策方法和工具；第三，學會優化決策程序，可以適當聽取其他優秀人員的建議。

有兩種常用的方法可以幫助決策者克服群體思維陷阱，分別是魔鬼的爭辯和辯證的質詢。魔鬼的爭辯是指在選擇的決策方案實施前，決策者對其優點和不足進行的一種關鍵分析。群體中的一員扮演魔鬼爭辯的角色，對方案不能被接受的理由進行爭辯。管理者從中認識到所選擇方案中可能存在的危險之處。辯證的質詢是指安排兩組管理者針對一個決策問題進行備選方案評價，並從中選擇出一個最好的方案，同時對另一組成員選擇的方案進行批評。高層管理者通過聽取他們的爭論，對每個小組的觀點提出質疑，從而發現方案潛在的問題和風險，尋找最好的方案。

任務二　決策的過程與原則

一、決策的過程

組織裡的各個層級的管理者需要決策，各個部門的管理者也需要決策，他們都需要在兩個以上的方案中，經過細緻分析對比，從而挑選最適合組織的方案。高層管理者需要結合組織的情況和社會的發展，決策組織定位、戰略規劃、大政方針、市場定位等；中層管理者和基層管理者需要根據組織的戰略目標、大政方針等，決策各部門、各單位的具體方案。

決策不僅僅只是選擇一個方案，更多的在於選擇方案的過程。這個過程一般有八個步驟，即明確問題、明確決策標準、為標準分配權重、開發備選方案、分析備選方案、選擇備選方案、執行備選方案、評估決策效果。

下面讓我們用一個購買電腦的例子來具體說明管理者決策的步驟。圖4-1展示了決策過程與個人決策和公司決策都有關。

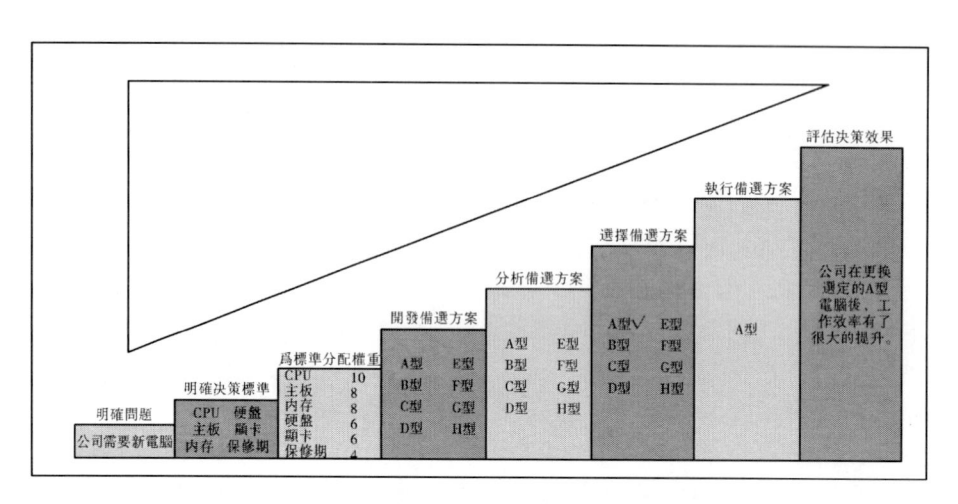

圖 4-1　決策的過程

第一步：明確問題

如果團隊工作效率低下，工作任務不能按時完成，無法達到預計的績效，那麼你的計劃就不再有意義。每個決策開始時都有問題，即在現有狀況和預期狀況之間存在矛盾。讓我們看一個例子。劉明是紅星測繪公司的總經理，他發現近段時間員工的工作效率很低，每天早上 8 點上班後，經常需要拖很長時間才能把圖紙繪製任務完成，也聽到不少員工抱怨他們用的電腦速度太慢，日常普通辦公尚可勉強滿足，但一旦打開繪圖軟件，電腦就明顯帶不動，卡頓嚴重。作為公司的總經理，劉明急需解決一個問題——公司現在的電腦（現有條件）與他們對更高效率電腦的需求（想要的條件）之間的矛盾，所以劉明要做出決策。

明確問題是管理者做決策的前提。在現實生活中，很少有問題是像劉明遇到的這麼明顯，大多數問題需要管理者主動發現，管理者也必須注意不要把問題本身和問題的表象混淆。圖紙的繪製任務完成不了是一個問題嗎？或者完成不了任務只是真實問題的表象，如員工技術水準不過關、電腦老舊。同時，問題的確認是主觀的，一位管理者認為的問題或許不被另一位管理者認可。因此，有效地識別問題並不容易，但是非常重要。

第二步：明確決策標準

管理者一旦確認了某一個問題，他也就必須明確與之相關的決策標準，並用這些標準指導決策，即使這些標準並未被清晰地表述出來。在我們的例子中，考慮到測繪公司的工作性質，要提高工作效率，新配置的電腦需要運行多款測繪軟件，出圖速度快，圖紙顯示效果好，電腦內存容量大。劉明在經過仔細思考後認為，CPU、主板、硬盤、內存、顯卡、保修期是要求新配置的電腦的決策標準。

第三步：為標準分配權重

在明確決策標準後，就應該給標準分配權重，方便管理者的判斷。如果相關標準同等重要，那麼決策者必須對項目給予相同的權重；如果相關標準不是同等重要的，那麼決策者必須對項目給予權重。我們的例子中，標準不是同等重要的，我們就對最重要的標準賦權重 10，然後根據這個標準向剩餘項目遞減賦權重。表 4-1 是本例中的賦權重標準。當然，最高權重的數字可以由管理者任意制定。

表 4-1　　　　　　　　　　　　重要決策標準

項目	權重
CPU	10
主板	8
內存	8
硬盤	6
顯卡	6
保修期	4

第四步：開發備選方案

決策過程中的第四個步驟要求決策者列出解決問題的切實可行的方案。在這個步驟中，決策者需要有創造性，備選方案僅僅被列出，還未進行評估。總經理劉明列出了八種電腦可供選擇（見表 4-2）。

表 4-2　　　　　　　　　　　　可能的備選方案

	CPU	主板	內存	硬盤	顯卡	保修期
A 型電腦	10	8	10	10	9	9
B 型電腦	8	10	7	9	9	7
C 型電腦	8	7	8	9	6	7
D 型電腦	7	8	7	9	5	7
E 型電腦	6	6	8	8	7	10
F 型電腦	7	8	8	7	6	8
G 型電腦	8	9	10	8	8	9
H 型電腦	10	7	7	8	10	6

第五步：分析備選方案

決策過程中的第五個步驟是分析備選方案。每個方案都有其優缺點，決策者需要對每一個備選方案進行評估。在評估過程中，需要採用第二步中建立的量化標準，輔助評估分析。表 4-2 顯示了劉明在對每個備選方案做過研究後給予它們的估值，這些數據代表了使用決策標準對八個備選方案的評估，但不包含權重。當你將分配好的權重乘以每個備選方案時，你得到了表 4-3 中顯示的包含權重的備選方案，每個加總得分就是賦權標準的總和。

表 4-3　　　　　　　　　　　　　備選方案的評估

	CPU	主板	內存	硬盤	顯卡	保修期	總分
A 型電腦	100	64	80	60	54	36	394
B 型電腦	80	80	56	48	54	28	346
C 型電腦	80	56	64	48	36	28	312
D 型電腦	70	64	56	42	30	28	290
E 型電腦	60	48	64	36	42	40	290
F 型電腦	70	64	64	42	36	32	308
G 型電腦	80	72	80	48	48	36	364
H 型電腦	100	56	56	60	60	24	356

有時決策者可能跳過這個步驟。如果一個備選方案在每個標準上得分都最高，那麼你不需要考慮權重，因為該方案已經是得分最高的選擇了。如果權重是平均分配的，你可以僅通過加總每個方案的估值來評估方案（見表 4-3）。

第六步：選擇備選方案

決策過程中的第六個步驟是選擇最佳方案，通常會在第五步中選擇最高分的方案。在本案例中，A 型電腦總分為 394 分，比其他幾種類型的電腦得分都高，所以 A 型電腦是最佳方案。劉明也會選擇此方案。

第七步：執行備選方案

決策過程中的第七步是執行備選方案。你要執行決策，即將決策傳達給受到影響的人，並得到他們的承諾。我們知道，如果讓必須執行決策的人參與這個過程，比起僅僅告訴他們需要做什麼，更可能使這個決策得到支持。管理者在執行過程中需要做的另一件事是，再次評估環境是否發生了變化，尤其是長期決策。標準、方案和選擇是否仍然最佳？或者由於環境變化我們是否需要重新評估？

第八步：評估決策效果

決策過程中的最後一步是評估決策效果，主要看問題是否得到解決。就本案例而言，

公司在更換選定的 A 型電腦後，工作效率有了很大的提升，效果明顯。但是如果評估表明問題仍然存在，那麼管理者就需要評估哪裡出錯了。是問題被錯誤定義了？是評估備選方案時錯了？還是選擇了正確的備選方案，但是執行得很糟糕？答案可能指引你重新做之前的某一步，甚至要求你重新開始整個過程。

二、決策的原則

為了確保決策的科學性，在決策時應遵循一定的原則。

（一）滿意原則

管理者做決策時，有兩種常見的原則：一個是最優原則，另一個是滿意原則。滿意原則是針對最優原則而提出的。最優原則要求管理者必須是完全理性化的人，要求他們的判斷要「絕對理性」。最優原則要具備對一切信息全部掌握、對未來能準確預測、對方案及其後果能完全知曉、不受時間和資源約束等條件。然而，對於這些條件，無論是集體還是個人，都不可能完全具備。決策不可能規避風險，因此，決策者只能選擇「令人滿意的」或「較為適宜」的決策。

例如，有五種投資方案可供管理者選擇。方案一可以賺 100 萬元，方案二可以賺 50 萬元，方案三可以賺 150 萬元，方案四可能賺 200 萬元，方案五可能要虧。如果在最優原則指導下，決策者會選擇方案三；如果在滿意原則指導下，決策者就會收集各類信息，再結合自身的實際情況，選擇最符合自身實際情況的方案，不一定是賺錢最多的，但卻是最適合自己的，他可能選擇方案三，也可能選擇方案一。

【專欄 4-3】司馬懿空城計是真的敗了麼？

《三國演義》記載，馬謖死讀兵書中置之死地而後生一語，不聽諸葛亮之言，扎營山頭，被司馬懿率兵圍困，水泄不通，遂失街亭。司馬懿復帶四十萬雄兵直抵西城，時諸葛亮守城，兵微將寡，欲戰不能，欲走不可。作空城之計，大開四門，自領二童，坐城樓，酌酒撫琴，談笑自若。司馬懿一見，驚疑不已。細聽琴聲，安閒怡靜，始終不亂，恐是誘敵之計，不敢進城，竟退兵四十餘里。諸葛亮乃乘機調趙雲等來西城，而自回漢中。

【分析】在現實生活中，我們都喜歡去追求一個完美的結果，殊不知，追求完美是要付出更多代價的。儘管客觀上有可能得到一個完美的結果，但是我們沒有那麼多的時間和成本去追求這樣的完美，我們也只能在有限的時間和範圍找到一個讓我們比較滿意的結果。

在人生的眾多選擇中，得 90 分靠奮鬥，得 100 分則要靠一些運氣。能碰著就好，碰不著，90 分也可以了。司馬懿沒有冒著被諸葛亮下埋伏的風險追求最好的結果，而是理智地選擇帶兵撤退，保持住了勝利的局面。司馬懿這樣的做事原則在管理上叫作「最好是好的敵人」。什麼意思呢？做事情，追求好，但如果要追求最好，局面就有可能變壞，甚

至會走到反面去。生活中沒有百分之百的完美，只有百分之百的錯誤。你要追求百分之百的完美，就一定會得到一個錯誤。因此，我們不要過於追求完美，適可而止，滿意就可以了。

（二）層級原則

每一個組織都存在大量的決策工作，這些決策通常存在於各個管理領域、管理層次中。為了高效地完成組織工作，這些決策通常會按照難度和重要程度進行分層，並由各個層級的管理者具體執行。這也是組織管理職能的基本要求。

第一，組織管理機構是按層級設置的，不同層級的管理機構都有其管理目標和任務。在組織管理工作中，各層管理者按照其權力和任務進行決策。第二，責權對等、以責定權是組織管理的一個重要原則。也可以說，組織分權管理的核心就是分層級決策。每個層級的管理者，其目標和任務不同，具體承擔的責任也不同，所以其管理權限也不同。分權管理普遍被用於現代組織管理中，並發揮著巨大的作用。將一些例行的、具體的決策權交由下屬，一方面讓高層管理者有時間做更重要的工作，另一方面也能更好地發揮下級管理者的作用、提高組織工作效率。

（三）群體決策和個人決策相結合的原則

群體決策又稱集體決策，是指由會議機構或上下級結合而進行的決策；個人決策是指決策者依據個人的經驗、知識、能力，充分分析收集的信息後做出的決策。群體決策通過全體管理者或全體員工的集思廣益，可以擴充信息量、聽取多方意見，從而進一步提高決策的質量。個人決策中，決策者敢於承擔責任和冒風險、思路清晰、當機立斷，使決策責任明確。

群體決策和個人決策也有缺點，如群體決策耗時長、成本高、責任不明確等，個人決策信息信息單一、意見片面、不能調動員工的積極性等。在決策過程中，堅持群體決策與個人決策相結合的原則，根據決策的對象情況、決策實施涉及範圍等具體情況，恰當地結合這兩種決策方式，在保證決策質量的同時提高管理工作的效率。

（四）系統原則

系統理論的運用，可以有效地保障決策的科學性。系統理論將決策對象看作一個系統，其核心為系統的整體目標，其目的為追求系統整體效應。決策者在決策時，要以「整體大於部分之和」的原則，既要統籌兼顧、全面安排各要素和單個項目的發展，為整體目標服務，又要協調、平衡、配套系統內外各層次、各要素、各項目之間的相互關係，還要建立反饋系統，保障決策在實施過程中保持動態平衡。

【專欄4-4】中國最著名的「照片洩密案」

因為這張照片（見圖4-2），日本人通過大慶油田的「鐵人」王進喜的穿著解開了中國大慶油田的機密。圖中他頭戴著大狗皮帽子，身上穿著厚厚的棉襖，天上下著鵝毛大

雪，手裡握著鑽機手柄，在他身後分佈著星星點點的矮小井架。

圖 4-2

首先，他們根據照片上王進喜的穿著判斷，在中國北緯46~48度的區域，只有冬季才能穿這樣的衣服，從而推斷出大慶油田位於齊齊哈爾與哈爾濱之間；其次，通過照片中王進喜所握手柄的架勢，從而推斷出油井的直徑；最後，從王進喜所站的鑽井與面前油田間的間隔和井架密度，從而推斷出油田的大致儲量和產量。

有了這麼多情報，日本人迅速設計出適合大慶油田石油開採的設備，從而一舉中標中國向世界徵求大慶石油開採方案的項目。幸運的是，日本是由於經濟危機向中國低價推銷煉油設備而不是用於戰爭。

三、科學決策的要求

決策並不是主觀武斷，也不是盲目「拍板」。科學的決策要求決策者要認真研究，實事求是地分析，把握事物變化的規律。唯物辯證法在研究事物過程中要求「去粗取精、去偽存真、由此及彼、由表及裡」，這其實也是一種科學的思維方法。只有對決策過程的每個階段都有了一定的要求，才能保證決策的正確、合理和科學。

美國著名的管理學者彼得·德魯克，曾經提出了有效決策的五要素，被很多高層管理

者採納。我們將其理解為科學決策的五項要求。具體如下：

（一）弄清問題的性質

組織中的管理問題多而且雜，按照性質可分為四類，分別是經常出現的例行問題、首次出現的例行問題、特殊情況下的偶然發生的問題和偶然發生的例外問題。這四類問題包含在管理工作的各個方面和決策工作的整個過程。從數量上看，前三類問題居多，第四類問題較少；從重要程度看，第四類問題通常都比較重大。

決策者在做決策時，首先必須辨明問題的性質，瞭解問題具體屬於哪一類，並有針對性地採取對策。例如：經常出現的例行問題就採用程序化決策的辦法，交由相關負責人處理；偶然發生的例外問題則要採用非程序化決策的辦法，具體對待。對問題進行恰當的歸類很重要，決策者如果弄錯了問題的性質，就會導致決策失誤，對組織的目標會產生很大的影響。

（二）瞭解決策應遵循的規範

決策者在做決策時，通常會思考決策的目標和應當滿足的條件。這其實就是決策的規範。

科學有效的決策，以實現預定目標為目的，且符合預定的各種條件。備選方案中，目標和條件說明得越詳細，越能保證決策的科學性和有效性。

（三）仔細思考並做出正確的決策

科學的決策以保證預定目標的完成為標準，同時還要符合各種預定條件。除此以外，還要充分考慮接受程度和執行程度。決策者要充分聽取不同的意見，尤其是反對意見，才能更好的全面瞭解問題，並準確預測事態發展動向。好的決策應該建立在意見衝突的基礎上，從不同的方面評價、選擇方案。決策者要把握一個重要原則，即在不同意見下做決策，沒有不同意見就不做決策。

（四）將決策轉化為行動

決策的制定是為了更好地實施。沒有行動的決策，只能算是一紙空文。組織在做出決策後，應該制定具體的實施方案。

（五）對決策實施過程實行控制

這就是建立跟蹤實施過程的信息反饋制度，及時瞭解過程動態和決策時的假定條件的變化，採取必要措施，保證達到決策的目標，或在需要時重新做出決策，取代原決策。

任務三　決策方法

決策的方法有多種多樣，但根據決策的內容和使用工具，大體可以分為兩大類，分別是定性決策法和定量決策法。定性決策法主要是將收集的各類數據、信息，運用已有經驗

進行綜合性的定性分析，幫助管理者有效決策；定量決策法利用會計手段對相關數據進行標準化定量分析，給管理者的決策提供參考，並實現決策的最終選定。科學的決策需要將兩種方法更好地融合、靈活運用，從而幫助管理者更好的決策。

【微課堂——創意微課】波士頓矩陣

一、定性決策法

定性決策法又稱軟方法，是指決策者根據自身的知識、經驗、智慧等個人能力和素質，經過定性的推理過程做出的判斷。定性決策法包含較多的學科知識，如社會學、邏輯學、心理學等。定性決策法較為靈活、普適性強、容易運用，尤其適用於非程序化決策；但因為太多依靠個人的綜合能力，缺乏嚴格的論證，容易產生主觀性。這種方法常常適合於抽象的、高層次的問題的決策，如戰略決策等。其方法主要有頭腦風暴法、名義群體法、德爾菲法、電子會議、波士頓矩陣法等。

（一）頭腦風暴法

頭腦風暴法又稱自由暢談法或智力激勵法。1939 年，美國創造學家 A. F. 奧斯本首次提出「頭腦風暴法」一詞；1953 年，他具體闡述了這種激發性思維方法。這種方法是指通過邀集相關專家，讓他們充分發揮自己的聰明才智，對相關問題暢所欲言，充分發表自己的意見，從而產生新觀念、激發新設想。這種討論形式與傳統的會議、座談不一樣，氣氛更加融洽，不受任何限制。

頭腦風暴法會議主要分為兩種類型，分別是設想開發型和設想論證型。設想開發型主要是為獲取大量的設想、為課題尋找多種解題思路，與會者要善於想像，且語言表達能力要強；設想論證型主要是為了將眾多設想歸納轉換成實用型方案，與會者善於分析、總結、歸納和判斷。

頭腦風暴法主要通過聯想反應、熱情感染、競爭意識、個人慾望四種原理激發思維。①聯想反應。在討論過程中，一個新的觀念的提出，通常能引發其他與會人員的連鎖聯想，能產生更多新的觀念。②熱情感染。在自由發言的過程中，容易激發每個人的熱情，形成一種良好的氛圍，能更好地提高創造性思維能力。③競爭意識。在討論過程中，爭強好勝心理，能讓大家競相發言，努力挖掘新觀念，力求見解獨到。④個人慾望。在頭腦風暴法的討論中，允許發言者暢所欲言，而且不得對其進行批判。這四種激發思維的原理，能夠有效地激發與會人員的思維創造力。

頭腦風暴法會議一般以 5~10 人為宜，以班為單位的課堂教學也可以採用此方法；時間不宜過長，1 小時左右最好。會議設主持人 1 名，記錄員 1~2 名。主持人不能評論相關言論和想法；記錄員需要認真記錄與會者言論，並做好相關整理工作。

會議前準備要充分，需要提前明確議題、選擇合適的參與者以及準備必備的材料、地點、時間等，做好各種準備工作；會議過程要控制好，營造良好的氛圍、明確角色分工、控制好時間節點等，保障會議順利進行；會議後要做好後續工作，對討論的記錄要做好分類整理、制定解決問題的方案。另外，需要注意的是，會議前需要將議題報給與會者，讓他們提前瞭解，做好準備。

在討論的過程中，管理者要遵守相關的原則。主要包括四項內容，分別為暢所欲言、勿評優劣、大膽創新、集思廣益。①暢所欲言，與會者可以就相關問題隨意發表意見和建議，即使是沒有考慮成熟的建議也可以提，且越多越好；②勿評優劣，討論中與會者的建議有好有壞，與會者、主持人、記錄人不能就相關建議發表看法，不能對其進行評價或批評；③大膽創新，與會人員可以充分發揮自己的想像力和創造力，大膽提出自己的想法，鼓勵創新和各類奇思妙想；④集思廣益，記錄者在討論中要充分記錄相關意見和建議，會議後要進一步補充、完善、整理。

頭腦風暴法適用於問題比較單一的問題，較複雜的、涉及面廣的問題則不適宜用這種方法。頭腦風暴法影響範圍深遠，被廣泛用於各類群體決策中，阿里巴巴等很多大企業和公司，均採用過頭腦風暴法。

（二）名義群體法

決策問題紛繁複雜，群體成員對問題的見解也存在很大的差異。他們的看法可能不一樣甚至截然不同。在這種情況下，採用小組會議進行討論時，可能會各執己見、爭執不下，會議效果不會太好，也沒法形成高質量的決策。這時候就適合採用名義群體法來進行決策。

名義群體法又稱名義小組法，通過成立決策小組，把對問題有研究、有經驗的人組織起來，由他們各自提出建議，並經過小組討論。

名義小組開展會議時，所有小組成員都必須參加。他們每個人不受其他人的影響，獨立思考相關問題，並提出自己的方案。開展名義小組會議時，需注意以下五個步驟：

（1）組建決策小組。從組織中挑選對問題有研究的人，組成一個決策小組；組織事先向他們提供相關資料，讓他們事先瞭解相關問題。

（2）小組成員根據自己的知識和經驗，獨立思考，從自己的角度提出建議和意見，並在小組會議前形成文字方案。

（3）小組會議上，大家要逐個宣讀自己的方案。

（4）方案宣讀完畢之後，所有成員開始逐個方案討論，每個成員都要發表自己的評價和想法。

（5）討論評議後，小組成員對相關方案進行排序。管理者根據排序情況，選出排序最好的結果；排序可以按順序來，也可以按評分來。

名義群體法可以充分發揮小組成員獨立思考的能力，充分發揮每個成員的聰明才智和創造力；也可以有效地調動員工的參與度，促使他們積極思考、認真發言，避免傳統會議的一些缺陷和弊端。

（三）德爾菲法

「德爾菲」一詞起源於古希臘，源自太陽神阿波羅的神話，寓意預見未來的能力。1946年，蘭德公司採用德爾菲法來預測組織發展，並幫助公司管理者決策，很快這種方法被很多公司廣泛運用。

德爾菲法又稱專家調查法、專家意見法或專家函詢調查法，是一個專家反覆徵詢意見的一種方法。這種方法主要依靠通信方式，將相關問題單獨發給每個專家並徵詢其意見，專家將意見反饋給管理者，管理者收集、整理、匯總後，再發給專家徵詢其意見，由專家具體修改。如此反覆多次之後，逐步形成一個較為一致的決策方法。

德爾菲法在組織實施過程中，需要注意以下幾點：第一，專家小組的成員是對企業瞭解的人，人數一般不超過20人；第二，專家由於其身分、地位等不同，必須要專家面對面的集體討論；第三，向專家提出所要預測的問題時，需要加入有關要求和所有背景材料；第四，各位專家提出自己的預測意見時，需要說明如何利用相關材料並提出預測值；第五，第一輪意見的匯總，要列成圖表，進行對比，再發給各位專家，以供專家參考、修改；第六，意見收集一般需要經過3~4輪，向專家反饋意見時，要隱去專家的姓名。

德爾菲法充分利用專家的經驗和學識，讓專家對相關問題進行分析和預測；在專家意見反覆徵詢中，採用匿名的方式，只列出相關意見和建議，不註明專家名稱，讓專家做出自己的判斷；專家的意見需要反覆多次，才可能讓眾多意見趨於統一，從而為決策者提供更好的借鑑。德爾菲法具有簡單易操作、科學性和實用性較強、避免附和權威或照顧情面、防止衝突等優點。

（四）電子會議

電子會議是新近興起的一種方法，它充分利用現代信息技術，打破了傳統的群體決策法。參加電子會議的與會者，每人擁有一個計算機終端，組織者將相關信息發布在大屏幕上，每個成員通過屏幕瞭解相關信息，並將自己的意見以及支持的意見等信息，通過計算機終端進行反饋，相關信息及統計結果會通過大屏幕展示給每一個參會者，並再次進行決策討論。

電子會議法與傳統會議法相比，有其優點和特色。主要表現在以下幾點：第一，匿名性。在電子會議上，計算機終端會隱去個人的信息，而只反饋相關意見和建議。大家只看得到相關信息，並不知道是誰提出的。第二，誠實性。在電子會議上，與會者互相不知道對方是誰，所以在提出意見的時候，能夠大膽地表達自己的想法，真實反饋相關建議和問

題。第三，高效性。計算機上的交流，避免了傳統會議的閒聊；也會讓話題保持在問題上，避免偏題；同時，信息的電子化處理，減少了傳統方式的收集、整理等時間，大大提高了工作效率。

但電子會議也有一定的缺點：第一，有的專家打字速度較慢，會影響會議效率；第二，缺乏面對面的交流，使得信息量少、片面等，不能提供充分的信息以供借鑑；第三，文字的組織、閱讀等，會影響閱讀者的理解，可能對相關信息造成誤解。

隨著科技的發展，相關設備性能越來越好，運用越來越廣。電子會議法被很多企業運用，且運用方式靈活，運用範圍廣泛。

(五) 波士頓矩陣法

波士頓矩陣法又稱波士頓諮詢集團法、四象限分析法、產品系列結構管理法等。1970年，由波士頓諮詢公司創始人布魯斯‧亨德森首次提出，並運用在公司的日常管理決策之中。布魯斯‧亨德森是美國著名的管理學家、企業家，他在研究了很多決策方法後，創造了波士頓矩陣法。

企業實力是企業各方面因素總和的體現，決定著企業在市場上的競爭。影響企業實力的因素有多種，包括市場佔有率、技術、設備、資金等。企業實力對產品的市場佔有率有一定的影響，市場佔有率與產品結構有很大的關係，是決定企業產品結構的外在因素。布魯斯‧亨德森認為，市場引力與企業實力是影響產品結構的兩個基本因素。

銷售增長率與市場佔有率相互影響構成了四種不同的產品類型，分別是明星類產品、瘦狗類產品、問題類產品、現金牛類產品。波士頓矩陣法將數學理念運用到組織決策中，從銷售增長率和市場佔有率兩個角度重新組合企業所有產品。在坐標圖上，縱軸表示企業銷售增長率，橫軸表示市場佔有率。將坐標軸劃分為四個象限：第一象限為明星類產品、第二象限為問題類產品、第三象限為瘦狗類產品、第四象限為現金牛類產品。每個象限的坐標又區分為高、中、低三部分增長率，其中10%為低增長率、10%～20%為中增長率、20%以上為高增長率。通過對四類產品不同象限的分類，為企業提供參考，幫助決策者淘汰無市場前景的產品，並採取不同的決策。

第一，明星類產品，即銷售增長率和市場佔有率都比較高的產品群。這類產品通常非常受消費者的喜愛，且產品發展前景良好；這類產品可能發展為現金牛類產品。第二，問題類產品，即銷售增長率高、市場佔有率低的產品群。這類產品較受消費者喜愛，市場前景大，但在行銷方面存在一些問題，市場一直未打開；這類產品應列入企業長期計劃中，更改產品扶持方案，並由有才干、敢於冒險的管理者具體負責行銷。第三，瘦狗類產品，也稱衰退類產品，即銷售增長率和市場佔有率「雙低」的產品群。這類產品通常在市場上受歡迎程度較低，市場利潤較低，企業處於保本或虧損狀態；這類產品應該逐漸減少批量，逐步退出市場；企業還需整合此類產品事業部，並將其資源向其他事業部和產品轉移。第四，現金牛類產品，即銷售增長率低、市場佔有率高的產品群。這類產品市場較成

熟，企業資金來源基本靠此類產品，不需要大量投資來擴充市場規模；但當其市場份額出現下降時，企業需要持續投入資金，以保證其領導地位，否則便會淪為瘦狗類產品。

在使用波士頓矩陣法時，企業需要充分核算各種產品的銷售增長率和市場佔有率。銷售增長率可根據企業自身產品的銷售情況來推算，時間可以是一年、三年甚至更長的時間；市場佔有率需要充分調查市場情況，一定要參考最新的資料。

波士頓矩陣法可以提高管理者的分析能力和戰略眼光，加強管理者與業務部門之間的溝通和聯絡，及時調整企業產品結構，幫助企業更好的投資。

二、定量決策法

定量決策法將數學模型原理和計算機技術綜合運用，將收集到的信息用數學模型表示出來，對決策問題進行計算和量化研究，從而幫助決策者更好的決策。該方法涉及的學科理論包括管理學、統計學、運籌學、計算機等，通過建立數學模型，將影響決策的因素定位不同的變量，並將它們之間的關係用數學公式、模型表示出來，並將之用於方案分析和計算，選出滿意方案。由於不同的方案有不同的可靠程度，因此相關決策的可靠程度也不同，可以分為確定型決策、風險型決策和不確定型決策三種類型。

（一）確定型決策方法

確定型決策通常具備以下三個條件：第一，目標明確；第二，確定的自然狀態只有一種；第三，滿意方案存在於眾多方案之中。確定型決策法較多，最常用的有以下三種，分別是直觀判斷法、線性規劃法、量本利分析法。

1. 直觀判斷法

直觀判斷法相對較為簡單，此類方案的資料和數據可根據相關模型、公式很清楚地分析出來，決策者可以直觀地選擇滿意方案。該方法只適合簡單的決策。

例4-1：某公司因經營問題，需要大量資金，管理者打算從A、B、C三家銀行貸款，三家銀行提供了不同的利率（如表4-4所示）。這種情況就適用直觀判斷法。管理者只需要根據其具體的利率，選出利率最低的銀行即可。

表4-4

銀行	A銀行	B銀行	C銀行
利率（%）	7.5	8.0	8.5

從表4-4中可以看出，A銀行的利率僅為7.5%，在三家銀行中利率最低。在其他條件不變的情況下，管理者可以選擇A銀行進行貸款。

2. 線性規劃法

線性規劃法將組織內相關因素用函數的情況表示出來，計算變量之間的關係，從而幫

助決策者更好的決策。這種數學函數方法可以尋求組織資源的最佳效用，常常用於組織內部有限資源的調配。

例 4-2：某公司接到的 A、B 兩種產品訂單，但因為資源有限，只能生產部分產品。管理者需要確定兩種訂單的數量，從而使收益最大。在生產過程中，這兩種產品都需要經過甲、乙兩道工序，但他們耗費的工時不同，其利潤也不一樣（如表 4-5 所示）。

表 4-5

	A 產品	B 產品	可利用工時
甲工序	2 小時	4 小時	180 小時
乙工序	3 小時	2 小時	150 小時
單位產品利潤	40 元	60 元	—

在本案例中，相關產品肯定能夠賣出去，所以產品組合決策是確定性決策。在這種情況下，可以通過線性規劃法來具體測算每一個方案，並選出企業利潤最大的產品組織方案。

管理者首先需要建立線性函數模型。本案例中，設 A 產品的生產數量為 X_1，B 產品的生產數量為 X_2，其目標函數可以表示為：

$$\max Z = 40 \times X_1 + 60 \times X_2$$

製作兩種產品的利用工時要少於或等於各道工序的可利用工時。在限制條件下，兩種工序的約束函數為：

甲工序：$2 \times X_1 + 4 \times X_2 \leq 180$

乙工序：$3 \times X_1 + 2 \times X_2 \leq 150$

同時，$X_1 \geq 0$，$X_2 \geq 0$

在函數模型具體確定之後，決策者可以依此而判斷公司的最大化收益，並選出最滿意的決策方案。根據相關模型可得出最優方案的產量為：A 產品 30 件，B 產品 30 件；公司可獲得的最大利潤為 3,000 元。

3. 量本利分析法

量本利分析法又稱盈虧平衡分析法，是企業常用的一種經營決策法。「量」指的是企業的產量或銷售量；「本」指的是企業生產過程中的成本或費用，包括固定成本和變動成本兩類；「利」指的是企業的利潤。在企業的生產經營過程中，量、本、利三者之間存在著密切的關係，影響著企業的盈虧。

量本利分析法主要分析產品的銷售量、成本和利潤三者的關係及其對盈虧的影響，構建一定的模型關係，並根據這個模型，對比各備選方案，從中選出最佳方案。三者之間的關係可用如下公式表示：

$$Z = C + V \cdot X$$

項目四　決策

$$I = S \cdot X$$
$$P = I - Z = S \cdot x - C - V \cdot x = x(S-V) - C$$

式中：Z——總成本；
　　　C——固定成本；
　　　I——銷售額；
　　　x——銷售量；
　　　P——利潤；
　　　S——產品單價；
　　　V——單位產品變動成本。

　　量本利分析法的原理是邊際貢獻理論，主要是分析銷售額與變動成本的差額，從而確保企業的盈虧平衡。當銷售額與變動成本之間的差額與固定成本相等時，企業剛好達到盈虧平衡。在此基礎上，企業增加單位的產品，就會增加相應的利潤。

　　在圖4-3中，E點為盈虧平衡點，又稱保本點，是指總銷售收入曲線與總成本曲線的交點。當企業的產量為 X_0 時，企業剛好盈虧平衡，既不盈利又不虧損；當企業的產量小於 X_0 時，企業將虧損；當企業的產量大於 X_0 時，企業將盈利。

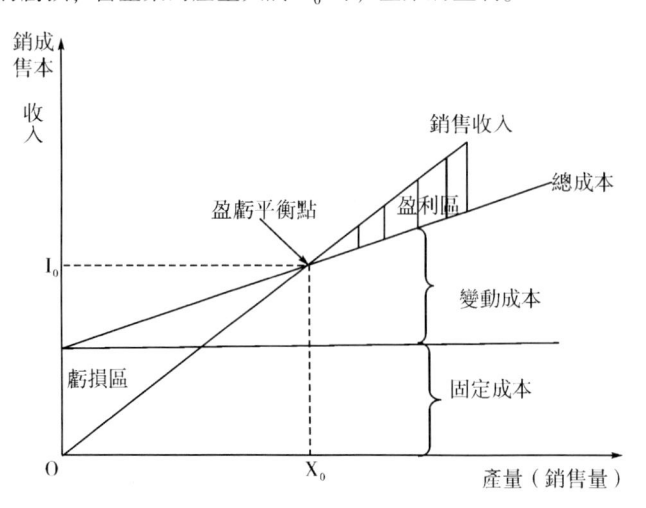

圖4-3　盈虧平衡（量、本、利關係）示圖

企業計算臨界產量的公式為：
$I = Z$，即 $S \cdot X_0 = C + V \cdot X_0$
$X_0 (S-V) = C$
$X_0 = C/S - V$

式中：X_0——盈虧平衡時的產量（臨界產量）；

（S-V）——單位產品的邊際貢獻。

在公式的兩邊各乘以銷售單價，則盈虧平衡點對應的銷售額為：

$SX_0 = S \cdot (C/S-V)$

$I_0 = C/I-(V/S)$

式中：I——盈虧平衡點對應的銷售額。

例4-3：某大型企業生產的機器銷售單價為10萬元/臺，企業變動成本為6萬元，固定成本為400萬元，求：企業臨界產量為多少？臨界產量的銷售額為多少？若計劃完成200臺，能否盈利？如果能夠盈利，盈利額有多大？

解：臨界產量為：

$X_0 = S(S-V) = 400/(10-6) = 100$（臺）

臨界產量的銷售額為：

$I_0 = \dfrac{C}{1-\dfrac{V}{S}} = \dfrac{400}{1-\dfrac{6}{10}} = 1,000$（萬元）

因為企業計劃產量為200臺，大於臨界產量100臺，所以能夠盈利。盈利額為：

$P = I-Z = X(S-V)-C = 200 \times (10-6)-400 = 400$（萬元）

（二）風險型決策方法

風險在這裡的意思是指問題具有多種發展可能，每種發展的結果確定，但發展方向只能做出概率估算。風險型決策法是指決策者具體估計不同方案在不同發展方式上出現的概率，算出各方案的收益值並進行比較，選擇收益最大的方案。風險決策具備以下幾個條件：①決策目標明確；②損益值可求；③概率可預測。常用的風險決策方法有決策樹法和敏感分析法。

1. 決策樹法

決策樹法用樹狀結構圖的方式，將影響方案的各種因素形象地表現出來，決策者再按照決策原則和程序進行選擇。

決策樹由五個關鍵要素構成，分別是決策點、方案枝、狀態結點、概率枝和損益值（如圖4-4所示）。

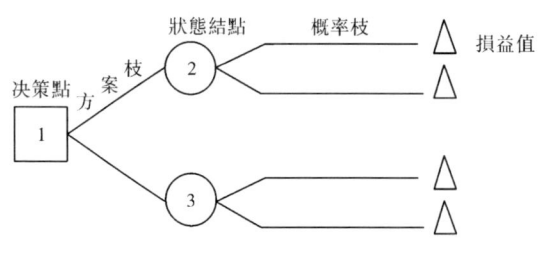

圖4-4 決策樹示意圖

決策點是決策樹的出發點，用「□」表示；由決策點引出若干方案枝，每個備選方案為一個方案枝；方案枝的末端為狀態結點，用「○」；根據自然概率的不同，每個狀態結點可引出不同的概率枝；每個概率枝上需要標明出現的概率值，概率枝的末端為其損益值，用「△」表示。

決策樹法的決策步驟主要分為三步，分別是繪製決策樹、計算期望值和剪枝決策。繪製決策樹即建樹，建樹時需要按照從左到右的順序展開。決策者首先確定決策條件，明確可供選擇的方案以及各方案的自然狀態；計算期望值需要按照從右向左決策的順序，逆向進行計算；剪枝決策，決策者逐一對比決策樹右端的期望值，將期望值小的方案減掉，僅剩下的一個期望值最大的方案，即為決策方案。

決策樹法將複雜的數學計算方法以直觀的圖形形象化地展示出來，能夠讓決策者清楚地瞭解各方案的概率及損益值等，也方便決策者對各方案進行檢查、補充和修改。該方法常適用於集體決策，解決較為複雜的決策問題。

例4-4：某企業打算開發一種新產品，公司制定了A、B、C三種方案，決策者需要從中選擇一個方案進行投資。該產品有效利用期預計為6年，有三種自然狀態：需求量高的概率為0.5，需求量一般的概率為0.3，需求量低的概率為0.2。其中，方案A投資金額為2,000萬元，方案B投資金額為1,600萬元，方案C投資金額為1,000萬元。各方案每年的損益值如表4-6所示。問決策者應該選擇哪一種投資方案。

表4-6　　　　　　　各方案每年的損益值　　　　　　　單位：萬元

自然狀態 損益值 方案	需求量高 $p_1 = 0.5$	需求量一般 $p_2 = 0.3$	需求量低 $p_3 = 0.2$
A項目	1,000	400	100
B項目	800	250	80
C項目	500	150	50

解：繪製決策樹。

決策者需要由左至右先繪製決策樹。首先確定決策點，並由此分出方案A、方案B、方案C三個方案枝；各方案枝的右端需要標明各方案的狀態結點，並由此分出各自然狀態下的概率枝，概率枝的右端需要清除的計算出各損益值。

結點A：平均期望值＝（1,000×0.5+400×0.3+100×0.2）×6＝3,840（萬元）
結點B：平均期望值＝（800×0.5+250×0.3+80×0.2）×6＝2,946（萬元）
結點C：平均期望值＝（500×0.5+150×0.3+50×0.2）×6＝1,830（萬元）
扣除投資後的餘額為：
A方案：3,840-2,000＝1,840（萬元）

B 方案：2,946-1,600=1,346（萬元）

C 方案：1,830-1,000=830（萬元）

從以上數據我們可以看出，三種方案中，方案 B、方案 C 的期望值最小，所以決策者應該減去方案 B、方案 C 兩個方案枝，僅保留期望值最大的方案 A 的方案枝。方案 A 即為滿意方案。

2. 敏感性分析法

在決策中，管理者可以預計各方案自然狀態下的概率。但相關概率是變化的，有的變化還較大，這會影響方案期望值的巨大變化，從而對企業產生很大的影響。如果概率稍有變化，決策方案也隨之變化，方案則被認為敏感；如果概率變化了，方案卻仍舊按照之前的來開展，方案則被認為不敏感。方案的敏感性對決策有很大的影響。敏感性不強，說明方案的穩定性好，風險相對較小；敏感性強，說明方案的穩定性差，風險相對較大。

例 4-5：某企業打算開發一種新的時尚產品，如果這種產品開發成功了，企業能獲利 600 萬元；如果這種產品開發失敗了，企業將虧損 300 萬元。請問在什麼情況下，該產品可以被開發。

設企業成功開發本產品的概率為 P，則不成功的概率為（1-P）。那麼企業的期望值則為：

E=600P+（-300）·（1-P）=900P-300

只有當 E>0 時，企業才能研發該產品，即

（900P-300）>0

p>300/900

P>0.33

當企業研發成功的概率大於 0.33 時，就可以研發該產品；當企業研發成功的概率小於 0.33 時，則不能研發該產品。0.33 是企業生產與否的轉折概率。當方案預測的概率大於 0.33 時，則方案的敏感性低，方案穩定，風險也越小；當方案預測的概率小於 0.33 時，則方案的敏感性高，方案不穩定，風險也越大。

另外，決策者在決策中，不僅要看收益期望值的大小，還要看敏感性系數的大小。敏感性系數越小，說明方案越穩定；敏感性系數越大，說明方案越不穩定。敏感性系數的計算方法為：

敏感性系數=轉折概率/預測概率

在本案例中，如果方案 A 預測成功的概率為 0.7，那麼其敏感性系數則為：

A 敏感性系數=0.33/0.7=0.48

如果方案 B 預測成功的概率為 0.4，那麼其敏感性系數則為：

B 敏感性系數=0.33/0.4=0.83

由此可見，方案 B 的敏感性系數較大，開發方案不夠穩定，風險較大，不應該選擇此

方案；方案 A 的敏感性系數較小，開發方案相對穩定，風險較小，應該選擇此方案。

(三) 不確定型決策方法

不確定性決策中，有多種方案可供選擇，但決策者缺乏各事件自然狀態下發生的概率等資料。決策者只能依據個人主觀經驗，制定決策標準，擇優選擇方案。常用的不確定型決策法主要有四種，分別是樂觀決策法、悲觀決策法、後悔值法和機會均等法。

1. 樂觀決策法

樂觀決策法是指各個方案在最好自然狀態都能達到最大的收益，決策者從中選擇收益最大的方案，即好中求好。每個方案都有一定的限制因素，也有其最大的收益值，決策者計算出各個方案的最大收益值，並對其進行比較。採用樂觀決策法的決策者對盈利敏感，敢於冒險，極易成功或失敗。

例 4-6：針對某產品的改革方案，有以下四種方案可供決策者參考（如表 4-7 所示）。方案 1 為承包給大廠，方案 2 為承包給小廠，方案 3 為自己進行技術改造，方案 4 為與其他企業合作。

表 4-7　　　　　　　　　　　預期的盈利　　　　　　　　　　單位：萬元

方案/狀態	暢銷	一般	滯銷
方案 1（大廠）	280	180	-100
方案 2（小廠）	230	180	80
方案 3（技術改造）	110	100	70
方案 4（合作）	90	60	40

樂觀的決策者通常比較這四種方案中暢銷情況下的利潤，而選出最好的方案。在本案例中，樂觀決策者會選擇方案 1，因為其在四種方案中最大利潤為 280 萬元，比其他三種方案都好。

2. 悲觀決策法

悲觀決策法是指各方案在最差自然狀態下達到最小的收益，決策者從中選擇收益最大的方案，即差中求好。決策者將安全穩定放在首要地位，從中選擇損益值最小的方案。採用悲觀決策法的決策者對虧損比較敏感，首先考慮的是不虧損，然後從中選擇獲利最大的方案。該決策者不會有大的失敗，但也不會有大的成功。

例 4-7：某企業打算對 A、B、C、D 四種產品進行投資，每種產品都有銷路好、銷路一般和銷路差三種情況（如表 4-8 所示）。

表 4-8　　　　　　　　　　　　　　四方案的損益值　　　　　　　　　單位：萬元

損益值＼自然狀態＼方案	銷路好	銷路一般	銷路差
A 產品	2,000	800	-100
B 產品	1,000	500	-60
C 產品	2,500	600	-80
D 產品	1,500	700	-50

悲觀的決策者通常比較這四種產品銷路差的情況下的虧損，而選出最保守的方案。在本案例中，悲觀決策者會選擇 D 產品，因為其在四種產品中損益值為-50 萬元，比其他三種產品虧損都少。

3. 後悔值法

後悔值法又稱大中取小後悔值法。

在某一種自然狀態下，管理者可以明確每個方案的盈虧情況，從而選擇收益值最大的方案。如果決策者在決策時沒有選擇這個方案，而選擇了其他方案，必然會感到後悔。一個方案在每種自然狀態下的收益最大值定為理想目標值。備選方案與選擇方案的最大收益值之差，即為後悔值。找出各個方案的最大後悔值後，後悔值最小的方案，即為最優方案。

例 4-8：某企業打算生產一種新產品。管理者對市場進行了預測，這種產品在需求量上有較高、一般、較低、很低四種情況（見表 4-9），但管理者無法預測每種情況出現的概率。鑒於此，企業制定了三種方案：方案 A，企業改造原有設備；方案 B，全部購進新設備；方案 C，購進關鍵設備，其他設備自己製造。該產品預計生產 5 年，管理者預算了各方案 5 年內在各種自然狀態下的預期損益。

表 4-9　　　　　　　　　　　　　各方案的損益值表　　　　　　　　　　　單位：萬元

自然狀態＼方案	需求量較高	需求量一般	需求量較低	需求量很低
A 方案	70	50	30	20
B 方案	1,000	80	20	-20
C 方案	85	60	25	5

每種自然狀態下，理想目標值分別為 100 萬元、80 萬元、30 萬元、20 萬元。再依次計算出每種自然狀態下各種方案的最大後悔值分別為：方案 A，30 萬元；方案 B，40 萬元；方案 C，20 萬元，見表 4-10。三種方案中，方案 C 的最大後悔值最小，所以選擇方

案 C。

表 4-10　　　　　　　　　　最大後悔值比較表　　　　　　　單位：萬元

方案	需求量較高	需求量一般	需求量較低	需求量很低	最大後悔值
A 方案	30（100-70）	30（80-50）	0（30-30）	0（2-20）	30
B 方案	0（100-100）	0（80-80）	10（30-20）	40（20+20）	40
C 方案	15（100-85）	20（80-60）	5（30-25）	15（20-5）	20

4. 機會均等法

機會均等法假定每種自然狀態發生的概率是相等的，決策者計算出各方案的平均期望值，選擇平均期望值最高的方案即為最優方案。

例 4-9：某企業打算生產一種產品，但有四種方案（見表 4-11）可供選擇，管理者預測了每種方案在每一種自然狀態下的收益值。

表 4-11　　　　　　　　　　　　　　　　　　　　　　　　單位：萬元

方案＼市場狀態	滯銷	一般	暢銷
方案一	50	55	60
方案二	45	60	80
方案三	20	40	70
方案四	10	50	90

如果運用機會均等法，那麼這四種方案的每種自然狀態都會有 1/3 的出現概率。其平均期望值分別為：

方案一的平均期望值：1/3（50+55+60）= 55（萬元）

方案二的平均期塑值：1/3（45+60+80）= 61.7（萬元）

方案三的平均期望值：1/3（20+40+70）= 43.3（萬元）

方案四的平均期望值：1/3（10+50+90）= 50（萬元）

從四種方案的平均期望值可以看出，方案二的平均期望值最大，決策者會選擇方案二。

任務四　技能訓練

一、應知考核

1. 下列選項中，關於決策的特徵說法正確的是（　　）。
   A. 目標性　　　　　　　　　B. 可行性
   C. 選擇性　　　　　　　　　D. 滿意性
   E. 以上都說法都正確

2. 決策的類型可按照_____劃分。（　　）
   A. 重要性、重複性、確定性、主體
   B. 主觀性、重要性、主體
   C. 確定性、客觀性、主體、重要性
   D. 確定性、主觀性、主體

3. 下列選項中，關於決策重要性說法錯誤的是（　　）。
   A. 決策重要性可分為戰略決策、戰術決策和業務決策
   B. 戰略決策事關組織的興衰成敗，通常指帶有全局性、長期性的大政方針的決策，重點解決的是組織與外部環境的關係等問題。
   C. 戰術決策又稱管理決策，主要目的是為了實現戰略目標，在組織內部範圍貫徹執行。戰術決策主要通過高度協調組織內部各環節活動，合理利用各類資源，從而達到提高經濟效益和管理效率的目的
   D. 以上說法都錯誤

4. 決策的類型可按照_____劃分。（　　）
   A. 重要性、重複性、確定性、主體
   B. 主觀性、重要性、主體
   C. 確定性、客觀性、主體、重要性
   D. 確定性、主觀性、主體

5. 決策類型中按照決策重複性劃分，可以分為_____個方面，按照決策確定性程度劃分，可以分為_____個方面。（　　）
   A. 兩　三　　　　　　　　　B. 三　三
   C. 三　四　　　　　　　　　D. 三　二

6. 決策不僅僅只是選擇一個方案，更多的在於選擇方案的過程。這個過程一般有八個步驟，分別為（　　）。

A. 明確問題、明確決策標準、為標準分配權重、開發備選方案、分析備選方案、選擇備選方案、執行備選方案、評估決策效果

B. 明確決策標準、明確問題、為標準分配權重、開發備選方案、分析備選方案、選擇備選方案、執行備選方案、評估決策效果

C. 明確決策標準、明確問題、為標準分配權重、分析備選方案、開發備選方案、選擇備選方案、執行備選方案、評估決策效果

D. 明確問題、明確決策標準、為標準分配權重、分析備選方案、開發備選方案、選擇備選方案、執行備選方案、評估決策效果

7. 下列選項中，關於決策要求說法錯誤的是（　　）。

   A. 組織中的管理問題多而且雜，按照性質可分為四類，分別是經常出現的例行問題、首次出現的例行問題、特殊情況下的偶然發生的問題和偶然發生的例外問題

   B. 科學的決策以保證預定目標的完成為標準，同時還要符合各種預定條件。除此以外，還要充分考慮接受程度和執行程度

   C. 制定決策是為了實施決策。有決策而不行動，便是紙上談兵

   D. 科學決策的要求有六要素，我們理解為科學決策的六項要求

8. 下列選項中，關於決策的原則說法正確的是（　　）。

   A. 滿意原則

   B. 層級原則

   C. 群體決策和個人決策相結合原則

   D. 系統原則

   E. 以上說法都正確

9. 名義群體法時，需要注意以下＿＿＿＿＿＿個步驟。（　　）

   A. 三個步驟：①組建決策小組；②小組成員根據自己的知識和經驗，獨立思考，從自己的角度提出建議和意見，並在小組會議前形成文字方案；③方案宣讀完畢之後，所有成員開始逐個方案討論，每個成員都要發表自己的評價和想法

   B. 五個步驟：①組建決策小組；②小組成員根據自己的知識和經驗，獨立思考，從自己的角度提出建議和意見，並在小組會議前形成文字方案；③小組會議上，大家要逐個宣讀自己的方案；④方案宣讀完畢之後，所有成員開始逐個方案討論，每個成員都要發表自己的評價和想法；⑤討論評議後，小組成員對相關方案進行排序，管理者根據排序情況，選出排序最好的結果；排序可以按順序來，也可以按評分來

   C. 六個步驟：①組建決策小組；②小組成員根據自己的知識和經驗，獨立思考，從自己的角度提出建議和意見，並在小組會議前形成文字方案；③小組會議上，大家要逐個宣讀自己的方案；④方案宣讀完畢之後，所有成員開始逐個

案討論，每個成員都要發表自己的評價和想法；⑤討論評議後，小組成員對相關方案進行排序，管理者根據排序情況，選出排序最好的結果；排序可以按順序來，也可以按評分來；⑥選出最好的方案

  D. 以上說法都是錯誤的

10. 決策方法多種多樣，但根據決策的內容和使用工具，大體可以分為兩大類，分別是_____。定性決策又稱為_____。（ ）

  A. 定性決策法和定量決策法 軟方法
  B. 定性決策法和定量決策法 頭腦風暴法
  C. 定性決策法和定量決策法 智力激勵法
  D. 定性決策法和定量決策法 自由暢談法

11. 下列選項中，關於德爾菲法說法錯誤的是（ ）。

  A. 德爾菲法又稱專家調查法、專家意見法或專家函詢調查法
  B. 這種方法主要依靠通信方式，將相關問題單獨發給每個專家並徵詢其意見，專家反饋給管理者，管理者收集、整理、匯總後，再發給專家徵詢其意見，由專家具體修改。如此反覆多次之後，逐步形成一個較為一致的決策方法
  C.「德爾菲」一詞起源於古希臘，源自太陽神阿波羅的神話，寓意預見未來的能力
  D. 德爾菲法具有簡單易操作、科學性和實用性較強、避免附和權威或照顧情面、防止衝突等優點
  E. 以上說法都正確

12. 下列選項中，關於定性決策法的方法說法正確的是（ ）。

  A. 頭腦風暴法   B. 名義群體法
  C. 德爾菲法   D. 波士頓矩陣法
  E. 以上說法都正確

13. 定量決策法可以分為確定型決策、風險型決策、不確定型決策三種類型。那麼，這三種類型各都包含_____。（ ）

  A. 確定型決策法包含三個方面、風險型決策包含三個方面、不確定型決策包含兩個方面
  B. 確定型決策法包含三個方面、風險型決策包含兩個方面、不確定型決策包含四個方面
  C. 確定型決策法包含三個方面、風險型決策包含四個方面、不確定型決策包含兩個方面
  D. 確定型決策法包含四個方面、風險型決策包含四個方面、不確定型決策包含兩個方面

14. 下列選項中，關於不確定型決策方法說法正確的是（　　）。
    A. 樂觀決策法　　　　　　　　B. 悲觀決策法
    C. 後悔值法　　　　　　　　　D. 機會均等法
    E. 以上說法均正確
15. 確定型決策方法包括（　　）。
    A. 直觀判斷法、線性規劃法
    B. 量本利分析法、主觀判斷法
    C. 主觀判斷法、線性規劃法、量本利分析法
    D. 直觀判斷法、線性規劃法、量本利分析法
16. （多選）美國著名的管理學者彼得・德魯克，曾經提出了＿＿＿＿＿＿，被很多高層管理者所採納。以下哪一項是正確的？（　　）
    A. 確實弄清問題的性質　　　　B. 確實瞭解決策應遵循的規範
    C. 仔細思考並做出正確的決策　D. 將決策轉化為行動
    E. 對決策實施過程實行控制
17. 電子會議與傳統會議相比，有其優點和特色。以下說法錯誤的是（　　）。
    A. 匿名性。在電子會議上，計算機終端會隱去個人的信息，而只反饋相關意見和建議
    B. 誠實性。在電子會議上，與會者互相不知道對方是誰，所以在提出意見的時候，能夠大膽地表達自己的想法，真實反饋相關建議和問題
    C. 高效性。信息的電子化處理，減少了傳統方式的收集、整理等時間，大大提高了工作效率
    D. 對於打字打得慢的專家，不會影響會議效率

二、案例分析

1. 在法國，有一位著名的作家叫貝爾納，他一生創作了大量的小說和劇本，對法國的影劇史有著極其深刻的影響。他曾經參加法國一家報紙刊登的一次有獎智力競猜，有一道題是這樣是問的：「假如法國最大的博物館盧浮宮不小心失火了，當時的情況只允許搶救出一幅畫，你會去搶哪一幅畫？」最終貝爾納在成千上萬人中脫穎而出，獲得該題的獎金。他答道：「我搶最靠近出口的那幅畫。」

【分析】有的人可能會想說當然是去搶最有價值的那幅畫，但是他們有沒有想過搶到的可能只是畫被燒掉剩下的灰塵。聰明的人才會說搶最靠近門口的那幅畫，因為最有可能搶出這幅畫，還可以騰出時間去搶別的畫。這個智力競猜題告訴我們這樣一個道理：所謂成功的最佳目標，並不是價值最大的那一個，而是實現可能性最大的那一個。

2. 在一次熱氣球旅途中，熱氣球充氣不足，即將從高空中墜落。熱氣球上有三位關

係到人類存亡的科學家，為了活下去，現在必須放棄一個人減輕熱氣球承載的重量。其中，一位是環保專家，他可以解救地球上因為環境污染而導致的資源匱乏問題；一位是原子彈專家，他擅長製作各種核武器，可以阻止全球性的原子彈戰爭發生；一位是水稻育種專家，他可以讓荒地變成良田，讓數以億計的人類脫離饑餓。那我們應該放棄誰呢？

問題答案：「把最胖的那個科學家扔出去。」

【分析】有時候其實問題並不複雜，是我們所擁有的知識把問題複雜化了，以為複雜地想問題就會深刻地理解問題，可往往很多問題它最簡單的答案就是最好的答案。

三、項目實訓

(一) 頭腦風暴法實操

1. 某分公司經理小夏去參加了由總公司組織的一次頭腦風暴會議。他在參與的過程中，看見領導組織頭腦風暴會議很簡單，每個人說一條自己的意見，言論自由，思維跳躍，每個人都展現了自己足智多謀的優點，最後再把每個人的想法整理一下，便可以解決很多問題。於是，小夏上行下效，在給下屬開月度會議時提了一個「銷售提升事宜」，然而卻發生了意想不到的事情。當天的會議場面幾近失控，每個人把這次頭腦風暴會變成了情緒發洩的地方。一旦有一個人站起來說自己的想法，馬上就有另一個人起來反駁，所有人都在相互攻擊、相互反駁。面對這樣的場景，小夏只能扶額嘆息，「難道頭腦風暴會議只有高素質的人才可以組織嗎？小主管就沒有集團總部人的素質和覺悟？」小夏被這場無厘頭的爭吵感到失望，連連嘆息。在頭腦風暴會上，如果太鼓勵參會人員暢所欲言，那麼場面也就更加難以控制，組織不好也就很難達到想要的效果。

通過上述事件，你有什麼看法？為什麼集團總部可以將頭腦風暴會組織好，到小夏那裡就一塌糊塗了？真的是因為員工素質低嗎？還是有其他原因？

如果你是小夏會怎麼做呢？是被無厘頭的爭吵弄得身心俱疲，還是面對相互反駁連連嘆息？小夏組織頭腦風暴會議失敗的主要原因是什麼呢？

你認為小夏要想成功地組織一場頭腦風暴會議應該怎麼做呢？

【分析】失敗的主要原因有以下幾點：

(1) 組織頭腦風暴會在員工（參與者）看來，就是提出自己的看法，感覺很簡單。但是從領導（組織者）的角度出發並不容易，首先需要充分的準備才可以，還要時刻控制會議進程。所以一是沒有充分準備。

(2) 組織頭腦風暴會必須要有規則，所有人在不該發言時就不能發言，這樣場面也不會失控。所以二是沒有擬定規則。

(3) 每個員工都應該明白自己的任務，有明確的角色分工，可以讓每個人根據自己的崗位職責提出自己的意見或問題。所以三是沒有角色分工。

(4) 在組織頭腦風暴會的過程中，面對突發狀況，應該提前想好應對方法，在場面失

控的情況下可以馬上解決。所以四是缺乏過程控制。

根據以上分析，若想成功地組織一次頭腦風暴會，必須要先打好基礎，所以我們得出以下更詳細地講解：

（1）頭腦風暴會注重數量而不是質量，大家可能會想質量應該比數量重要，但對頭腦風暴會來講，數量更重要，因為頭腦風暴會的目的是獲得盡可能多的想法。追求數量是本質，參會人員都要多思考、多提出想法。所以第一點是追求數量。

（2）頭腦風暴會鼓勵一切想法，不管是荒謬的還是有效的，所有人都可以提出自己的想法，同時也可以在他人的想法上疊加自己的想法，提出新的設想，深入挖掘一切可能。所以第二點是自由暢談。

（3）在組織頭腦風暴會的時候，組織者不能批評和評價，也不需要做出判斷，如果有想法要等在會議結束才能提出。所以第三點是延遲評判。

（4）在組織頭腦風暴會的過程中會有很多陷阱，組織者必須小心應對，參會人數過多或太少，效果都不好；會議現場若不是全員參與，只有部分參與者發言的情況也要避免；另外，活動中還會出現參與者不遵守規則的情況，都要進行防範。所以第四點是避免陷阱。

控制頭腦風暴會的關鍵點如下：

（1）要創建開放的環境，組織者不該給予參加者任何條條框框限制，應讓其放鬆思想，從不同角度、不同層次、不同方位大膽地展開想像，盡可能的標新立異、與眾不同，提出具有創造性的想法。

（2）要進行明確的分工，會議上最好有四種角色，分別是主持人、記錄員、專家和參與者。主持人的作用是在頭腦風暴暢談會開始時，重申討論的議題和紀律，在會議進程中啟發引導，掌握進程，如通報會議進展情況，歸納某些發言的核心內容，活躍會場氣氛，鼓勵提出意見和討論等。記錄員應該將與會者的所有設想都及時記錄，最好寫在黑板等醒目處，讓與會者能夠看清。記錄員也應提出自己的設想，切記持旁觀態度。專家角色的作用有兩個：一是澄清問題，二是回答問題、補充材料。對會議過程中出現的專業問題及行業信息等給予指導，同時做部分材料補充。參與者角色的主要作用是盡量提出主意，並通過提問來更深入地探討問題。

（3）確定形式。一般頭腦風暴會的形式有兩種：一種是非結構化的，另一種是結構化的。非結構化時，個人任意地說出想法，然後把所有的想法一起記錄在白板上；結構化時，參與者輪流說出自己的想法，且一一記錄在白板上。

（4）要設定時間。會議時間由主持人掌握。一般來說以幾十分鐘為宜，時間太短，與會者難以暢所欲言，時間太長則容易產生疲勞感，影響會議效果。經驗表明，創造性較強的設想一般在會議開始 10~15 分鐘後逐漸產生，會議時間最好安排在 30~45 分鐘之間。倘若需要更長時間，就應把議題分解為幾個小問題，分別進行專題討論。

上述第三點說到頭腦風暴會有兩種形式，分別是結構化和非結構化。這兩種形式各有

優缺點。非結構化頭腦風暴會的優點是見解自然，未經雕琢，容易在他人的基礎上發揮，鼓勵創造性，節奏快；非結構化頭腦風暴會的缺點是外向成員應占主導地位，當成員不思考而立刻發表見解時易迷失方向。結構化頭腦風暴會的優點是不易讓某個人主導整個過程，強迫性的參與，易主持，允許成員有時間考慮；結構化頭腦風暴會的缺點是難以等到一個人的輪次，慢節奏，不易在他人的基礎上再發揮。

2. 某公司第一季度的工作完成情況沒有達到總部的要求目標，總部對其不滿。於是該公司李總打算把公司管理層召集起來，一起想辦法、出主意，希望可以通過眾人的出謀劃策能夠解決公司的難題。俗話說：「人多力量大。」於是，他召集了公司主管級以上人員參與頭腦風暴會。李總打算親自主持，希望通過此次頭腦風暴會能得到有效提升業績的方法。但是參與會議的人員業績不佳，到場人員人人自危，無人敢發言。於是，李總以點名的方式讓大家發言，但所有人幾乎都沒有新的想法產生。李總只能提出自己的想法，讓大家聽取。於是，這場眾人頭腦風暴會變成李總個人的政策宣講會，最後頭腦風暴會在沉悶壓抑的氛圍中召開了3個小時宣告結束。

（1）李總期望通過頭腦風暴會議解決問題，卻無人回應，問題出在哪裡？
（2）李總沒有達到預期目的的原因是什麼？
（3）您認為李總應該如何做才能達到目標？

【分析】李總見公司業績不佳，期望通過頭腦風暴會議解決問題，卻無人回應。主要有以下幾個原因：

（1）會議缺乏明確的議題。單純提升業績議題是不能引起討論和共鳴的。況且業績不佳，人人自危，就更不能以這個議題為主。

（2）人數太多且級別不同。參加頭腦風暴會的人數太多，會導致時間過長，探討也無法深入，參與度自然不高。而從級別上講，如若各個層級的都有，不利於頭腦風暴會的召開。

（3）李總擔當主持人。李總擔當主持人，會給大家造成很大的思想壓力，讓參會人員很難打開思路。

（4）準備不足。當大家都不願意發言時，可以轉變方式，比如用寫紙條的方法進行，這樣可以消除發言人的擔心，促使其積極發言。

李總沒有達到預期目的是因為沒有做好充分的會前準備。具體操作如下：

（1）要有明確的議題。議題是頭腦風暴會的靈魂、精髓，一個不好的議題無法發揮大家的想像力和創造力，所以議題要有改善餘地，夠具體，夠清楚。

（2）選擇參與者。首先是參與者的選擇，參與人數以 8~12 人為宜，人數過多操作不方便，人數太少達不到預期效果，同時要考慮各種知識經驗組合的搭配組合效果。從選擇參與者的角度講，最好挑選同級別的人。

（3）材料準備。從會議物料準備的角度講，要準備筆、紙、白板等。

他山之石，可以攻玉。組織頭腦風暴會的方法各不相同，但萬變不離其宗。

3. 有一家公司準備生產一款新產品，於是通過市場預測分析和銷售情況方面的情況預計出三種可能性：銷售差、銷售一般和銷售好（見表4-12）。生產新產品可實施的方案也有三種：一是對公司的生產線進行改進；二是投資建設全新的生產線；三是和其他優秀公司合作，即採取生產外包的方式進行生產。

表4-12　　　　　　　　　　　　決策收益表　　　　　　　　　　單位：元

銷路好	銷路一般	銷路差
220	140	-60
260	120	-100
120	80	28

對上述問題，因為無法簡單地做出選擇，三種方案有三種不同的結果，而三種結果出現的概率也是無法預測的。通過這些可以說明這個問題屬於不確定型決策。

//
項目五　組織

【引導案例】 請你談談雁隊組織結構的內容及對你的啟示?

　　每年大雁都會為了食物和過冬的地方進行遷徙，飛越白天至黑夜，飛越沙漠和大海，最終到達目的地，大概會飛行2,500英里。大雁飛行時，一般會排成V字隊形，以領頭雁為中心。而飛在最前面的大雁，在拍打翅膀時，會產生一股向上的氣流，而飛在他身後的大雁可以節省71%的體力。科學家們經過大量的調查研究表明：大雁以這種方式飛行要比單獨飛行多出12%的距離，飛行的速度是單獨飛行的17.3倍。在2,500英里的飛行中旅途中，大雁會不斷地發出叫聲。這種叫聲是一種鼓勵的聲音，是對頭雁對抗艱難氣流的鼓勵。領頭雁在前方開路，可以幫助後面所有的大雁形成局部真空，減少飛行的阻力。在這漫長的飛行途中，大雁們相互扶持，一路同行。在飛行途中，如果有大雁發生意外，如生病、疲勞等，雁群裡就會有另外兩只大雁隨其脫離隊伍，陪在掉隊的大雁身邊。等到掉隊的大雁恢復元氣或者生命結束後，陪同的大雁才會再次歸隊。正是靠著這種團結協作的精神，雁群才能完成長達1~2個月的飛行。

　　啟示：一只大雁固然也可以獨自飛行，但如果通過一群大雁的通力合作，能使旅程更輕鬆、高效。在組織工作中，每個人單獨工作，固然可以充分調動其積極性，能做得很好；但優化組合的團隊，能更好地發揮每個人的特點，起到整體成效大於個人成效總和的結果。在組織工作中，管理者應該充分發揮組織的作用。

任務一　組織概述

一、組織及其特徵

（一）組織的概念

　　組織是指人們為了實現共同的目標而組成的有機整體。從管理學的角度看，組織可以從兩個方面理解：

　　（1）作為靜態的組織——一種實體。組織是指為實現一定目的而建立起來的人與單位的有序結構，使人能在這種結構裡進行有效的協同工作。

（2）作為動態的組織——組織工作。組織是指把分散的人或事物進行安排，使之具有整體性、連續性等，形成一個協調系統。

（二）組織的特徵

1. 具有明確的目標

沒有目標就不是組織，而僅是一個人群。目標是組織的願望。只有確立了目標後組織才能確定方向，才能有號召力和吸引力去組建一支隊伍。組織活動把個體力量集合在一起，完成個體力量簡單相加所不能完成的任務，形成組織的放大力量，從而取得產出大於投入的「正確地做事」的效率以及「做正確事」的效益，這是組織的根本目標。所以說目標是組織存在的價值所在，如醫院存在的價值和目標是救死扶傷。

2. 擁有資源

組織的資源主要包括人、財、物、信息和時間等。其中，人是組織最大的資源，是組織創造力的源泉。擁有資源是組織運行和發展所必需的；同時，組織通過管理活動的配置整合，能夠促進資源增值，為組織及其成員帶來利益。

3. 具有一定的權責結構

管理組織的內涵是人們在職、責、權等方面的劃分與互相聯繫，從而形成一定的結構體系，這個結構體系可簡稱為權責結構。如建築房屋就需要搭建支架，鋼筋算量之後需要填充建築材料，才可看出建築物的外觀形狀。

二、組織工作的內容

組織工作就是建立一種組織結構框架，為組織的成員創造一種適合於默契配合的工作環境，使組織成員能在其中分工協作地進行有效的工作的一種管理活動，即設計、建立並保持一種組織結構。具體包括：

（1）根據組織目標的要求建立一套與之相適應的組織機構；

（2）明確規定各部門的職權關係；

（3）明確規定各部門之間的溝通渠道與協作關係；

（4）在各個部門之間合理地進行人員調配；

（5）根據組織外部環境的變化，適時調整組織的結構和人員配置。

總之，通過出色的組織工作，使組織結構合理，組織運轉高效，資源配置優化，各種關係處理恰當，組織成員的積極性就能得到充分發揮。

三、組織的分類

（1）按照組織規模的大小，可以把組織劃分為小型組織、中型組織和大型組織。不同規模的組織所擁有的資源不同。這種劃分具有普遍性，是對組織現象表面的認識。

（2）按照組織的性質不同，可以把組織劃分為政治組織、經濟組織、文化組織、群眾

組織。

（3）按照組織的目標不同，可以把組織劃分為營利性組織、非營利性組織和公共組織。①營利性組織是指以獲利為主要目標的組織，如工廠、商店、酒店、旅行社、銀行等；②非營利性組織是指除公共組織外，一切不以營利為主要目標的組織，如各類社團、宗教組織、慈善機構等；③公共組織是負責處理國家公共事務的組織，如立法機構、司法機構、政府機構、軍事機構等。

（4）按照組織的特性不同，可以把組織劃分為機械式組織與有機式組織。機械式組織也稱官僚行政組織，具有高度專業化、高度正規化和集中化等特徵；有機式組織也稱適應性組織，具有低度複雜性、低度正規化和分權化的特徵。

（5）按照組織是有意建立還是自發形成，可以把組織劃分為正式組織和非正式組織。正式組織是組織設計的結果，這種組織有明確的目標、結構、職能以及由此決定的成員之間的責權關係，對個人具有某種程度的強制性正式組織的活動以成本和效率為主要標準；非正式組織是伴隨著正式組織的運行而自然形成的，是人們在共同的工作中所形成的靠情感和非正式規則聯結的群體。

（6）按照組織的形態不同，可以把組織劃分為實體組織和虛擬組織。實體組織是一般意義上的組織；虛擬組織是一種區別於傳統組織的、以信息技術為支撐的人機一體化組織。在形式上，虛擬組織既沒有固定的地理空間也沒有時間限制，組織成員通過高度自律和高度的價值取向共同實現團隊目標。

四、組織設計原則

【專欄5-1】一封辭職信

尊敬的鐘院長：

我叫李玲，是醫院內科的護士長，我當護士長已有半年，但我再也無法忍受這種工作，我實在干不下去了。我有兩個上司，他們都有不同的要求，都要求優先處理自己布置的事情。然而，我只是一個凡人，沒有分身術，我已經盡了自己最大的努力來適應這樣的工作要求，但我還是失敗了。讓我給您舉個例子吧。

昨天早上8點，我剛到辦公室，主任叫住我，告訴我她下午要在董事會上作匯報，現急需一份床位利用情況報告，讓我10點前務必完成。而這樣一份報告至少要花一個半小時才能寫出來。30分鐘以後，我的直接主管基層護士監督員王華走進來突然質問我為什麼不見我的兩位護士上班。

我告訴她因外科手術正缺少人手，外科李主任從我這裡要走了她們兩位、借用一下，儘管我表示反對，但李主任堅持說只能這麼辦。王華聽完我的解釋，叫我立即讓這兩位護士回到內科來，並告訴我一個小時後他回來檢查我是否把這事辦好了！像這樣的事情我實

在無法勝任，特向您辭職，請批准！

李玲

2005 年 12 月 20 日

　　分析：李玲有「兩個上司」，在幾乎同一時間內，主任讓她寫報告，基層護士監督員讓她找人，這種多頭領導的局面，嚴重影響了組織管理的效率；外科李主任讓李玲在內科調用兩名護士，而李玲的直接主管王華叫李玲「立即讓這兩位護士回到內科」。這樣，就形成了交叉指揮，從而造成管理混亂、組織結構運行效率低下。

（一）目標統一原則

　　一方面，目標統一是指層次的設置和組織結構的建立要以實現組織目標為導航；另一方面，是指各層次都要以組織總目標為目標，把各自的目標置於總目標的統一之下。

（二）專業化分工原則

　　專業化分工就是要把組織活動的特點和參與組織活動的員工的特點結合起來，把每個員工安排在適當的領域中累積知識、提高技能，從而不斷提高工作效率。

（三）統一指揮原則

　　統一指揮原則是指組織的各級機構及個人必須服從唯一上級的命令和指揮。只有這樣，才能保證政令統一、行動一致。否則，下級面對多個上級，就會造成多頭領導、令出多門，導致下級無所適從進而出現推卸責任的現象。

（四）責權對等原則

　　責權對等原則要求組織中的各層次、各崗位的責任和權力相一致，在權力範圍對所承擔的任務負完全責任。既不使權力失去制約，又不使責任無法履行。高層管理人員權力大，責任也大；基層管理人員權力小，責任也小。

（五）有效管理幅度原則

　　由於一個人的知識、經驗、時間、能力、精力等是有限的，一個管理者直接領導與指揮下屬的人數也是有限的。管理幅度太小，必然造成人的知識、經驗、時間、能力、精力的浪費，使管理者無法達到滿負荷工作，或者對下屬管得太嚴，束縛了下屬的手腳，降低了下屬的積極性和主動性；而管理幅度太大，會產生管不過來、管不到位的問題。因此，管理幅度應是有效的。

（六）集權與分權相結合原則

　　集權與分權相結合原則要求根據組織的實際需要決定集權與分權的程度。組織的權力結構受很多因素的影響，權力的集中與分散應根據組織的特性、組織所處的環境、管理人員的狀況而定。集權與分權是一個連續統一體的兩極，既沒有絕對的集權，也沒有絕對的分權。在某些情況下集權程度高一些更有效，而在某些情況下分權程度高一些更有效。但不論是集權還是分權，都應當有利於保證決策的迅速和準確，有利於決策的執行。

（七）穩定性與適應性相結合原則

穩定性與適應性相結合原則要求組織結構在穩定性與適應性之間取得平衡，從而保證組織的正常運行。一味地要求穩定會使組織不適應環境的變化，而為了適應變化而過於頻繁地調整，又會使組織中的人們缺乏安全感、人心不穩。

（八）精簡高效原則

精簡高效原則要求所設機構和整個組織結構都必須和其所承擔的任務與規模相適應，使組織確實發揮它的效能，既不人浮於事又不無人管事。要做到機構簡單、人員精幹，從而有利於提高組織效率。

任務二　組織設計

【專欄5-2】發現「不拉馬的士兵」

長期以來，在戰場上，一個炮兵團中，由炮手、炮車以及炮管下的士兵組成的三點式經典形象深入人心，但是炮管下的士兵主要起到什麼作用呢？

曾經有一位年輕的軍官也同樣對這個問題抱有興趣，存有疑問。在一次演習中，一位站在炮管下一動不動的士兵後來卻是這樣回答他的：「操練條例就是這樣要求我們的。」軍官感到迷惑。在回去查閱相關軍事文件之後，軍官終於發現，在過去的年代，大炮是由馬車運載到前線的，而我們看到的是站在炮管下面的士兵。他的職責是負責牽住馬的韁繩，以便在大炮發射後，炮手能夠及時地調整由於後坐力而產生的距離偏差，減少再次瞄準所需時間，提高發射效率。軍官認為這樣是不合理的，這樣的分工是不科學的，他的這個想法讓他獲得了國防部的嘉獎。因為作為一支現代化的軍隊，需要馬車拉動運輸的大炮已經不復存在了，所以我們也不再需要這樣的一個拉馬的角色了。但是，軍隊中的操練條例卻沒有及時地調整，影響了軍隊人員調動的效率，導致炮管下的士兵成了一種形式主義象徵，因此也就出現所謂不拉馬的士兵。

啟示：很多組織中存在這種「不拉馬的士兵」，人浮於事，造成效率低下。管理上應當通過組織設計避免這種現象的發生。

一、組織設計的含義

組織設計，即某時期內組織中所有成員為對各項發展規劃（目標）、內部結構和經營等方面的相關事項的分析討論，從而使管理者更好地根據所屬部門、職務等進行分工，形成一定的結構體系，為組織向更好的方向發展做出合理的籌劃奠定基礎。其內容主要包括以下三項：

（1）根據所處時期需達到的前期規劃規定的要求，在成員的職能、職務方面進行較為

合理的考量，以對組織進行結構等方面的設計；

（2）通過對部門、層級的合理調整，使各個「分支」在上下左右關係、職責權限和分工協作上有較為明確的劃分；

（3）設立「分支」間的任務執行程序和信息反饋平臺，並在一定程度上根據實際情況確定相關規定和執行方式，保證內部高效、合理運行。

二、組織設計的一般原則

（一）專業化

根據職能分工、產品生產技術在一定程度上的異同性，按照一定標準，劃分至一個部門，從而提高內部運行的效率。

（二）管理幅度

組織團隊內各執行者的時間、精力具有有限性，如何確定領導者可以帶領多少成員共同完成任務等需要進行合理的計算。其用數學方法表示為：

各種可能聯繫的總數＝可使用的成員數×[2(可使用成員數-1)＋可使用成員數-1]

$C = N [2(n-1) + N - 1]$

但是，一位管理者需要多少執行者才合適呢？一般情況下，管理幅度在上層組織中為3~8人，基層組織為8~12人。其主要在於考量管理者是否可以擔任這個職位，至於管理幅度的數量確定，需要對所處條件和實際需要進行分析後得出。

（三）命令統一

為便於某時期的任務及完成情況等重要信息可以在最短時間內得到反饋和改進意見的執行，執行者只服從直屬管理者的安排，只向一個上級進行相關情況反饋，其他管理者不允許越級安排或指揮。執行者與管理者的這種關係有助於提高內部配合度和運行效率，保證各項安排自上而下地逐級傳達，從而保持組織團隊內部的工作安排等信息的統一性、暢達性，對組織團隊內部各項決策命令的執行效率提升有著積極的作用。

（四）權責對等

在組織結構設計中，應首先明確各個「分支」的主要任務及責任，然後確立在不同職位上對各項資源使用、工作安排、獎懲等方面的詳細分工，從而保證組織團隊的正常運行。

同時，在進行組織結構各個角色的職責劃分上應當堅持一定的「制衡」原則，確立明確的制度、規範等，保證各個層面的團隊成員在工作中有章可循、有規可依。

因此，確立相對公正的監督機制是管理者扮演好自身角色的基本要求。

三、組織設計的影響因素

（一）環境

組織在複雜多變的環境中如果需要有更好的發展，應當針對目前的環境做出相應的信息「加工」，從而做出合理的決策。

在不同的發展環境中，組織結構的整體特徵會呈現不同的特徵。處於變化緩慢、相對穩定的環境中，機械式組織的運行效率由於嚴格的等級關係、具體刻板的規章制度、明確的職責分工、固定的工作程序有一定的優勢；處於競爭激烈、不確定因素較多的環境中，有機式組織由於更強調合作與橫向溝通、等級關係與權責界限模糊、靈活性較強、對環境發生變化的適應性有著更強的優勢。

（二）戰略

組織戰略在設計時應根據戰略發展的不同階段進行具有較強適應性的組織結構調整。著名的管理學者阿爾弗雷德·錢德勒通過對數十家大型公司的發展歷程的分析後得出：公司戰略的變化導致組織結構的變化。

通過他的研究，組織企業對內部戰略及結構的調整具體為：①初期擴張、資源累積階段，較為簡單。②資源合理利用階段，企業生產經營範圍逐步擴大，一般採用職能型或區域部門化的結構。③持續發展階段，企業力求開發新產品、拓展新市場，將戰略重點逐步調整至研究開發、內部協調上，傾向於採用產品事業部或矩陣式結構。④多元化經營階段，企業內部資源配置、協調問題由於業務領域的差異性顯得較為明顯，較為普遍的是公司總部職能機構與事業部結合的集團型結構或由若干戰略經營單位組成的聯合艦隊式結構。

（三）技術

科技更新發展速度日益迅速，其對組織企業發展的影響日益深刻。技術對組織結構的影響可從兩個層面進行分析：第一層面，自身對於內部管理活動的辦公設備及技術水準的高低以及對組織企業內部職務設置、結構特點和管理人員素質要求將影響組織結構的調整。管理信息系統完善、自動化辦公設備的先進性使得管理職務發生一定改變以至於將組織部門結構進行合理調整。第二層面，較為先進的機器設備、生產技術使得組織企業在向社會提供產品、服務時有著更為明顯、直接的影響。

（四）規模

組織的結構設置應該根據組織規模而變化，以確保管理層能準確地做出決策。小型組織簡單、集權、規範化程度低，大型組織複雜、分權、規範化程度高。

（五）發展階段

根據企業生命週期理論，企業發展可劃分為四個主要階段。與此同時，在不同的發展階段，組織所具有的特徵也是各有差異。

（1）創業階段：組織呈現出小規模、非官僚、非規範化的明顯特徵，重點主要放在及時調整產品結構方面。

（2）集合階段：組織劃分出的職能部門較多，但各自所具有的權力依然體現出一定的集中性，在一定時期需要一定程度上的放權，保證在內部運行時效率有所提升。

（3）規範化階段：逐步呈現出較為明顯的官僚化特點，組織內部具有明顯的層次，工作方面開始出現程序化、規範化的模式。因此，對於高層管理者而言，在逐步向下屬部門進行適當的授權的同時，應當注意失去控制力的問題。

（4）精細階段：規模逐步呈現出大的特點，並建立日益龐大的官僚體系作為內部主要運行依據。因此，組建跨越部門且運行效率較高的管理團隊、在一定時期進行管理者的部分甚至全部更換是必要的。

四、崗位設定

崗位設定，即在一定時期內首先確定合理的勞動分工，然後按照不同的工作性質、強度等，以實現工作的專門化為目的從而實現組織目標。在此過程中，形成相應的工作崗位，將必須進行的活動劃分成最小的有機關聯的部分。

在工作實踐中偶爾出現的工作效率下降的現象，則是由於過度的專業化分工，因此使員工慢慢感到厭煩和沮喪。所以，在考慮專業化程度和自主性之後進行崗位設置較為實際、合理（見圖 5-1）。

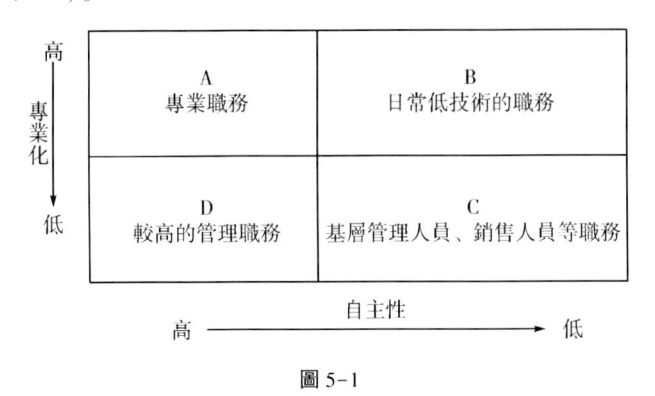

	自主性 高	自主性 低
專業化 高	A 專業職務	B 日常低技術的職務
專業化 低	D 較高的管理職務	C 基層管理人員、銷售人員等職務

圖 5-1

由圖 5-1 分析可得出：

A 類崗位的專業化和自主性都具有較高的程度。此類崗位主要由專家、學者、顧問或高技能的手工藝者、設計人員、技術人員等組成。

B 類崗位具有專業化程度高但自主性程度低的特點。這類崗位主要是日常工作中的一些低技術的執行性職務，如處理日常事務的辦事員等。

C 類崗位的專業化程度和自主性都比較低。這類崗位主要是處於生產經營第一線的管

理人員，如監工、銷售員、裝配線雜工等。

D類崗位的專業化程度低但自主性程度高。這類崗位主要是大多數高級管理人員。

總之，在進行崗位設定時應遵循因事設職的原則。

五、組織設計的部門化

簡單來說，各類工作崗位組合到一起的方式稱為部門化。組織設計部門化通常有職能、產品、地區、顧客和流程五種形式，也可以根據自身各項發展條件及實際情況設立獨特的劃分標準和形式。例如，一家酒店可以有前臺營運部、銷售與餐飲服務部、客房清潔服務與洗衣部、維修部等部門。

在組織設計上，管理者會根據實現組織目標所必需的職能和活動進行分組，這個過程被稱為部門化。部門化產生於勞動分工，主要保證一個部門的操作人員所參與的是同類工作任務，以提高工作效率為目的，由一個管理人員統一指揮。不同的組織團體對於「部門」一詞以不同稱呼進行命名。企業組織稱分公司、部門、車間、班組等；軍隊稱軍、師、旅、團、營、連、排、班等；政府單位稱部、廳（局）、處、科等。部門劃分，一般主要依據以下五種因素：

（一）按職能劃分部門

這類劃分方法目前採用最普遍，在屬於穩定的技術和環境的情況下效果較為顯著（見圖5-2）。此類方法主要根據在管理方面的作用或功能的差異進行部門劃分，便於在一定時期內可執行一項或多項亟待完成的任務。

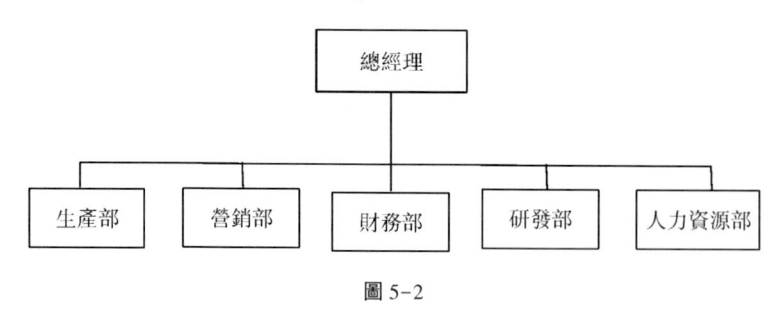

圖 5-2

1. 按職能劃分部門的優點

（1）符合專業化原則。職能部門專業性提升將專業知識和專業技能開發逐步作為重點，在一定時間內可快速形成整體素質較高的專家隊伍。

（2）有利於員工職業生涯發展。職能部門專業性提升將提高和發展員工專業化職能，對組織團隊個人能力的培養具有推動作用。

2. 按職能劃分部門的缺點

（1）協調困難。由於組織團隊成員在一定標準內分散至類型等方面存在差異的部門，

容易形成一定的「差距性」，從而使得相互間的溝通和協作存在問題，進而使得高層管理者之間在分工等方面協調具有一定的差異性。

（2）各部門在一定時期、一定條件下容易出現「隧道視野」。員工在所屬部門裡逐步偏離追求組織目標實現的方向，而更多看到的是自己承擔的工作而非整體目標。

（3）適應性差。由於環境因素變化較為迅速、創新要求程度不同，組織對於部門間合作的要求逐步提升，而缺乏一定程度上的合作就表明環境變化適應性不夠強，阻礙創新。

（二）按產品劃分部門

此類方法對於個人的技能和專長、專用設備效率發揮、部門內部等方面的協調、組織的專業化營運、新產品的研發都有明顯的積極作用。此類方法主要適用於多元化經營、環境多變的大型企業的發展。見圖5-3。

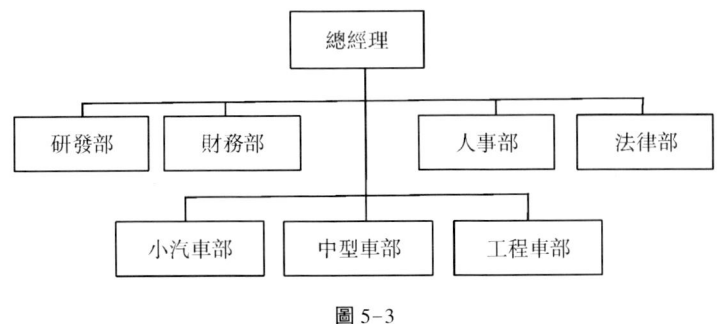

圖5-3

1. 按產品劃分部門的優點

（1）便於對績效的測評。例如，按產品劃分部門，每個部門都具有自主性，對部門的成本、利潤等進行合理的測評，有利於調動各部門的積極性。

（2）有利於綜合管理者的培養。

2. 按產品劃分部門的缺點

（1）可能造成機構重疊。例如，每個業務部門都有生產、研發、行銷、人力資源管理等部門，就會造成這些活動的重複，增加費用，降低效率。

（2）部門的本位主義。各部門都會關注本部門內的工作，部門內具有良好的合作關係，但部門間缺乏合作，各自為政。

（三）按地區劃分部門

此類方法主要應用於差異明顯、環境多變的地區，見圖5-4。它的特點與按職能劃分部門類似。

1. 按地區劃分部門的優點

（1）能對本地區環境變化進行較強的針對性反應；

（2）能根據地區內協作性的好壞做出判斷，從而加強對各類活動的進一步協調；

図 5-4

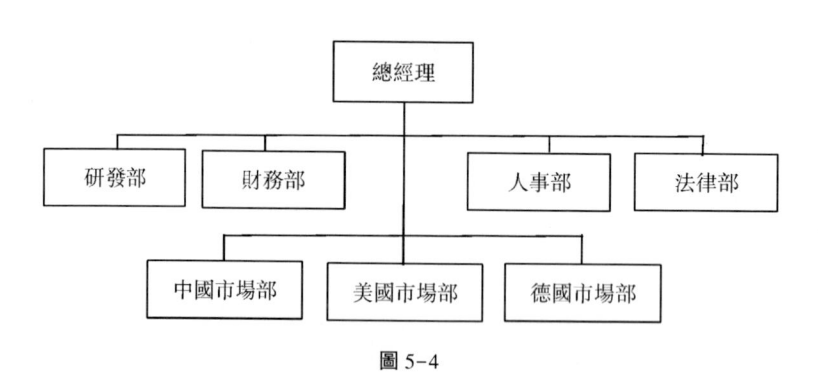

（3）在調動各個地區的積極性的前提下，對取得地方化經營的優勢效益進行記錄，便於對績效的測評；

（4）有利於對綜合管理者的培養。

2. 按地區劃分部門的缺點

（1）可能造成某些活動的重複、機構重疊；

（2）地區間會相互競爭，爭奪組織資源，形成地區的本位主義；

（3）總部協調困難；

（4）需要更多具有全面管理能力的人。

（四）按顧客劃分部門

按顧客劃分部門主要是根據不同顧客群而進行的部門劃分。在對顧客分類之後，根據顧客類型差異進行相應部門的設立，見圖 5-5。

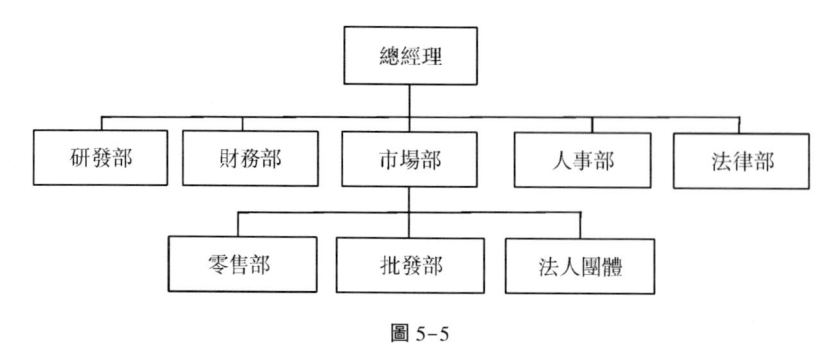

図 5-5

1. 按顧客劃分部門的優點

（1）能夠使企業更好地對顧客的需求等方面的更改做出相應反饋；同時對顧客而言，隨著對企業的瞭解加深，在產品選擇餘地上會有更大空間。

（2）有利於深入研究特定顧客的需求，對顧客更瞭解，針對性更強，服務更到位。在

明確規定的服務項目方面能夠滿足顧客特殊的和廣泛的需求。

2. 按顧客劃分部門的缺點

此類方法有可能使企業的某些資源如設備、專業人員等不能充分利用，忙閒不均，而且有時對顧客明確分類有難度。

（五）按流程劃分部門

按流程劃分部門是指根據組織活動在時間上的先後次序進行劃分，把同工藝性質的機器設備和工人組成同一個生產單位，只負責過程中某一階段的工作。如採購部、生產部、銷售部等，生產部則可進一步劃分為紡紗車間、印染車間和織布車間，見圖5-6。

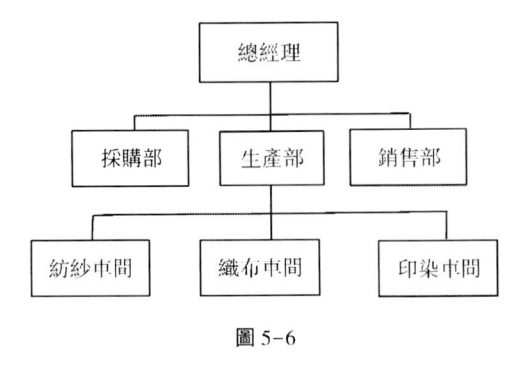

圖 5-6

按流程劃分部門的優點是：有利於深入瞭解顧客的針對性需求，在明確規定的服務項目方面能夠滿足顧客特殊的和廣泛的需求。

按流程劃分部門的缺點是：它有可能使企業不能充分利用某些資源，如設備、專業人員等，在內部營運強度較大的前提下對顧客分類有難度。

（六）其他方式

除以上幾種主要劃分方法外，還有按時間、按人數等進行的部門劃分。需要指出的是，幾乎所有組織的部門劃分都不是只採用一種辦法而是同時採用多種辦法，即多種劃分方法的組合。例如，一個公司按產品劃分為若干事業部，在事業部內部按職能進行劃分，在製造部門按過程進行劃分，在銷售部門按地理區域進行劃分。另外，部門劃分會隨著各種情況的變化處於不斷地調整中。

總之，部門劃分的方法除了以上五種常用的方法外，還可以按人數、時間、項目、設備、業務流程等來設置部門。

【專欄5-3】劉先生的管理模式

下面這個故事，是某大學MBA班的一位學員劉先生的親身經歷。

20世紀90年代，中國政府在進一步鞏固沿海地區對外開放成果的基礎上，相繼開放

了一批沿邊城市、長江沿岸城市和內陸城市。隨著經濟的復甦，國內需求量增大，國內有許多人進入了藥品流通的行列，他們的主要工作是為國內外一些大型製藥企業在中國市場推銷藥品。由於這項工作收入較高，又能改善人們的醫療條件，因此劉先生也欣然加入了這個行列，並成為南方某家製藥公司天津辦事處主任。

為了適應業務發展的需要，劉先生先後招聘了40位藥品銷售員，這群人裡面有剛畢業的大學生，有在其他公司工作過幾年的員工，也有闖蕩社會好多年的金牌銷售員。由於劉先生是第一次創業，如何有效地管理這40個人，成為劉先生很重要的工作，也著實讓他費了心思。

經過幾晚的思考，劉先生想出三種方法。劉先生先嘗試了第一種方法，考慮員工的工作性質相同，精力充沛的劉先生決定辦事處不設中間層次，由他直接領導，每個員工可直接向他匯報。但由於劉先生的工作量太大，面對40人的匯報，出現了應接不暇、精力不夠、內部組織管理較亂的情況。劉先生接著採取了第二種方法，即把員工平均分成了兩組，每個組選出一名優秀員工擔任組長，並可以直接向他匯報工作。這樣運行一段時間後，劉先生有兩種明顯的感受：一是覺得無事可幹，有時甚至情不自禁地幫助組長做事情，分工不明確；二是經常提心吊膽，20人的大組，擔心一旦有一個組出錯，會影響公司的整個業績，心理負擔較大。於是，劉先生採取了第三種辦法，在做了充分調查、認真考慮之後，劉先生對辦事處的組織結構又做了調整，綜合之前的經驗，還是採用直接管理的辦法，只是把員工平均分成了5個組，這樣不僅降低了風險還能直接有效地管理。調整後，劉先生感覺非常適合他的辦事處，工作輕鬆，效率高，業績也好，並經常作為經驗向他人介紹。

啟示：管理幅度的確定沒有固定模式，要根據具體情況，確定合適的幅度，既要保證能讓下屬有一定的工作自主性，又要達到有效地管理的目的。

六、組織設計的職權化

（一）職權的概念

所謂職權，可理解為組織授予某一管理職位的權力，從而讓已擁有相應職權的人在所規定的權責內對一定時期、一定範圍根據工作計劃等發布命令並希望命令在一定條件下執行。

這一概念包括以下幾層含義：

（1）職權源於組織且由組織授予；

（2）職位是職權的基本條件之一，因此要求組織內部成員在得到相應職位之後才能獲取職權；

（3）職權的運用需要以履行職責作為前提條件，同時職責範圍的大小對於職權的大小而言有著決定性作用。

（二）職權的分類

職權主要有直線職權、參謀職權與職能職權三種類型。

1. 直線職權

這類職權使得組織內部可以自上而下地逐級發布命令和進行指揮。

2. 參謀職權

參謀職權主要屬於組織內部承擔參謀職能的群體，所擁有的職權是建議權。

3. 職能職權

根據組織內部主要領導者的授權，參謀人員擁有的對其他部門或人員的直接指揮權。

（三）集權與分權

1. 集權與分權的含義

集權，即職權的集中化，主要是將組織內部的一定時期內某項工作的決策權在很大程度上逐步集中到處於較高管理層次的職位上。集權在一定程度上對於集中領導和統一指揮、部門與整體的協調一致、控制加強、統一意志有著不可或缺的作用。但是，它使管理者對具體事物進行過多地關注而非重大問題，從而讓組織逐步欠缺必要的靈活性和適應性，易於死板僵化。

分權，即職權的分散化，主要是將組織內部的決策權在很大程度上慢慢分散至處於較低管理層次的職位上。分權對於下級的主動性和創造性發揮、下級工作的自主性提高、靈活性和適應性的增強，提高管理者對組織的重大問題的重點關注都有著積極影響。但是在實行集中統一的指揮、部門的本位主義傾向的加深、協調和控制的難度增加等都是消極的，也容易出現分散和各自為政的現象。

在組織中職權應當在多大程度上集中或分散，要根據具體情況而定。

2. 影響集權與分權程度的因素

（1）決策的代價。某項決策出現失誤時有很大影響，它可能是由高層做出的，而若影響較小，則它可能是由低層做出的。

（2）政策一致性的願望。如果對政策一致相對重視、對要求一致性的願望較為強烈，則在組織內部管理上應當更多地趨於集權；相反，如果對於政策的靈活性和適應性的保持看得比較重要，則更傾向於分權。

（3）組織的規模和經營特點。如果組織規模較大，則問題相對較多，為了提高效率，需要多人負責，就需要分權；相反，則傾向於集權。如果組織經營特點不同，如技術不複雜、連續性不強，則可以分權；相反，就需要集權。

（4）管理人員的性格素質。管理者若屬於專制型或擔心其他人易出現決策失誤，則傾向於集權；相反，只能分權。

（5）控制技術。如果管理者為了解職權的運用情況、避免出現重大失誤，且已經有了較好的控制技術和工具，則分權程度就會高；相反，則傾向於集權。

（6）組織的歷史和文化。如果組織發展是從小到大逐步發展起來的，則會考慮集權；相反，如果由多個組織合併產生，那麼在一定程度上會保持一定的「獨立性」，即傾向於分權。

（7）組織變革的速度。變革速度快的組織則問題會更多、更新、更複雜，因此，它不得不進行分權；相反，變革速度慢的組織，則集權的程度可能高一些。

（8）環境的變化。如在經濟高速增長的環境中，市場活躍，機會增多，為了抓住時機，可能分權多一些；相反，在宏觀緊縮的環境中，為了集中力量擺脫困境則集權可能多一些。

（四）授權

1. 授權的原因

組織內部上層管理人員在新上任或一定時期一定條件下會將適當的權力授予下屬，讓下屬在指定的職責範圍做出對資源的合理支配。授權者對被授權者有指揮權、監督權，職權被授予者有報告和完成任務的責任。管理中授權是必需的，這是因為：

（1）管理寬度。管理者的時間、精力具有明顯的局限性，可以進行有效管理的下屬人數也是有局限的，超越最大限度則需要進行適當的授權。

（2）知識限制。管理人員者並非全能管理人才，對有些方面瞭解涉獵有限，需要專門人士去管理。

（3）培養管理人才。為使人才得到充分鍛煉，需讓其在實踐中逐步得到提升。

2. 授權的要求

（1）明確職責。授予下屬權力，應當提前說明所承擔的職責及最終達到的要求，並明確要求其工作和權力範圍、相互權力關係及評判標準。

（2）根據預期成果授權。授權要根據下屬所承擔的任務、所負的責任等進行。若所授權力小於預期成果，則職責不能履行；若所授權力大於預期成果，則權力會溢用。權力要和任務相適應，以使接受權力的人能使用權力去完成任務、實現預期目的。

（3）授權對象適合。權力要授予那些真正願意接受該權力的人，被授予權力的人要有運用權力完成任務的能力；否則，授權將是失敗的。

（4）有順暢的溝通渠道。必須建立順暢的信息溝通渠道，以使各分權主體能夠進行協作使上下級的信息順暢流通。

（5）有適當的控制。管理者的責任不會因為授權而消失，所以必須確保所授出的職權確實是在為實現組織目標而使用。控制的目的是要及時地發現和糾正被授權者在使用職權時出現的問題，以免發生重大錯誤。

任務三　組織結構的類型

組織結構是指一個組織的基本架構，是組織為完成目標而進行的制度性安排，內容涉及組織的人員、工作、技術和信息等。組織結構類型的選擇需要根據組織目標和組織環境等因素綜合選定。組織結構類型多樣，目前常用的主要有七種，分別是直線制結構、職能制結構、直線職能制結構、事業部制結構、矩陣制結構、委員會制結構和團隊結構。

一、直線制結構

直線制結構是最早的組織結構，實行上下垂直領導，高層領導直接指揮下屬。這種組織結構形式非常簡單。高層領導與下屬之間通常設置少數或者一個中間層，有的甚至不設中間層。高層領導通常是組織的決策者，下屬通常是組織最低一級的普通員工，他們之間形成一個單線系統，見圖5-7。

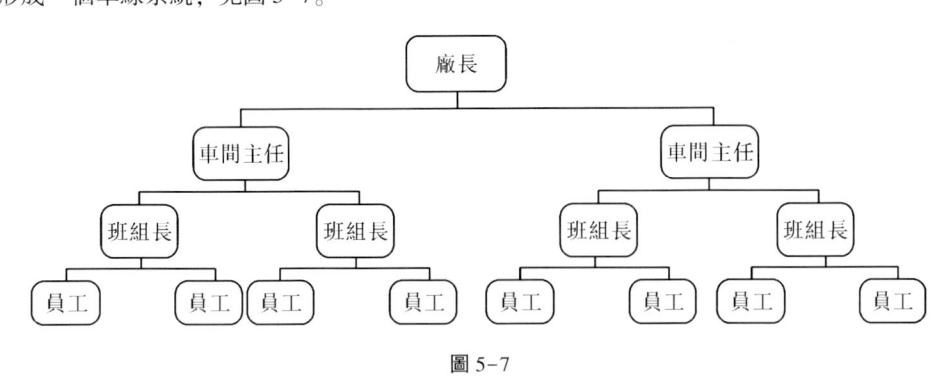

圖5-7

直線制結構的優缺點通常較明顯。其優點在於結構簡單、隸屬關係明確、責權分明、信息溝通方便、反應快速靈活。其缺點在於對管理者素質要求很高，需要具備各種知識；任務繁重，管理者需要親自處理各種工作；高度集權，管理者通常擁有組織的各種權力，能調動組織中的各類資源；決策影響較大，管理者一旦決策失誤，會給組織造成非常大的損失。

直線制結構通常適用於規模不大、員工較少、業務簡單的組織。

二、職能制結構

職能制結構按專業分工，在各層管理者之下設置相應的職能機構。這些職能機構接受上一級的領導，並有權命令下級人員工作。下級人員接受多個上級的領導，並根據專業分工向

所屬職能部門匯報相關工作。以工廠為例，廠長下設的職能部門可以是人事部、技術部、財務部等，車間主任下設的職能部門可以是生產部、工藝部、質量部等，見圖5-8。

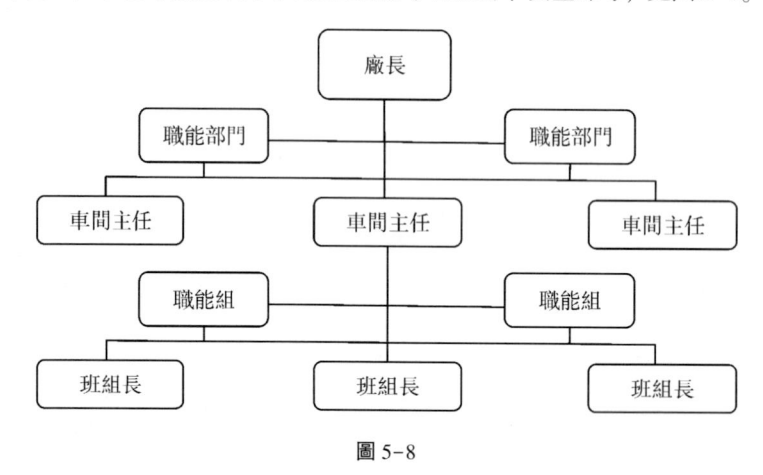

圖 5-8

職能制結構的優點：①專業分工明確，每個人在想要的職能機構下有較確定的崗位，穩定性較強；②能夠發揮專業管理作用，減輕管理者專業技術分析等瑣碎性專業工作；③擴展信息溝通渠道，不同部門之間能夠更有效地協調；④能保障組織在複雜的環境中更好地發展。

職能制結構的缺點：①多頭領導，不利於對員工的統一管理；②責權劃分不明，直線人員和職能科室的職責與權利不容易明確劃分，容易造成管理混亂；③橫向協調困難，各職能部門之間各自為政，增加了協調的難度；④職能部門的設置，使得組織機構增大，管理人員增多，管理費用也隨之增加；⑤組織彈性一般，不利於調整和改革。

職能制結構適用於專業性較強、任務較複雜的社會管理組織和企業管理組織。

三、直線職能制結構

直線職能制結構綜合了直線制結構和職能制結構兩種方式，以直線領導為主、職能部門為輔。這種組織結構良好，管理者能實現對員工的統一命令和集中指揮，職能部門又能充分發揮參謀的作用。職能部門擬訂的計劃、方案及相關指令等，只能交由管理者批准下達，不能直接向下級部門下達，見圖5-9。

直線職能制結構融合了直線制結構和職能制結構的優點與缺點。

其優點主要有：

（1）各部門分工較為細緻，任務較為明確；

（2）能夠充分發揮管理者和專家的才能；

（3）易於發揮組織的集體效率，各部門的穩定性相對較強；

図 5-9

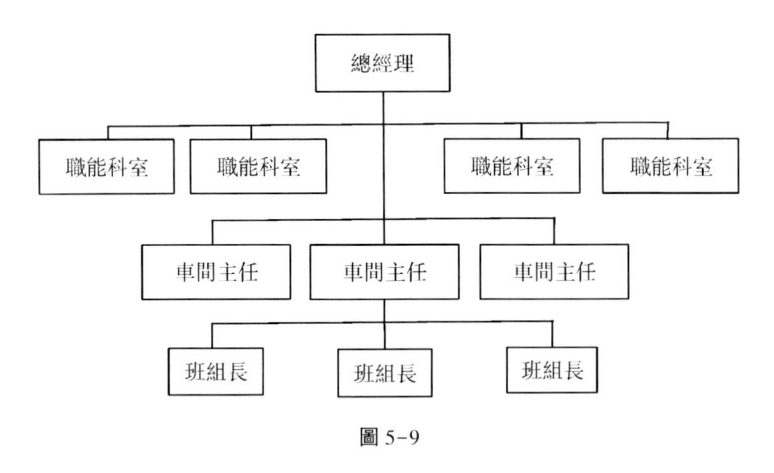

（4）能保證對員工的集中統一指揮；

（5）可充分發揮專家的作用。

其缺點主要有：

（1）細緻的分工和明確的任務目標，使各部門局限於本部門的責任和目標，缺乏全局觀念；

（2）管理者通常具備某一方面的才能，熟悉某一方面的內容，不易培養熟悉全局的管理人才；

（3）職能部門分工較多，相關手續比較繁雜，組織對突發事件反應較慢，不能迅速適應新的變化；

（4）管理者與職能人員目標不易統一，協調工作難度較大。

直線職能制結構是目前國內最常見的一種組織結構，適合於環境比較穩定的中小型組織，被廣泛應用於企業、機關、學校、醫院等組織。

四、事業部制結構

事業部制結構又稱斯隆模型、聯邦分權制。20世紀20年代初，事業部制結構由時任美國通用汽車公司副總經理的斯隆研究、設計並首次提出。事業部制是指在大型公司內按照產品的類型、地區、經營部門或顧客類別建立若干單位或事業部的組織結構。

這種組織形式以集中決策、分散經營為基本原則，其政策的制定與行政管理是分開的。企業在最高層的集中領導下進行分權管理，劃分為若干事業部進行具體經營，見圖5-10。

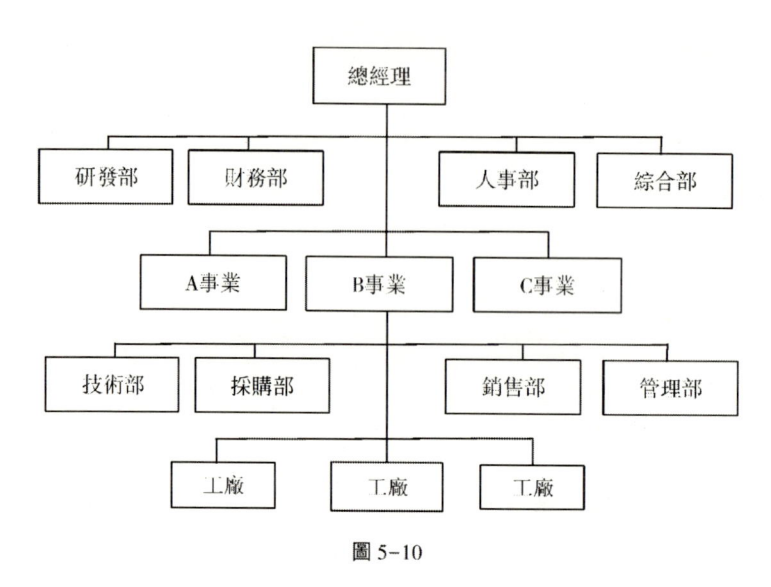

```
                            總經理
        ┌──────┬────────┴────────┬──────┐
      研發部  財務部           人事部  綜合部
                ┌────────┼────────┐
              A事業    B事業    C事業
        ┌───────┬───────┼───────┐
      技術部  採購部          銷售部  管理部
        │        │               │
       工廠    工廠            工廠
```

圖 5-10

事業部制結構的一般做法主要表現在以下三個方面：

（1）總公司是決策中心，具有重大人事決策、預算控制、戰略決策等權力，對事業部進行控制的主要依據是利潤指標；

（2）總公司下設許多事業部或分公司，它們按產品或地區劃分，是獨立核算、自負盈虧的利潤中心；

（3）事業部或分公司下屬的生產單位是企業的成本中心。

事業部制結構的優點：

（1）將專業化管理和集中統一領導有機結合，提高了企業的靈活性和實用性；

（2）能有效地幫助高層領導擺脫繁雜的日常事務，集中精力規劃企業戰略發展；

（3）每個事業部都是一個分權單位，有利於調動其積極性；

（4）能為企業培養綜合型管理人才。

事業部制結構的缺點：

（1）各事業部通常只著眼本單位的局部利益，容易影響公司的整體利益；

（2）總公司與各事業部均設置有一套職能機構，容易造成機構重疊、管理人員過多、資金使用過多等情況；

（3）各事業部機構龐雜，事務繁多，事業部經理需要具備較高的素質；

（4）事業部之間協作困難，企業在協調任務方面工作較重。

事業部制結構適用於環境複雜、產品多樣、經營多元化的組織。市場環境複雜多變或地理位置分散的大型企業和特大型企業通常採取事業部制結構，如跨國公司等。

五、矩陣制結構

「矩陣」的概念引自數學。矩陣制結構又稱規劃—目標結構制，由縱向的指揮系統和橫向的任務系統疊加而組成一個矩陣。矩陣制結構依據系統觀念，認為在解決新產品的研製、質量控制、成本控制等問題上，需要各方面共同協作，而不能單靠某一個部門的力量。這種協作兼具項目（目標）和小組人員的臨時性任務（規劃）與組織機構的固定性。小組成員分別來自不同的部門，他們的背景、技能、知識等各不相同。他們縱向隸屬於職能部門，橫向隸屬於一個產品或多個產品或項目單位；既要接受項目部門管理者的領導，又要接受原職能機構管理者的領導。項目小組是一個臨時性組織，小組成員在任務完成後，返回原職能部門。一個組織可以有多個項目組，每個項目組可以根據任務、產品、地區等設置不同的部門，見圖5-11。

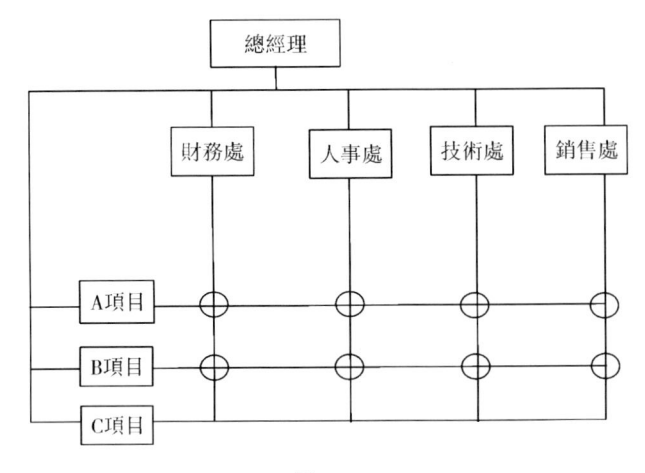

圖5-11

矩陣制結構的優點：

（1）科學地將縱向管理和橫向管理結合起來，能有效地集權與分權，大大提高了管理效率；

（2）項目小組靈活機動，能充分地發揮專業人員和專業設備的作用，提高了組織對外部環境的適應性；

（3）小組成員來自不同的部門，能有效地促進不同專業人員之間互相溝通、啟發，能更好地培養團隊合作精神。

矩陣制結構的缺點：

（1）項目小組為臨時性組織，小組成員普遍有臨時觀念，穩定性差，工作責任心不強；

(2）雙重領導不利於對小組成員的統一指揮，不能充分調動員工的積極性，不能完全發揮員工的作用；

(3）容易造成小組成員的績效評定不準和獎懲不公等情況。

矩陣制結構是當代比較流行的組織設計結構，比較適用於新技術的研發、新產品的研製、重大科研項目研究等項目攻關，常被用於企業、大學、科研所、影視攝制部門等。

六、委員會制結構

委員會制結構屬於集體工作的一種形式，由若干權利平等的委員組成委員會，依據少數服從多數的原則處理問題。委員會與一般會議不同：一般會議以處理組織業務內的問題為主，委員會則以處理組織業務外的特別事項為主。委員會成員來自不同部門，具有不同經驗、知識和背景，一般都是相關方面的優秀代表，如專家、技術人員、管理人員、基層代表等。只有委員會成員才能參加委員會會議，非委員會成員不能參加委員會會議。

委員會分臨時委員會和常設委員會。臨時委員會即為臨時組建成的委員會，靈活性較強，主要為解決突發性事項或臨時性工作而設立的臨時組織；當工作完成後，該委員會便會立馬撤銷。常設委員會穩定性較強，通常有固定的辦公機構和專職人員，主要處理與協調長期性的、重要的工作。

根據委員會的職能不同，可以分為專門職能性和綜合職能性；根據委員會的任務分工不同，可分為執行性和決策性；根據委員會的層次不同，可分為較高層次和中低層次。企業中常見的委員會主要有經營委員會、企劃委員會、執行委員會、合理化建議委員會、審查委員會、財務委員會、開發委員會、技術委員會、預算委員會、薪酬委員會、項目鑒定委員會等。

委員會制結構的優點：

(1）能夠充分發揮集體智慧，提供不同領域的意見和看法，避免個別人的判斷失誤；

(2）採用少數服從多數原則，能有效地防止個人權利的濫用；

(3）委員會成員地位平等，能充分地發表自己的意見，有利於溝通和協調；

(4）委員會成員有更多參與的機會，能充分調動成員的積極性和主動性。

委員會制結構的缺點：

(1）相關決策耗時較長，往往需要綜合多方意見，有時還會出現議而不決的情況；

(2）委員會成員容易受某人或少數人主導；

(3）在決策過程中，容易出現從眾現象或折中調和現象；

(4）責任劃分較為模糊，個人責任不明確，集體負責時導致大家都不負責。

七、團隊結構

團隊結構最早出現在豐田、通用、福特、沃爾沃等國外大公司的生產過程中。團隊是

具有共同使命、實現共同目標的一群人,他們相互依存、分工合作。團隊成員能力互補,通常具有不同的背景、技術和知識。團隊確立後,團隊成員會為團隊目標而共同奮鬥。團隊通常具有某一項特定的使命,如產品開發、市場行銷等。團隊並沒有主管與部屬之分,但每個團隊通常有團隊負責人,也稱為領導。團隊負責人圍繞工作的目標而具體開展相關工作。組織通常由各種各樣的團隊組成。採用團隊結構的組織,主要以團隊形式作為協調組織活動的方式。團隊結構靈活、相對獨立、效率較高、自我管理能力強,不受部門限制,能夠快速地組合、解散。

團隊結構的優點:

(1)團隊成員工作任務非常明確,並需要對自己的任務負責;

(2)團隊成員能力多樣,信息渠道廣且能迅速分享,能更好地接受新思想、新方法,適應性較強;

(3)提高了組織解決問題的能力和生產率,能充分發揮資源的效用;

(4)團隊能快速地對顧客的要求做出反應,並提供更高質量的服務。

團隊結構的缺點:

(1)小組的領導人如果不提出明確要求,團隊就缺乏明確性;

(2)團隊穩定性差,可以快速組建並解散,團隊成員需要持續管理;

(3)團隊有共同的任務,但每個成員的工作需要非常明確,有的成員可能關注別人的工作而忽略了本職工作,從而影響組織目標。

團隊結構適用於具有某些重要任務的大、小型組織。這些任務具有特定的期限或工作績效要求;有的任務還是獨特的、不常見的,甚至需要其他專門技能。在小型組織裡,團隊結構可以是整個組織的形式;在大型組織裡,團隊結構可以有效地彌補正式結構僵化、刻板等缺點。摩托羅拉、惠普、施樂等公司均採用的是團隊結構,並取得了巨大的成功。

項目四　組織變革與創新

組織變革又稱組織改革,是組織依據客觀環境而不斷自我完善和更新的過程。組織創新是組織採用資源重組與重置、新方法引進、結構比例調整等方式,發揮組織更大效用的創新活動。組織的變革與創新都涉及組織內部的管理理念、工作方式、組織結構、組織文化、資源配置等,是對這些因素的調整和優化。組織變革與創新都以發展為目的,都是為了組織更好地發展。在當今複雜多變的競爭環境中,任何一個組織想要提高效益、增強競爭力,都必須進行組織變革與創新。

一、組織的生命週期理論

有機體有生命週期，組織一樣也有生命週期。1972年，著名管理學家格林納達，將組織的成長過程歸納為五個階段，即創業階段、聚合階段、規範化階段、成熟階段、再發展階段或衰退階段（見圖5-12）。在組織成長的每個階段，組織的組織結構、領導方式、管理體制和職工心態等問題都不同，也都會面臨不同的危機，管理學需要採用相應的策略才能更好地解決不同階段的危機，從而保障企業更好地成長。每個階段的特徵如下：

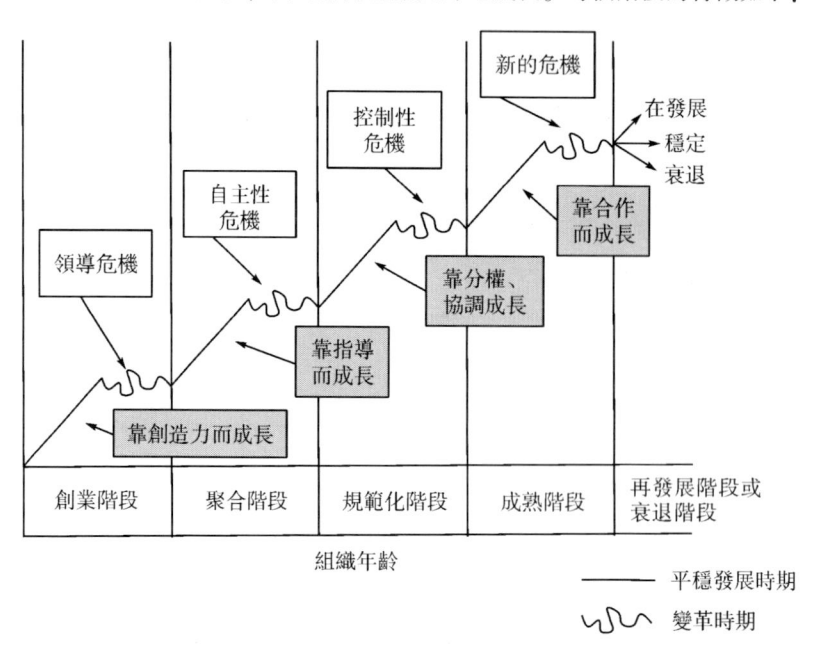

圖 5-12

第一階段，創業階段。該階段組織處於成長的幼年期，組織規模較小、反應相對靈活，組織員工人心較齊，組織工作關係簡單，組織所有事情皆由創業者直接決策指揮。創業者素質和創造力的高低直接影響著組織的生存與成長。這個階段的創業者，較重視技術業務，對管理不是太重視。但隨著企業的不斷壯大，組織內部管理問題越來越複雜，管理者會出現「管理危機」，採用之前的非正式溝通已經無法順利解決相關問題。

第二階段，聚合階段。該階段組織處於成長的青年期，組織規模不斷擴大、人員迅速增多，組織員工情緒飽滿，歸屬感較強。經過創業階段的磨煉，創業者已經具備一定的管理經驗，有的還引進了經驗豐富的管理人才。但這時候，組織通常會陷入混亂的狀態，管理者會重新確立發展目標，以「成長經由命令」來規範組織的管理。「成長經由命令」即

管理者通過鐵腕作風和集權方式來指揮組織各級管理者，各級管理者做事前必須層層請示。本階段後期，組織通常會產生「自主性危機」，其原因在於高層管理者過度集權，引起了中下層管理者的不滿。

第三階段，規範化階段。該階段組織處於成長的中年期，組織規模較大，甚至形成了多元化經營格局，產品領域多樣，經營範圍跨越不同地區。管理者為了組織繼續成長，通常採用「成長經由授權」的方式，即組織採用分權式結構，管理者授權各級管理者相應的決策權。但這通常會引起「控制性危機」，容易引發各階層和部門的各自為政，組織業務的發展也會逐漸分散。

第四階段，成熟階段。經過前三個階段的發展，組織制度逐漸完善並趨於成熟，組織的「控制性危機」逐漸凸顯。為了更好地解決這種危機，組織通常採取集權管理，逐步將決策權收歸組織高層管理者。但因為第三階段中，組織已經過分分權，所以已不能恢復到第二階段「成長經由命令」的情況。這一階段，組織需要加強對高層管理者的監督，更好地協調各部門之間的配合，同時制定新的規章制度和工作程序。另外，組織還可以通過建立管理信息系統、成立委員會組織或實行矩陣式組織等方法來彌補相關方法的不足。隨著組織的不斷發展，組織的不滿逐漸增多，關係也更加複雜化，相關規章制度和工作程序已無法更好地促進組織發展，甚至會阻礙組織的營運效率，降低組織的靈活性。組織逐漸步入「僵化和官僚危機」。

第五階段，再發展階段或衰退階段。該階段組織處於成長的老年期，其發展具有很大的不確定性，一種是再發展，另一種是衰退。有的組織經過成功的變革與創新，會在更好地適應環境變化的同時，重新獲得發展，組織會更成熟、更穩定。有的組織變革與創新失敗，不能適應環境的變化，從而逐步走向衰退。組織必須要努力變革，不斷開拓新的經營領域，培養成員團隊合作精神，增強組織的彈性。

上述五個階段基本概括了組織發展的順序，但在現實生活中，組織的發展可能會跳過某個階段而直接進入下一階段，而且這些階段也有交叉的地方。管理者需要結合組織發展階段及組織自身情況，及時調整管理方式，並不斷實施組織變革和創新。

二、組織變革的過程

20世紀以來，很多學者致力於研究組織變革，其中尤以美籍德國心理學家庫爾特·盧因最為出名。他提出了三步驟變革過程分析方法，即「解凍—變革—再凍結」模型。這一模型被很多管理者採用。

（一）解凍

組織的變革會遇到很多組織內部的阻力，因此必須在變革前做好相關準備工作。解凍就是組織營造變革的氣氛，讓組織成員樹立積極的態度，為組織變革做準備。解凍要求組織成員在否定現有狀態的前提下，打破組織舊有習慣，丟掉對以前各種做法的留戀。解凍

階段還需要描繪出組織變革的藍圖，讓成員瞭解變革後會取得的成績；樹立變革的目標，讓成員明確組織變革需要達成什麼樣的目標；指明變革的方向，讓成員知道努力的方向，如何更好地達成組織的目標。組織還需要形成可實施的方案，具體指導組織成員的行動。

（二）變革

變革是實質性的階段，具體實施組織變革行動，培養員工新的習慣，帶領組織進入新的狀態。在此階段，管理者要努力把消極因素轉變為積極因素，減少變革的阻力，發揮變革的動力。組織變革不僅是管理者的事情，還涉及全體員工。因此，管理者要積極鼓勵全體員工參與到組織變革中來，積極為組織變革建言獻策。

在解凍階段，組織已經擬訂了變革方案，管理者需要根據方案具體開展變革行動，使組織擺脫現有模式，積極向目標模式轉變。變革階段通常分為兩個步驟，分別是試驗和推廣。管理者首先會選定實驗對象來做典型試驗。這樣，一方面便於經驗的累積和總結，便於方案的修訂；另一方面能消除一些人的疑慮，從思想到行動，多方面改變那些變革的觀望者、反對者，讓他們也投身於組織變革中來。在試驗階段取得一定成效後，管理者會全面實施組織變革，向變革目標挺進。中國在改革開放初期，就選取了深圳試點；深圳試驗成功之後，便開始了大規模推廣。

（三）再凍結

再凍結是組織變革的最後一個階段，也是非常重要的階段。組織變革完成之後，並不意味著組織已經成功地進行了變革，也不意味著組織變革的結束。在現實生活中，組織變革階段之後，很多組織和成員都會退回到原有的行為習慣。再凍結就是為了鞏固組織成員的新習慣，強化組織變革的成果。在此階段，管理者需要採取強有力的措施，保證新的行為方式和組織形態能夠不斷地得到強化和鞏固，如獎勵對變革做出貢獻的員工，出抬新的規章制度等。如果沒有這一階段，組織變革之前的成果將會退化甚至消失。

三、組織變革的阻力

任何變革都不是一帆風順的，總會出現各種各樣的阻力。組織變革也同樣存在著一定的阻力。阻力阻礙了組織的發展與進步。但阻力並不一定都是消極的，反過來看，還有一定的積極性。阻力能使組織保持一定的穩定性，如果沒有阻力，組織行為會隨意而且混亂；如果有阻力，說明變革方案還存在優化的可能，管理者可以據此找出方案的缺點，並加以改正。組織變革的阻力來源主要有三種，分別是個體、群體和領導者。

（一）來自個體的阻力

組織最小的單位是人，組織所有的工作都是由人來完成的，包括組織變革。所以，個體對組織變革有著非常重要的影響。同時，組織的變革，也必定會觸及個體的利益。因此，在組織變革中，必然會有來自個體的阻力。變革從某種意義上來說，是未知的，很多人對變革都沒有把握，會表現得猶豫不決、提心吊膽。這肯定會影響變革的順利進行。

(二) 來自群體的阻力

在組織裡，個人往往以群體的形式存在，如部門、團隊等。組織變革勢必會影響到一些群體，與他們原有的規範、人際關係、行為習慣等產生衝突。組織變革會改變原有群體的規範，讓他們遵循新的規範；會破壞已形成的人際關係，讓他們被迫建立新的人際關係；會改變原有行為規範，強制他們按照新的行為規範工作。因此，在組織變革中，來自群體的阻力也是必不可少的，甚至會產生非常大的影響。清朝末期的戊戌變法，就受到了守舊派的阻撓，最終以失敗而告終。

(三) 來自領導者的阻力

為了保障組織的穩定性，組織會建立組織機制。組織通常由一系列子系統組成，它們相互依賴，共同發展；每個子系統均有其業務範圍、人事架構、組織資源等，每個子系統的領導通常會具體負責本系統相關事務。組織的變革，勢必會影響這些子系統，通常會受到子系統領導的阻撓。

組織變革有一定範圍，有的是全面變革，有的是部分變革。但一個子系統的變革勢必會影響到其他子系統，有的子系統的有限變革會使得更大系統的問題無效。組織變革中會涉及機構精簡、權力調整等，勢必會威脅到子系統一些領導甚至全部領導的權力。組織變革會改變組織原有資源分配結構，會影響部分獲利子系統人、財、物的減少，通常會受到他們的阻撓。

四、組織變革阻力的應對方法

有效的組織變革是一個消除變革阻力的過程。消除組織變革阻力的方法主要有溝通教育法、參與變革法、變革代言人法三種。

(一) 溝通教育法

因為管理者與員工所處的位置、知識結構和眼界等的不同，他們對組織變革的必要性和成果預期也不一樣。因此，溝通與教育在組織變革中非常重要。管理者與員工之間通過開誠布公的雙向溝通，切實瞭解員工阻撓變革的原因，並告訴他們變革的必要性，消除他們的顧慮，能有效地降低他們對改革的阻力，甚至會得到他們的支持。

(二) 參與變革法

克服組織變革阻力最有效的方法，是讓員工具體參與到組織變革中來。組織的工作需要員工來具體開展，組織的變革也需要員工參與。員工參與組織變革，能更好地瞭解組織變革，降低不確定性與風險，同時能夠發表自己的意見，為組織變革貢獻力量。

(三) 變革代言人法

變革代言人又稱為諮詢顧問。一些員工認為，管理者的變革動機帶有主觀性質，管理者有限的能力不能保證變革的有效開展。組織通過變革代言人法，一方面能有效地彌補管理者能力的不足；另一方面能通過專業的方法，客觀地認識組織面臨的各種問題，並提出

解決辦法。

另外，消除組織變革阻力的方法還有談判法、引入變革模式法、減少不確定法等。

五、組織創新內容

美籍奧地利經濟學家約瑟夫・熊彼特在《經濟發展理論》一書中，首次提出了「創新」一詞，並將之定義為「執行新的組合」。創新表現在企業裡，就是在調配和整合企業資源的基礎上，創造新的組織運行模式，建立新的生產關係。在任何組織，創新都是一項巨大的系統工程，由很多相互聯繫、相互作用的內容共同構成。組織創新的內容主要包括五個方面，分別是理念文化、管理體制、運行機制、職能結構和機構設置。

【專欄5-4】自由女神像的商機

有人曾說：「猶太人是世界上最聰明的人。」大概有人會以為是一句戲言，那我們一起看看下面這個實例吧。

一個猶太父親在集中營曾對兒子說：「現在我們唯一的財富就是智慧。」這位猶太父親就是麥考爾公司的創始人。英國的自由女神像在翻新之後剩餘了大量的垃圾，於是向社會招標，然而幾個月過去也無人問津，看起來無利可圖，抑或是擔心環保主義的抗議，可這時一個猶太小伙子投標了，他讓人把廢銅熔化鑄成小自由女神，把水泥塊和木頭加工成底座，把廢銅、廢鋁做成紐約廣場的鑰匙。最後，他甚至把從自由女神身上掃下的灰包裝起，出售給花店。不到3個月的時間，他讓這堆廢料變成了350萬美元現金，每磅銅的價格整整翻了1萬倍。這個小伙子便是麥考爾公司的創始人。

猶太民族生活在資源面積狹小的以色列，那裡基本是荒漠，是中東地區上唯一一個不產石油的國家。這個國度憂患重重，或許他們對漂泊、遷移、苦難的記憶無法磨滅，猶太民族很早就確立了他們的生存法則，資源土地以及一切有形的東西都會消失，一個人重要的財富是自己的頭腦，是知識，是創新。在世界人口中，猶太人的人數占比不足3‰，然而卻誕生了162位諾貝爾獎獲得者，在世界前50名富豪中有10名都是猶太人。以色列於1948年建國，面積還不及兩個北京那麼大，人口不到千萬，戰亂和動盪在這片土地上從未停息，然而科技對以色列GDP的貢獻率卻高達90%以上。以色列是一個舉世公認的創新國度。國家面臨的複雜局面，讓每個以色列人伴隨著他們出生，就肩負著一種責任和使命，而在今天這瞬息萬變的商業世界中，創新創業也充滿著生死未卜。不過無論如何，當世界經濟發展到今天，創新這條路雖然危險重重，但仍然是實現國家強大的唯一出路！

（一）理念文化

組織理念文化既包括精神現象及其內容，又包括這些精神內容賴以存在和發展的物質載體與基礎，還包括組織社會目標。精神現象及其內容主要包括企業哲學、企業精神、企業價值觀念、企業倫理、企業行為準則等；組織社會目標包括為社會服務、為人類利益服

務等。

（二）管理體制

管理體制又稱組織體質，是指以權力為中心，全面處理組織各層次之間的權、責、利之間的關係的體制。管理體制變革與創新需要注意三個問題：①正確設置不同層次的經濟責任中心，並消除因其設置不當而造成的管理過死或失控的問題。經濟責任中心主要包括投資中心、利潤中心、成本中心等。②提高一線地位，突出一線作用。管理職能部門需改變其理念和傳統結構，既要加大對一線的管理，又要切實做好服務。③基層管理中心下移。在作業層推行作業長制，提高作業長的權力，調整基層的責權結構。基層的問題由基層有經驗的人迅速解決，既能保證管理質量又能提高生產效率。

（三）運行機制

在組織內部建立「價值鏈」，並以之連接上下道工序、服務與被服務等各個方面。「價值鏈」能有效地降低組織成本，節約組織各項費用，提高組織整體效益。「價值鏈」還可以作為組織改革與創新的自上而下的考核標準和制度，如下道工序考核上道工序、主體部門考核輔助部門等。

（四）職能結構

職能結構創新主要解決兩個問題：①強化組織的核心業務與能力，主要通過分離非生產主體、發展專業化社會協作體系等。②加強生產前各個環節的工作，加強各類生產因素的管理。生產前的各個環節包括市場研究、技術開發、產品開發和生產過程之後的市場行銷、用戶服務等；生產因素包括信息、人力資源、資金與資本等。

（五）機構設置

機構設置需要綜合考慮組織設置哪些部門、部門設置哪些崗位、崗位設置哪些職務以及如何處理他們之間的關係等問題。具體做法上，可以推行機構綜合化，把相關性強的職能部門歸到一起，通過職能、部門、流程一一對應性設置，實現管理方式連貫、管理方式連續、管理渠道暢通等；也可以推行領導單職制，每個部門和各層領導只設置正職、不設置副職。

【專欄5-5】售賣綠色概念

汽車！綠化街道！兩者怎麼會聯繫在一起？著名的汽車大王青木勤社長想出來一個好的汽車銷售方法，並付諸了實踐，讓本田汽車名噪一時，這就是著名的「本田炒作案」。

這個炒作案是怎麼來的呢？原來是因為青木勤在上下班或者外出途中發現，隨著經濟的快速發展，人們對汽車的需求量直線上升，汽車需求量增大，排放出的尾氣增多，污染了空氣和環境，行道樹也漸漸枯萎。汽車是主要的罪魁禍首之一，青木勤感到有種罪惡感，我們的產品竟然會有這種負面效果。於是「每賣一輛車，種植一棵樹」這種理念在青木勤腦海裡蹦出來。本田公司將賣車的一部分利潤作為植樹的費用，每賣出一輛車，就在

街道旁邊栽種一棵樹，樹一棵棵的載上，環境也漸漸好轉，消費者產生了一種既然是買車，就買綠色環保能種樹的車。

正是通過這種另類的行銷手段，本田銷售量直線上升，實現了汽車、綠化雙合一的效果，其銷售量也在汽車行業中穩居第一。

六、組織創新模式

組織創新的方法多樣，基本可以歸結為三種主要模式，分別是戰略導向型模式、技術誘致型模式與市場驅動型模式。

（一）戰略導向型模式

組織戰略導向是組織創新的主要動力，具有內源性組織創新的特點。在任何組織中，管理者會隨時關注外部環境變化，並依據個人能力和素質對未來進行預測，並結合組織內部實際情況，做出戰略規劃和調整。這種模式的本質是組織文化創新和組織結構創新。組織文化創新通過形成新的行為規範，調整組織人際關係，轉變組織原有的觀念；組織結構創新通過組織責權體系與結構的重新配置，使組織結構能更好地適應組織的文化創新和結構創新。這種模式對管理者能力素質要求較高，管理者需要具備長遠的戰略眼光、超強的決策能力，尤其是善於創造性的學習和借鑑。

（二）技術誘致型模式

技術誘致型模式的主要動力來源於組織新技術的發展，會引起組織結構創新和組織文化創新甚至是組織戰略創新。技術的革新會導致連鎖反應，其必然導致組織產品的變化，從而引起產品結構也隨之發生變化，進而引起組織部門設置、資源配置、責權結構等一系列的調整，此即組織結構創新；在新的組織結構的影響下，組織價值觀念、行為規範也都會逐漸改變，引起組織文化的創新。有的組織會因為結構創新和文化創新而發生巨大的變化，從而進一步導致組織戰略創新。

技術誘致型模式是常見的組織創新類型，具有內源性、漸進式的特點，需要較長的時間才會引起整體上的變化。這種模式較適合產品單一化向多元化轉變的組織，但需要多角度考察新舊產品之間的關係，避免組織機構重疊和資源浪費等問題。

（三）市場驅動型模式

市場驅動型模式的主要動力來源於市場競爭壓力。在市場競爭壓力下，組織必須想盡辦法求生存、謀發展，通過多種方式提高自身競爭力。其中，組織的技術創新、結構創新、文化創新、戰略創新是提高競爭力的重要手段。市場驅動型創新有一定的邏輯順序，從文化創新開始，引發大規模的戰略創新，進而通過反覆的結構創新來實現組織的整體創新。這種創新模式屬於內源性創新，分為漸進式和激進式兩種，組織需要結合內、外部環境具體選擇。選擇市場驅動型模式的組織，要有市場競爭壓力和轉變觀念的意識，要有創新的觀念和勇氣，還需要熟悉市場變化。

【微課堂——創意課堂】有效創新四法

創新是人類特有的認識能力和實踐能力，是人類主觀能動性的高級表現，是推動民族進步和社會發展的不竭動力。各領域、企業、行業、學校組織都在回應國家大眾創業和萬眾創新的口號。只有堅持創新，才能不斷發展。創新到底有哪些方法呢？據調查，常用的有效創新方法主要有四種，分別是頭腦風暴法、團隊合作法、借勢助力法和創新型模仿法。

頭腦風暴法出自「頭腦風暴」一詞。無限制的自由聯想和討論，其目的在於產生新觀念或激發創新設想。大家聚在一起集中討論，發表自己的意見，在暢所欲言中挖掘出大家潛在的力量。這是一種智慧的碰撞，擦出創新靈感的火花。頭腦風暴法的特點是讓與會者敞開思想使各種設想在相互碰撞中激起腦海的創造性風暴，這是一種集體開發創造性思維的方法。

團隊合作是一種為達到既定目標所顯現出來的自願合作和協同努力的精神。它可以調動團隊成員的所有資源和才智，並且會自動地驅除所有不和諧和不公正現象。我們無時無刻都離不開合作，工作中需要合作、學習中需要合作、生活中需要合作，學會合作是打開成功之門的鑰匙。

借勢助力法，站在巨人的肩膀上繼續創新，努力學習前輩經驗、方法，有效地提升自己，達到提升自己與團隊創新的能力。

創新型模仿法，創新是壟斷利潤的源泉，在模仿者出現之前，這種壟斷利潤可以源源不斷。而隨著全球化的到來，沒有人不受競爭壓力的影響。技術迅速變革，致使產品和經營模式很快過時。創新性模仿具體包括兩種方式：一種是完全模仿創新，即對市場上現有產品的仿製。一項新技術從誕生到完全使市場飽和需要一定時間，所以創新產品投放市場後還存在一定的市場空間，使技術模仿成為可能。另一種是模仿後再創新。這是對率先進入市場的產品進行再創造，也即在引入他人技術後，經過消化吸收，不僅達到被模仿產品技術的水準，而且通過創新，超過原來的技術水準。要求企業首先掌握被模仿產品的技術訣竅，在進行產品功能、外觀和性能等方面的改進，使產品更具市場競爭力。

【微課堂——創意課堂】345 法則

提高創新能力的方法多種多樣，接下來跟大家講一個能夠提高創新能力的345法則，3代表三顆星，4代表四種能力，5代表5個必須。下面將一一向您介紹什麼叫345法則。要想獲得創新能力，首先要擁有一顆好奇心，生活中善於觀察身邊的事物，積極思考，不懂就問，不要不懂裝懂；還要有恒心，對身邊的現象進行探索，不要輕易地改變自己的想法，要堅持自己的立場；最後要保持一顆平常心，找準自己的定位，端正態度，以一顆平常心面對一切事情，還要時刻做好失敗的心理準備。創新能力不是一蹴而就的，需要腳踏實地，一步一步地來。你首先除了需要擁有三顆星之外，還要擁有四種能力，他需要你時刻保持存疑的態度，這種疑問是創新的基礎；其次，要有較強的邏輯思維能力，通過邏輯推斷識別知識的真偽；再次，要有豐富的想像力，學會從不同的角度思考問題，得出不同的結果，從多維度的角度思考問題，思辨能力想要充滿活力，也需要注入豐富的想像力；最後，任何一個假說都應該被驗證，所以還需要有較強的論證能力。當然，要提高創新能力，就不能紙上談兵，必須通過參與創新活動來提升實際的創新力。而在參與實際活動時，需要牢記5個必須：①必須學會留心觀察周圍發生的事情，因為留心往往才能發現問題，才能找出問題；②必須及時回顧想到的問題，加強記憶；③對於平時腦海閃現的問題，必須要隨手記錄下來；④在創新過程中必須要有自己的特色；⑤對自己的創新成果必須進行保護。

任務五　技能訓練

一、應知考核

1. 組織工作的內容具體包括（　　）。

①根據組織目標的要求建立一套與之相適應的組織機構，明確規定各部門的職權關係。

②明確規定各部門之間的溝通渠道與協作關係，在各個部門之間合理地進行人員調配。

③根據組織外部環境的變化，適時調整組織的結構和人員配置。

④按照組織規模大小，可以把組織劃分為小型組織、中型組織和大型組織。不同規模的組織所擁有的資源不同。

  A. ①②③   B. ①③④
  C. ②③④   D. ①②④

2. 下列選項中，關於組織分類說法正確的是（　　）
①按照組織的形態不同，可以把組織劃分為實體組織和虛擬組織。
②按照組織是有意建立還是自發形成，可以把組織劃分為正式組織和非正式組織。
③按照組織的特性的不同，可以把組織劃分為機械式組織與有機式組織。
④按照組織目標的不同，可以把組織劃分為營利性組織、非營利性組織和公共組織、宗教組織。
⑤按照組織的性質不同，可以把組織劃分為政治組織、經濟組織、文化組織、群眾組織。
⑥按照組織規模的大小，可以把組織劃分為小型組織、中型組織和大型組織。

  A. ①②③④⑤⑥   B. ②③④⑤
  C. ①③⑤⑥   D. ②④⑤⑥

3. （多選）在組織設計原則中，我們應注意（　　）方面。
  A. 集權與分權相結合原則，集權與分權相結合原則要求根據組織的實際需要決定集權與分權的程度
  B. 穩定性與適應性相結合原則要求組織結構在穩定性與適應性之間取得平衡，從而保證組織的正常運行
  C. 責權對等原則要求組織中的各層次、各崗位的責任和權力相一致，在權力範圍對所承擔的任務負完全責任
  D. 專業化分工就是要把組織活動的特點和參與組織活動的員工的特點結合起來，把每個員工安排在適當的領域中累積知識、發展技能，從而不斷提高工作效率
  E. 統一指揮原則是組織層級設計的重要原則，它是指組織的各級機構及個人必須服從唯一上級的命令和指揮。只有這樣，才能保證政令統一，行動一致

4. 組織設計，即使其組織中所有成員對＿＿＿＿＿等方面的相關事項的分析討論。（　　）
  A. 經營、內部結構和外部結構   B. 內部結構、經營和各項發展規劃
  C. 經營、外部經營和各項發展規劃   D. 內部結構、外部結構、各項發展規劃

5. 組織設計的內容主要包括（　　）。
①根據所處時期需達到的前期規劃所規定的要求，在成員的職能、職務方面進行較為合理的考量，以對組織進行結構等方面的設計。
②通過對部門、層級的合理調整，使各個「分支」在上下左右關係、職責權限和分工

協作上有較為明確的劃分。

③確立「分支」間的任務執行程序和信息反饋平臺，並在一定程度上根據實際情況確定相關規定和執行方式，保證內部高效合理運行。

  A. ①②　　　　　　　　　　　　B. ②③
  C. ①③　　　　　　　　　　　　D. ①②③

6. 任何設計都有著屬於自己的原則，那麼＿＿＿＿＿是組織結構設計的一般原則。（　　）

①專業化
②管理幅度
③命令統一
④權責對等
⑤系統化

  A. ①②③④　　　　　　　　　　B. ②③④⑤
  C. ①③④⑤　　　　　　　　　　D. ①②③④⑤

7. 下列選項中，關於影響組織設計因素錯誤的是（　　）。

  A. 在不同的發展環境中，組織結構的整體特徵會呈現相同的特徵
  B. 組織戰略在設計時應根據戰略發展的不同階段進行具有較強適應性的組織結構調整
  C. 科技更新發展速度日益迅速，其對組織企業的發展的影響日益深刻
  D. 組織的結構設置應該根據組織規模而變化，以確保管理層能準確做出決策
  E. 根據企業生命週期理論，在不同的發展階段，組織所具有的特徵也是各有差異

8. 在組織設計影響因素中，發展階段對企業至關重要。下列選項中，說法正確的是（　　）。

  A. 創業階段：組織呈現出小規模、非官僚、非規範化的明顯特徵，重點主要放在及時調整產品結構方面
  B. 聚合階段：組織所劃分出的職能部門較多，但各自所具有的權力依然體現出一定的分散性，在一定時期需要一定程度上的放權，保證在內部運行時效率有所提升
  C. 規範化階段：逐步呈現出較為明顯的官僚化特點，組織內部具有明顯的層次，工作方面開始出現程序化、規範化的模式
  D. 成熟階段：規模逐步呈現出巨大的特點，並建立日益龐大的官僚體系作為內部主要運行依據

9. 下列選項中，關於職能劃分部門優缺點說法正確的是（　　）。

①將資源利用率進行相關的提升，以達到規模經濟。將完成類似工作的組織團隊成員

力量進行有效整合；對於生產、行銷等部門，在資源方面具有較為明顯的優勢的同時達到規模經濟。

②符合專業化原則。職能部門專業性提升將專業知識和專業技能開發逐步作為重點，在一定時間內可快速形成整體素質較高的專家隊伍。

③適應性差。由於環境因素變化較為迅速、創新要求程度不同，組織對於部門間合作的要求逐步提升，而缺乏一定程度上的合作就表明環境變化適應性不夠強，阻礙創新。

④符合專業化原則。職能部門專業性提升將專業知識和專業技能開發逐步作為重點，在一定時間內可快速形成整體素質較高的專家隊伍。

⑤有利於綜合管理者的培養。部門管理者主要是對分工等進行全面管理和協調，對綜合性管理者的培養是較為有效的。

  A. ①②③④⑤   B. ②③④⑤
  C. ①③④⑤   D. ①②③④

10. 下列選項中，關於按產品劃分部門優缺點說法正確的是（ ）。

①有利於綜合管理者的培養。部門管理者主要是對分工等進行全面管理和協調，對綜合性管理者的培養是較為有效的。

②對各項業務進行深入研究，從而對產品質量提升和產品功能加強、業務改進具有較為明顯的積極作用，以便顧客需要得到及時滿足。

③更多具有全面管理能力的人。

④部門的本位主義。各部門關注部門內的工作，部門內具有良好的合作關係，但部門間缺乏合作，各自為政。

  A. ①②③④   B. ①③④
  C. ②③④   D. ①③④

11. 下列選項中，關於按地區劃分部門優缺點說法正確的是（ ）。

①能對本地區環境變化進行較強的針對性反應。

②有利於綜合管理者的培養。

③總部協調困難。

④需要更多具有全面管理能力的人。

  A. ①②③   B. ②③④
  C. ①②③④   D. ①③④

12. 集權與分權＿＿＿＿絕對區別，主要是職權在一定層面上的相對的集中程度和＿＿＿＿。（ ）

  A. 並無 凝聚程度   B. 並無 分散程度
  C. 有 凝聚程度   D. 有 分散程度

13. 下列選項中，影響集權與分權程度的因素錯誤的是（ ）。

A. 決策的代價。若某項決策出現失誤時有很大影響，它可能是由高層做出的，而若某項決策出現失誤時影響較小，則可能是由高層做出的。

B. 控制技術。如果管理者為了解職權的運用情況、避免重大失誤，且已經具有較好的控制技術和工具，則分權程度就會高；相反，則趨向於集權。

C. 組織變革的速度。變革速度快的組織則問題會更多、更新、更複雜，因此，它不得不進行分權；相反，變革速度慢的組織，則可能集權的程度高一些。

D. 環境的變化。如在經濟高速增長的環境中，市場活躍，機會增多，為了抓住時機，可能分權多一些；相反，在宏觀緊縮的環境中，為了集中力量擺脫困境則可能集權多一些。

14. 下列選項中，關於授權的要求說法正確的是（　　）。
①明確職責。
②根據預期成果授權。
③授權對象適合。
④順暢的溝通渠道。
⑤有適當的控制。
　　A. ①②③④　　　　　　　　B. ②③④⑤
　　C. ①③④⑤　　　　　　　　D. ①②③④⑤

15. 直線職能制結構融合了直線制結構和職能制結構的優點和缺點。下列選項中，說法正確的是（　　）。

A. 各部門分工較為細緻，任務較為明確；能夠充分發揮管理者和專家的才能

B. 各部門的穩定性相對較高；能保證對員工的集中統一的指揮

C. 管理者通常具備某一方面的才能，熟悉某一方面的內容，不易培養熟悉全局的管理人才；管理者與職能人員目標不易統一，協調工作難度較大

D. 細緻的分工和明確的任務目標，使各部門局限於本部門的責任和目標，缺乏全局觀念；可充分發揮專家的作用

E. 以上說法都正確

二、案例分析

1. 某公司有高層管理人員5人，高層、中層、基層的管理幅度分別為5人、6人和10人。現該公司通過加強管理人員培訓，提高了他們的自身素質和工作能力。公司還通過規範管理制度，完善管理措施，進一步明確了各部門職責，同時，把管理權限更多地授予中層管理人員和基層管理人員。這樣，既調動了中層管理人員、基層管理人員的工作積極性，又保證了高層管理人員能集中精力和時間處理企業的重大事項。由此，也使得公司內部的管理幅度發生了變化，高層管理人員、中層管理人員、基層管理人員的管理幅度分別

擴大為7人、10人和15人。

分析與討論：

導致該公司管理人員管理幅度變化的主要原因是什麼？

2. 鼎立建築公司原本是一家小企業，僅有10多名員工，主要承攬一些小型建築項目和室內裝修工程。創業初期，人手少，胡經理和員工不分彼此，大家也沒有分工，一個人頂幾個人用，拉項目，與工程隊談判，監督工程進展，誰在誰干，大家不分晝夜，不計較報酬，有什麼事情飯桌上就可以討論解決。然而，隨著公司業務的發展，特別是經營規模不斷擴大之後，胡經理在管理工作中不時感覺到不如以前得心應手了。首先，讓胡經理感到頭痛的是那幾位與自己一起創業的「元老」，他們自恃勞苦功高，對後來加入公司的員工，不管現在公司職位高低，一律不看在眼裡。鼎立建築公司再也看不到創業初期的那種工作激情了。其次，胡經理感覺到公司內部的溝通經常不順暢，公司內部質量意識開始淡化，對工程項目的管理大不如從前，客戶的抱怨也正逐漸增多。請分析為什麼會出現這種情況，應該怎樣改進？

鼎立建築公司取得成功的因素主要有：

（1）人數少，組織結構簡單，行政效率高；

（2）公司經營管理工作富有彈性，能適應市場的快速變化；

（3）胡經理熟悉每個員工的特點，容易做到知人善任、人盡其才；

（4）胡經理對公司的經營活動能夠及時瞭解，並快速做出決策。

鼎立建築公司目前出現問題的原因：

（1）公司規模擴大，但管理工作沒有及時地跟進；

（2）胡經理需要處理的事務增多，對「元老」們疏於管理；

（3）公司的開銷增大，資源運用效率下降。

改進建議：加強制度建設，強化公司組織建設，做好內部分工；向各部門適當放權，增加管理人員的責任心；加強公司紀律，並以「元老」們為突破口。

3. 作為海爾集團的董事長兼首席執行官，張瑞敏經營著一個年收入將近300億美元的成功企業，並將海爾打造成中國第一個國際品牌。很多人認為張瑞敏是中國企業管理者中的領先人物。當他在青島接管這家瀕臨倒閉的冰箱製造廠時，很快發現該工廠生產的冰箱質量非常差。然後，他給了這些工人一些大錘，命令他們把這些冰箱挨個砸毀。他傳播了這樣的信念：堅決不再容忍糟糕的質量。通過他的商業培訓，張瑞敏成功地重組了海爾，實現了高效的大批量生產。但如今在21世紀，張瑞敏相信成功要求一種截然不同的能力。因此，他重組了公司，使之成為各個自我管理團隊。張瑞敏做到了！他深刻地理解了一個組織的設計如何才能幫助該組織取得成功。你從這位與眾不同的管理者身上學到了什麼？

4. 組織志願者。

你很可能從來沒有考慮過，志願者會是組織結構中的一員，但對於很多組織來說，這些個體提供了一種有大量需要的勞動力來源。也許你曾經在仁人家園、無家可歸者的避難所或一些非營利組織中從事過志願者工作。不過，如果這些志願者工作發生在營利性企業中會怎樣？並且這項工作的職務說明書中寫著「一天中花幾個小時坐在電腦前，為顧客提出的一些技術問題提供在線回答，如如何建立一個互聯網家庭網絡或者是如何為一個新的高清電視編程序」，而這一切都沒有酬勞。很多大型企業、創業型企業和風險投資者都在打賭，這種「新興的網絡精通助手團隊將會改變客戶服務領域」。

自助付款、自助登記、自助訂單、自助加油（儘管你們中的大多數人很可能由於太年輕而不記得有一個服務生在幫你加油、檢查你的油表並清洗你的擋風玻璃），很多企業變得越來越擅長讓顧客自行做一些免費工作。現在，它們通過讓「志願者」去從事某些特定的工作任務將這種概念更深入地加以應用，尤其是在客戶服務情境中。

近幾年，很多研究密切關注這些志願「狂熱者」所充當的角色，尤其是在研發環節的創新貢獻。例如，一些案例研究強調了早期滑板運動者和山地車騎行者對他們的齒輪傳動裝置進行的產品調整。研究人員也對開源軟件如Linux操作系統背後的程序員進行了研究。似乎從事「志願者工作」的個體受到的激勵主要來源於一種享受過程的回報、獲得同行之間的尊重以及某種程度上他們的技能得以提高。隨著個人自願完成工作任務的概念應用於客戶服務領域，它是否能夠行之有效？對於管理者而言，這意味著什麼？

例如，威瑞森公司提供了高速光纖網絡、電視機和手機服務，志願者在公司發起的客戶服務網站中免費為客戶回答技術上的相關問題。馬克·斯塔德尼斯（MarkStuchess）是威瑞森公司電子商務部的負責人，他對這樣的網站非常熟悉，用戶在網站上提供一些建議並回答問題。他面臨什麼挑戰呢？為客戶服務找到一種能夠充分利用這些潛在資源的方式。他的解決方式是什麼？「超級」用戶或者領導者用戶，即那些在網絡論壇上提供最佳答案和建議的用戶。

威瑞森公司的做法似乎收到了很好的效果，這些在線志願者成為公司客戶服務領域一種重要的「添加劑」。斯塔德尼斯說創造一種氛圍使這些超級用戶感到自我滿足是關鍵所在，因為沒有這些，你將什麼也沒有。在結構設計上與威瑞森公司合作的一家公司說，這些超級用戶或者領導者用戶與狂熱的游戲玩家一樣受到同樣的在線挑戰和其他方面的驅動。所以，他們設置了一種結構，為這些貢獻者的排名、「榮譽計數」等精心製作了一個評級系統。到目前為止，斯塔德尼斯對一切的運作均感到很滿意。他說公司發起的客戶服務網站極其有用。

問題討論：

（1）你如何看待這種利用志願者完成那些由其他人領取薪酬來完成的工作？

（2）如果你處於馬克·斯塔德尼斯的位置，對於這種安排你面臨的最大問題會是什

麼？你將如何「管理」這些問題？

（3）這些志願者將如何與公司的組織結構相結合？逐一考慮組織設計的六項要素，並討論每一種要素將如何影響這種結構方式。

（4）你認為這種方式是否適用於其他類型的工作或其他類型的組織？請解釋。

三、項目實訓

1. 一個公司未來的良好運作可能取決於該公司的學習能力。

組成一個3~4人的小組。你們這個組的工作就是查找那些關於學習型組織的最新信息。你很可能會被約寫很多篇關於這一話題的文章，但是把你的報告限制在5篇以內。利用這些信息，以項目列表的形式來討論你對「一個公司未來的良好運作可能取決於公司的學習能力」這句話的一些看法，篇幅在一頁紙左右。請在這頁的列表最後，寫下你所參考的這5篇文章的文獻信息。

2. 如果今天你上午8點到11點半有四節課，而你的社團組織又有個活動，你怎麼辦？

3. 一大型企業集團大力開展多樣性與跨區域經營戰略，下設三個職能部門，分別為職能部門1、職能部門2和職能部門3。現經營12類產品，分別為A，…，L，其中每一種產品的經營過程都具有相對獨立性，A、B、C、D產品的經營分佈在東北地區，E、F、G、H、I產品的經營分佈在西北地區，其餘三類產品的經營分佈在東南地區。

要求：

（1）設計企業組織結構圖。

（2）簡要闡述這一組織結構的性質和特點。

4. 實訓項目：深入一家工商企業瞭解其組織結構。

實訓目的：

（1）通過對某一個企業組織結構的瞭解分析，培養學生對有關知識的綜合應用。

（2）初步掌握組織設計和分析評價的技能。

實訓內容：

（1）瞭解某一企業的組織結構的設置及相互之間的關係；

（2）瞭解某一部門基層管理人員的職責和具體內容；

（3）對該企業現有職責結構狀況進行分析評價，提出自己的建議。

實訓考核：

（1）繪製所調查企業的組織結構圖，製作一份職務說明書；

（2）寫一份800字左右的實訓報告。

5. 校園活動組織工作實踐。

第一，以小組為單位討論，選擇一個即將舉辦的校園活動，比如即將舉辦的校園歌曲大獎賽，請你按以下步驟對該活動進行組織設計。

(1) 確定本次活動的宗旨和目標；
(2) 列出比賽從開始到結束的全部工作清單，越詳細越好；
(3) 對步驟（2）的工作清單進行分析，然後按有關原則進行工作歸類；
(4) 對每類工作配備負責人及參與人員；
(5) 明確每個負責人及參與人員的工作職責、權限，製作一份職務說明書；
(6) 制定相關制度及溝通流程。

第二，請認真參與該活動或瞭解本次活動的每一個細節，對照你的設計方案，分析活動的實際組織者的成功或不足之處，進一步完善你的設計方案。

第三，請對本次活動每個參與者的組織工作能力進行點評。

項目六　領導

【引導案例】媒介大亨——泰德‧特納

泰德‧特納是美國的傳媒家，他的座右銘是「要麼領導，要麼服從，別無他途」。他的職業生涯時刻充滿著挑戰，面對各種消極、懷疑的聲音，他堅持前行，以最終的成果向所有人宣布自己「固執」的意義。

1963 年，他 24 歲，為支撐家中產業，不得不放棄課業進修，離開布朗大學。幾年後，家中困境得到較好轉變，他在亞特蘭大購買了一家獨立的小型電視臺，並以「超級電視臺」命名。

他的電視臺的作用很大，不僅可以放映舊時影像，也可以進行即時現場直播。在之後的時間裡，他利用先進的當代科技，以最新的衛星轉播技術，並開拓新市場，為自身所熱愛的事業不斷進步，為超級電視臺的長期發展奠定了良好的基礎。

同時，他所信任的勇敢者棒球隊也經過不斷努力在 1992 年進入世界強手之列。

1981 年，特納認定 24 小時新聞直播必有市場，儘管當時沒有一個人贊成他的想法，但他還是傾盡全部財力創了有線電視新聞網（Cable News Network，CNN），且獲得了令人難以置信的經濟效益。

5 年後，他再次嘗試「挑戰」——以自己的實力買下聯合藝術家電影圖書館。與以往一樣，批評家們都認為他是個傻瓜，但事實再一次證明了他們的錯誤，特納的 CNN 因為經常上演經典影片而獲得了巨大成功。

發現別人看不到的機遇和大膽追求成功的能力，使泰德‧特納明顯區別於一般的企業經理。1993 年 1 月的《時代周刊》授予他「本年度先生」的稱號。

任務一　領導概述

一、領導的含義

領導從表面上可理解為率領、帶領、引導、指揮。目前對領導的內涵界定並未形成統一，各有千秋。管理大師彼得‧德魯克認為，有效的領導應能完成管理的職能，即計劃、

組織、領導和控制。斯蒂芬·羅賓斯認為領導就是影響一個群體實現目標的能力。孔茨則認為領導是指影響人們為組織和群體的目標做貢獻的過程。最具代表性的定義，是由美國管理學家孔茨、奧唐奈和韋里奇給出的。他們認為，領導是一種影響力，是對人們施加影響的藝術或過程，從而使人們熱心地為實現組織或群體的目標而努力。雖然關於領導的理解各不相同，但是這些研究給出了理解領導的幾個關鍵點。

一般情況下會認為領導具有管理職能，是由領導者和領導行為構成的。領導者是指在某類特定狀況下，通過支配、控制和影響組織中執行者的相關實踐來實現組織預定目標的組織角色；領導行為主要指根據組織相關管理制度所規定的職權和個人才能去指揮、命令和引導員工為促進組織發展規劃而努力執行自身主要工作的營運過程。

領導者即組織機構中發揮領導作用的人。對於正式組織來說，領導者是指具有一名及以上下屬的各級主管。例如，在工業企業中，下自班組長上至廠長，都可被認為是領導者，分別被稱為班組領導、車間領導、廠領導等。由於基層主管主要負責實施企業決策，因此大多數有關領導的研究主要是針對組織上層主管所面臨的種種問題而進行的。

【專欄6-1】傑出的領導人史蒂夫·鮑爾默

微軟公司是全球最著名的公司之一，其中有一批非常出色的管理者。史蒂夫·鮑爾默是其中一位，他為微軟公司的發展立下了汗馬功勞。

史蒂夫·鮑爾默，美國人，1956年出生於底特律。他從小便顯示出了極高的天賦。小時候，在讀書/運動等方面，表現非常突出；高中時候，他在學術上的造詣也逐漸顯現出來，甚至在SAT考了滿分（SAT相當於美國的高考）；在全國數學大賽中，他名列前十；1980年，他進入哈佛大學數學系，屢次獲得獎學金，並順利獲得數學和經濟學學士學位；大學期間，他曾在紅色哈佛報和文學雜誌擔任重要職務，並發表過多篇文章；在加入微軟前，他曾在寶潔公司擔任產品助理經理，並進入斯坦福大學商學院深造。

史蒂夫·鮑爾默有良好的個人魅力。他熱情洋溢，對待員工和下屬充滿了熱情，能夠很好地調動員工的積極性；他精力充沛，常常以飽滿的熱情投入工作中，並能積極影響員工；他幽默風趣，能夠和員工親密的交流，並讓員工感到和藹可親；他盡職盡責，能夠圓滿完成領導交予的各項任務。

在微軟公司的30年裡，史蒂夫·鮑爾默擔任過多個重要職位。1980年，他先後負責微軟公司營運、操作系統的開發、銷售和支持等工作；1998年7月，他升任微軟公司總裁，主要負責微軟公司的日常管理與營運；2000年1月，他升任微軟公司首席執行官，全面負責微軟公司的管理，並承擔實現微軟公司夢想的重要使命。在他的努力下，微軟公司逐步發展壯大，其軟件為我們日常生活、工作、學習帶來了非常大的便利。

二、領導的基本要素

【專欄6-2】發揮所長無廢人

清朝康熙年間，在平定三藩的戰爭中，湧現了一批著名的將軍。其中，文人將軍周培公，就是其中非常著名的一位。他帶領軍隊參加大大小小數十場戰鬥，很少有戰敗的。有的戰爭他甚至能以少勝多，以弱勝強。他之所以能如此，除了熟讀兵法、用兵如神、治軍嚴謹、愛兵如子外，最主要的原因是他知人善任。在他的軍隊裡，所有人都能發揮作用。

有的將軍不信，便當著大家的面說道：「那不一定吧。殘疾人你也能用嗎？」

周培公聽了對方的話後，認真地說道：「當然能用！殘疾人甚至能發揮更大的作用。」

在周培公的軍隊裡，殘疾人也得到了很好的重用。周培公根據他們的「優勢」，給他們安排了合適的崗位。盲人的聽力比別人靈敏，周培公讓盲人晚上在陣地前沿探聽敵情；聾人因為聽不見，周培公讓他們做勤務兵，防止軍事機密洩露；瘸子因為跑得慢，周培公讓他們守炮臺，他們為了活命只能死守。周培公的知人善任，讓每個士兵都能夠充分發揮其作用，這為戰爭的勝利打下了堅實的基礎。

啟示：世上沒有廢物，只是放錯了地方。金無足赤，人無完人。每個人都是優點和缺點的綜合體。世界上沒有絕對的人才和庸才。人才只是在合適的崗位上做事情，庸才只是在不合適的崗位上做事情。在現實生活中，很多人任人唯親、隨意用人，這是一種很不合理的做法，甚至會給組織帶來毀滅埋下伏筆。管理者應該充分瞭解組織中每一位成員的情況，掌握他們的優勢和劣勢。在此基礎上，將他們安排在合適的崗位上，發揮他們的優勢。讓合適的人去做合適的事，這會起到事半功倍的作用，組織的效益會得到極大的提升。

在某個時期，人們為了實現某項已制定的目標，有目的、有意識地形成一個行動過程，被稱為領導。而領導者的主要職責在於合理有效地利用企業內部所擁有的人力、財力和物力，以達成企業的目標和任務。在領導活動中，最基本的要素有三個，分別是領導者、被領導者和目標。

【微課堂——創意微課】如何用人

（1）領導者。領導者是領導活動的主體，處於主導地位。「火車跑得快，全靠車頭帶」這句話生動形象地說明了領導者對組織活動的決定性作用。

（2）被領導者。被領導者是領導者領導的基礎。他們既受領導者的「指揮」和「協調」，又制約著領導者的活動，決定著目標能否實現。所以，作為領導者，只有充分重視被領導者的才智和積極性，才能發揮其指導者、組織者、指揮者的作用。如果一旦脫離了被領導者，或者違背了被領導者的意志而盲目蠻幹，則將一事無成。

（3）目標。由領導者、被領導者根據客觀環境、客觀條件所決定的目標，也是領導活動中一個不可缺少的要素。正確的目標是組織領導者和被領導者的根本利益所在，也是領導者與被領導者發揮能動性的突出表現。

三、領導的基本特徵

（一）權力

權力是領導的核心，領導者對下屬領導的基礎就是權力。領導是由權力派生而來的。這裡的權力通常是指影響他人的能力或控制力。

（二）責任

權責統一。領導者是權力和責任的統一體，在享受一定權力的同時，也要承擔相應的責任。領導者的職權同責任成正相關。職務越高，職權越大，責任也就越大；職務越低，職權越小，責任也就越小。因此，責任是領導者權力的象徵。如果有責無權，領導者就會無法盡責；如果有權無責，就會產生各式各樣的官僚主義及濫用職權，兩者必須是統一的。

（三）服務

領導者應重視服務的觀點，不僅強調領導者對被領導者的服務，公司、組織對顧客對公民的服務，也強調上級為下級服務、政府部門為企業服務等。綜上所述，領導活動的基本特徵就是權力、責任和服務三者的統一，它們相互聯繫、相互制約，缺一不可。權力是手段，責任是內容，服務是核心。任何一個領導者只有把這三者有機地統一起來，才能充分體現領導活動的本質。

四、領導的作用

領導工作，可以理解為與人的因素相關的所有內部營運工作，如激勵、溝通、營造組織氣氛和建設組織文化等內容。領導的具體作用主要表現在以下幾個方面：

（一）指揮作用

任何一個組織中，都需要有能高瞻遠矚、運籌帷幄、思維敏捷的領導者引領員工認清形勢，指明發展方向及明確發展途徑，幫助組織成員最大限度地實現組織目標。領導者應該始終站在群體前列，引導並激勵員工努力工作，更好地實現組織目標。

（二）協調作用

組織是由人構成的，由於每個人的能力、知識背景、職業背景、成長經歷等各不相

同，員工思想認識上產生分歧、行動偏離目標的現象就不可避免。因此，領導者必須有效地協調人們之間的關係，凝聚組織各成員的力量，提高組織的戰鬥力，朝著組織共同目標努力。

（三）激勵作用

現階段，勞動仍然是人們謀生的重要手段。當人們的物質需要及精神需要得不到滿足，或人們在工作、學習、生活中遭遇挫折時，人們的工作熱情必然會受到影響。領導工作的目的就是要充分調動每個成員的工作積極性，促使人們努力工作。

五、領導的影響力

【專欄6-3】鯰魚效應

鯰魚是群居魚類。它們雖然個體實力很小，但生命力卻非常頑強。鯰魚的首領通常由魚群裡較強壯的鯰魚擔任，其他的鯰魚都會追隨著首領。首領往哪裡遊，它們也會往哪裡遊；首領幹什麼，它們通常也會幹什麼。

德國動物行為學家霍斯特，做過一個非常著名的試驗。他將鯰魚中領頭魚的腦部除掉之後，又把它放進了魚群裡。這時候這條魚雖然還活著，但卻喪失了一條正常魚的的抑制能力，只能任意而遊。但令人驚訝的是，其他的鯰魚，依然視它為魚群的領導，竟然也盲目地跟著它到處遊來遊去。

啟示：鯰魚效應說明了領導者在組織中有著非常重要的作用，甚至起著決定性的作用。在一個組織裡，領導的權力、聲望等，能有效地影響內部成員。因此，領導優秀與否，不僅關係著個人的成敗，也與組織的命運密切相關。

領導影響力的主要來源是權力，主要有兩個方面：第一，職位權力或正式權力，主要由組織賦予；第二，個人權力，來源於領導者個人。

（一）領導權力的含義

領導是一種來源於權力的影響力，而權力則是指一個人借以影響另一個人的能力。領導者要實施領導工作就需要具有一定的權力。領導的權力指的是領導者有目的地影響下屬心理與行為的能力。

從廣義上講，如果某人能夠提供或剝奪別人想要卻又無法從其他途徑獲得之物，此人就擁有高於別人的權力。形成權力關係的另一個條件，是重要資源的稀缺。權力與依賴關係的性質和強度，取決於資源的重要性、稀缺性和不可替代性。

（二）權力的類型

根據權力來源的基礎和使用方式的不同，可以將組織中的權力分為職位權力和非職位權力兩大類（見圖6-1）。其中：職位權力包括法定權、獎賞權和懲罰權三種；非職位權力包括專長權、個人魅力、背景權和感情權四種。

```
                        權力
              ┌──────────┴──────────┐
           職位權力                非職位權力
         ┌───┼───┐           ┌───┬───┬───┐
        法  獎  獎          專  個  背  感
        定  賞  懲          長  人  景  情
        權  權  權          權  魅  權  權
                                力
```

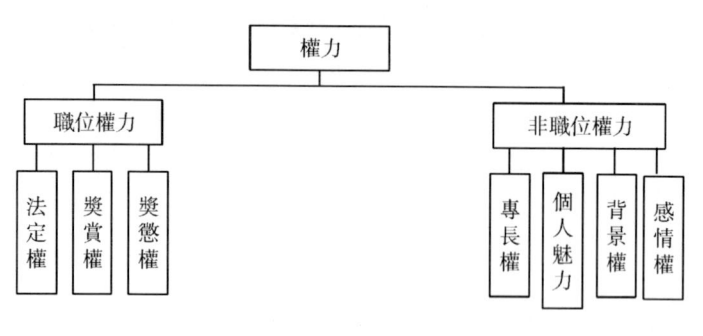

圖 6-1

1. 職位權力

職位權力是指由於領導在組織中擔任一定職務而獲得的權力。

（1）法定權，即組織基於職位所分配的與職務相匹配的正式權力；

（2）獎賞權，即決定是提供還是取消獎勵、報酬的權力；

（3）懲罰權，即通過精神、感情或物質上的影響，強迫下屬服從的一種權力。

以上三種權力都與組織中的職位聯繫在一起，是從職位中派生出的權力，因此統稱為職位權力。

2. 非職位權力

非職位權力是指與組織的職位無關的權力。

（1）專長權，即由個體的信息和專業特長等所形成的影響力；

（2）個人魅力，即由個體的人格、精神等因素所形成的一種無形的綜合影響力；

（3）背景權，即由個體以往的經歷而形成的影響力；

（4）感情權，即由個體和被影響者的感情狀況而形成的影響力。

任務二　領導理論

關於領導行為的研究，很早之前就已開始。國內外很多學者從不同的角度提出了多種領導理論。這些理論有很大的差別，但卻有一個共同的目的：探究如何塑造成功的領導者。

領導理論的發展大致可以分為三個階段：第一階段，領導特質理論，從 20 世紀初期開始，具體研究領導者應具備的人格特徵；第二階段，領導行為理論階段，從 20 世紀 50 年代開始，具體研究領導者的行為；第三階段，領導權變理論階段，從 20 世紀 60 年代開始，主要通過建立權變模型，綜合研究各種領導理論。

一、領導特質理論

領導特質理論又稱領導品質理論或領導特性理論，以領導者個人特質為主要研究內容，主要研究領導者的哪些特質能提高領導的有效性。領導者身上有很多特質，不同的特質對領導的效果影響也不一樣。學者通過對好的領導者特質和差的領導者特質的對比分析，找出能有效地提高領導有效性的特質。此種研究始於心理學。

領導特質理論是最早的領導理論，為其他領導理論的研究打下了一定的基礎。其理論主要有傳統領導特質理論和現代領導特質理論兩類。

（一）傳統領導特質理論

傳統領導特質理論又被稱為「天才論」「偉人論」，開始於 20 世紀初，認為領導者的個人特質是一種天賦，是先天決定的，而且所有領導者的特質都是相同的。換言之，只有具備先天領導特質的人才能當領導，不具備先天領導特質的人不能當領導。

此觀點在古希臘時候便被很多人認同。希臘哲學的集大成者亞里士多德也認為，所有的人在出生的那一刻，便注定了他是統治別人還是被別人統治。管理學家們開展了大量的研究，從個性、生理、智力等多方面因素，探索領導者的特質。

研究進行了半個多世紀，產生了很多古代領導特質理論。亨利在大量調查的基礎上認為，成功領導者應具備 12 種品質，分別是成就需要強烈、干勁大、對待上級態度積極、組織能力強、決斷力強、自信心強、思維敏捷、不斷樹立新的目標、講求實際、親近上級、對父母無情感牽扯、忠於職守。心理學家吉普將天才領導者的基本特質分為 7 種，分別是善良、外表英俊、才智過人、有自信心、心理健康、有支配他人的慾望、外向而敏感。巴納德歸納了成功領導者必備的 5 種特質，分別是活力和耐力、說服力、決策力、責任心及智力能力。

美國著名管理學家吉賽利，在前人研究的基礎上，做了深層次的研究。他認為，有效的領導者需具備 8 種性格特徵和 5 種激勵特徵。8 種性格特徵包括才智、主動性、督查能力、自信、與下屬關係密切、決斷能力、性別、成熟程度；5 種激勵特徵包括對工作穩定性的要求、對金錢獎勵的要求、權力慾、自我實現的慾望、責任感與成就感。他還提出，不同的性格特徵對管理效能的重要程度不同，最重要的性格特徵是督查能力、成就感、才智、自我實現的慾望、自信、決斷能力。

（二）現代領導特質理論

隨著管理實踐的不斷檢驗和理論研究的不斷深入，傳統的領導特質理論逐漸受到質疑。有學者專門做了一項統計，認真分析了 1940—1947 年進行的 124 項針對天才領導者特質的研究。他們發現，這些研究的結論差別非常大，人們對領導者個人特質的歸類各不相同，有的甚至產生了很大的矛盾。他們做了進一步研究，發現有效領導者與平庸領導者只存在數量上的差別，不存在質量上的差別；很多有天才特質的人，沒有成為領導者甚至

連一般的員工都沒有做好。

從20世紀70年代開始，現代領導特質理論開始出現。該理論認為，領導是個動態過程，領導者的特質並非天生的，而是在後天的實踐中培養和訓練形式的。該理論反對傳統領導特質理論對天賦的誇大，強調了後天實踐的作用，認為領導素質是多元化的，需要根據實際工作決定。

世界各國的研究者們均提出了很多理論觀點。美國普林斯頓大學教授鮑莫爾，具體研究了美國企業界的實際情況後，認為成功的企業領導者應具備10個條件，分別是合作精神、決策才能、組織能力、精於授權、善於應變、勇於負責、勇於求新、敢擔風險、尊重他人和品德超人。麥肯錫諮詢公司創始人馬文·鮑爾在其著作《領導的意志》中，認為領導者須養成14種品質，分別是值得信賴、公正、謙遜的舉止、傾聽意見、心胸寬闊、對人要敏銳、對形勢要敏銳、進取、卓越的判斷力、寬宏大量、靈活性和適應性、穩妥而及時的決策能力、激勵人的能力和緊迫感。日本企業界認為，領導者應具備10項品德和10項能力。10項品德分別是使命感、責任感、依賴感、積極性、忠誠老實、進取心、忍耐性、公平、熱情、勇氣；10項能力分別是思維決定能力、規劃能力、判斷能力、創造能力、洞察能力、勸說能力、解決問題能力、培養下級能力、調動積極性的能力。

領導特質理論主要從領導者與被領導者之間的個體差異來確定領導者應具備的特質，並努力培養其特質。但實際上，並沒有哪一種特質能確保組織所有事務的成功。其主要原因有三點：第一，忽視了下屬的需要；第二，沒有區分特質與成功之間的因果關係；第三，忽視了具體情境的因素。

【專欄6-4】人的特質取決於什麼？

狼孩在世界很多國家都發現過，很多科學家也都對之進行了研究。

1920年，一位牧師在印度加爾各答西南的一個小城附近的叢林裡，發現了兩個由狼養大的小女孩，便把她們救了下來，送到了附近的孤兒院裡。這兩個小女孩在被救下時，一個才一歲多，另一個七歲多。一歲多的小女孩，在孤兒院裡僅活了不到一年就死了；七歲多的小女孩活了近10年，人們給她取名卡瑪輝。卡瑪輝的生活習性，與正常人有很大的區別，反而與狼的習性和特徵一樣。她喜歡赤裸著身體，不喜歡穿衣服；她走路用四肢爬行，不像正常人一樣直立行走；她的鼻子非常靈敏，用鼻子尋找食物；她喜歡吃生肉，而且還是扔在地上的生肉；她的生活作息時間也與人有很大的區別，白天蜷縮在黑暗的角落裡睡覺，夜裡則像狼一樣號叫和四處遊蕩；她有一口尖利的牙齒，耳朵還能抖動。另外，她還經常逃跑，想逃回叢林裡。專家給她做了智力水準測試，發現她的智力非常低下。15歲時，她的智力僅和3歲兒童一樣。

專家們經過對「狼孩」長期的研究，得出了一個統一的意見。人類的知識、才能等，不是天生的，是在後期不斷的社會實踐中培養、鍛煉的。人不是孤立的，而是高度社會化

的產物。後天環境決定著人類的生存和成長。人類有自身的社會環境和集體生活環境。如果人脫離了這個環境，離開了集體生活，那麼人將無法成長甚至無法正常生存。

二、領導行為理論

隨著社會的發展，人們對領導特質理論的有效性提出了很大的質疑。20世紀40年代開始，隨著行為科學的興起，學者對領導的研究逐漸轉向領導者偏愛的行為。所謂領導行為，就是對不同類型的領導行為形態、方式、風格的概括。領導行為理論認為，領導是群體中的一種現象，領導行為能有效地引導下屬的行為，讓他們為組織目標而努力。該理論主張，評價領導好壞的標準，應根據領導外在的行為制定，而不是根據領導內在的素質制定。

關於領導行為理論的研究，有很多種不同的主張。這些主張大概可以分為兩大類：一類是權力運用的領導方式理論，代表性理論有領導風格理論和支持關係理論；另一類是態度和行為傾向的領導方式，代表性理論有領導四分圖理論和管理方格理論。

【專欄6-5】三位領導的藝術

每到年底的時候，各組織、企業通常會召開各種總結大會。彩虹工程諮詢公司召開了由各分公司經理參加的會議。但因為今年公司效益不好，董事會決定今年過節不發獎品。會議的氛圍不是很好，每個分公司經理都有些為難，有的分公司經理甚至不知道如何處理。會議結束後，各分公司經理紛紛離開總公司，返回了自己的分公司。

張經理主要負責第一分公司。他回去後，召開了員工大會，並如實地傳達了總公司的會議精神。公司員工聽到此消息後，非常驚訝，大家議論紛紛地離開了，很多員工心裡還很不爽。

王經理主要負責第二分公司。他回去後，也召開了員工大會。在會議上，張經理傳達了今年過節不發獎品的意思，但還說公司要裁員。員工聽了之後，非常驚訝，同時也很忐忑。在大家忐忑不安中，王經理又說道，鑑於大家表現良好，又經過他積極向公司建議，公司領導決定不裁員。員工聽了後，非常開心，紛紛回到崗位，開始積極的工作。

劉經理主要負責第三分公司。他回去後，也召開了員工大會。在會議上，劉經理傳達了總公司的會議精神，員工們聽了之後，非常驚訝。在他們驚訝期間，劉經理留下一句話就離開了。「公司還要裁人！」員工們人人自危，紛紛離開了。沒多久，員工們紛紛提著禮品，去了劉經理家裡。劉經理又給他們一番鼓勵後，員工們紛紛開心地離開了。總公司雖然沒有發獎品，但第三分公司的員工的工作積極性卻非常高；劉經理也中飽私囊，獲利頗豐。

（一）領導風格理論

心理學家勒溫認為，領導的行為風格與權力密切相關，權力的不同決定了領導風格的

不同。他據此將領導者的行為分為三種，分別是專權型領導、民主型領導和放任型領導。

1. 專權型領導

專權型領導將權力集中在領導者身上，個人決定一切。他們的權力來源於職位，通過建立嚴格的管理體制，制定鐵一般的紀律來控制員工。專權型領導認為決策是自己的事情，下屬需要無條件服從命令。其主要特點有：①獨斷專行，組織決策由自己獨立完成，且不考慮其他人的建議；②統攬大局，組織所有工作的內容、程序和方法，均由領導者安排，員工只能按要求行事；③絕對權威，領導者主要通過行政命令、紀律約束、訓斥懲罰來管理組織和維護自身權威，偶爾才會獎勵員工；④保持距離，領導者與下屬只有工作上的來往，從不把其他信息告訴下屬，會保持相當的心理距離。

2. 民主型領導

民主型領導能發揮團隊下屬的作用，通過集思廣益等形式制定決策。他們的權力來源於他所領導的群體，會充分發揮團隊裡每一個成員的作用，調動他們的積極性，共同參與組織決策。其主要特點有：①與下屬磋商。組織任何工作都要和下屬商量，在意見統一後再採取行動。②合理分工。分配工作時，會照顧到每個成員的能力、興趣和愛好。③具有選擇性和靈活性。下屬的工作不是非常具體，有很大的自由空間。④樹立威信。管理者更多依靠的是個人的權力和威信而非職位權力和命令。⑤不設距離。團隊的各類活動，領導者會積極參加，與下屬沒有心理上的距離。

3. 放任型領導

放任型領導通過向下屬提供有效的信息與組織外部建立關係，與下屬協作開展工作。他們的權力來源於下屬的信賴，認為下屬不需要控制和管理，下屬工作的積極性可以經過充分授權和良好的福利來調動。因此，他們通常撒手不管，不干涉下屬的行為；下屬行為完全自由，想怎麼做就怎麼做。

勒溫指出，領導者的行為方式大多是混合型的，三種極端的領導方式相對較少。勒溫還發現，領導風格對組織氛圍和工作績效的影響，他因此還開展了系列試驗加以驗證。其中，民主型領導方式的工作效率最高，放任型領導方式的工作效率最低。

領導者的行為受多種因素的影響。勒溫的理論只考慮了領導者風格，沒有充分考慮到具實際所處的情境因素。勒溫的理論為領導行為理論研究奠定了基礎，對後續的影響非常大，很多理論都在其基礎上發展而來。

【專欄6-6】你是哪一類型領導者

請你結合自身情況，回答下列問題。如果你有以下行為，就填「是」；如果你沒有以下行為，就填「否」。

_____ 1. 你喜歡咖啡館、餐廳這類的生意。

_____ 2. 平常在決定或政策付諸行動之前，你認為有說明其價值的理由。

_____ 3. 在領導下屬時，你認為嚴格監督他們的工作，不如從事計劃、控制等管理工作。

_____ 4. 在你所屬部門有一位下屬最近錄用的陌生人，你不介紹自己而先問他的姓名。

_____ 5. 你同意下屬接觸流行風氣。

_____ 6. 你在分派任務給下屬前，一定把目標及方法告訴他們。

_____ 7. 你認為與下屬過分親近，會失去下屬的尊敬，所以你選擇主動遠離他們。

_____ 8. 公司組織郊遊活動，大部分人希望星期三去，你認為最好星期四去，你不會自己做主。

_____ 9. 當你想讓下屬做一件事情時，你一定以身作則，從而讓他們跟隨你做。

_____ 10. 你認為撤某個下屬的職，並不困難。

_____ 11. 你認為與下屬越親近，越能夠領導好他們。

_____ 12. 你將解決方案交給下屬執行，但下屬認為這個方案有毛病。你並不生氣，但仍因問題沒解決而感到不安。

_____ 13. 你認為防止犯規的最佳方法是處罰犯規者。

_____ 14. 假定你因對某一問題的處理方式受到批評，你認為與其宣布自己的意見是決定性的，還不如說服下屬請他們相信你。

_____ 15. 你會讓下屬為了自己的私事而與外界自由會晤。

_____ 16. 你認為每個下屬都應該對你忠誠。

_____ 17. 你認為與其自己親自解決問題，不如任命委員會去解決問題。

_____ 18. 你認為在團隊中發生不同意見是正常的。

請你統計以上問題中選擇「是」的項目，並參照以下分類進行統計。

（1）1、4、7、10、13、16，如「是」最多，你有成為專權型領導者的傾向。

（2）2、5、8、11、14、17，如「是」最多，你有成為民主型領導者的傾向。

（3）3、6、9、12、15、18，如「是」最多，你有成為放任型領導者的傾向。

（二）支持關係理論

1945年，美國密執安大學社會調查研究中心的一些專家，開始對企業領導方式進行一項長期研究。他們用了17年的時間，調查訪問了大量的美國企業。在此基礎上，他們將領導方式歸納為三種類型和兩種傾向，三種類型分別是權威型、協商型、參與型，兩種傾向分別是以工作為中心和以員工為中心。

權威型領導方式分為兩種，分別是專制權威型和開明權威型。專制權威型將權力集中於最上層，下屬人員沒有權力甚至沒有發言權；開明權威型的權力控制在最上層，領導雖然專制，但也會將部分權力下放到中下層。協商型領導方式的領導對下屬人員有一定的信

任，相關事務會和下屬商量，但重要決策仍掌握在自己手裡。參與型領導方式的領導對下屬完全信任，下屬對組織問題可以充分發揮自己的意見。

以「工作為中心」的領導方式重視組織任務，認為員工只是達到目標的手段，通常採取結構化的分工、嚴密化的監督、規範化的管理等手段，營造規範、嚴格的工作環境，來提高員工的工作效率；以「員工為中心」的領導方式重視人際關係，較關注下屬的需要和成長，通常採取較寬鬆的工作環境來提高員工的工作效率。

利克特指出，採用參與型領導方式的企業，其生產率比其他企業都高，並建議其他企業都採用這種領導方式。參與型領導應體現三個基本概念：運用支持關係原則、集體決策和樹立高標準的工作目標。

(三) 領導四分圖理論

領導四分圖理論又稱「情景」領導方法，在20世紀40年代末，由美國俄亥俄州立大學研究並提出。他們以領導行為的獨立維度為視角，搜集了上千種領導行為並將之進行歸納，從而找出有效領導行為的影響因素。最後，他們認為，有效領導的行為由結構和關懷兩個因素決定。他們將其用兩個維度來建構，分別是結構維度和關懷維度，並提出了四種基本的領導行為。

結構維度指的是領導與下屬的角色，包括設立工作、工作關係和目標的行為等；關懷維度指的是領導與下屬的工作關係，包括看法、情感、信任等。「高—高」風格的領導者，對工作和人都比較關心，領導效果最好；「低—低」風格的領導者，對工作和人都不關心，領導效果最差；低結構的領導者，較為關心與下級之間的合作，重視互相信任和互相尊重的氣氛；低關懷的領導者，最關心的是工作任務。見圖6-2。

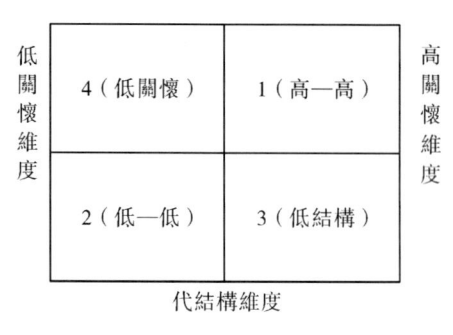

低關懷維度	4（低關懷）	1（高—高）	高關懷維度
	2（低—低）	3（低結構）	

代結構維度

圖 6-2

(四) 管理方格理論

1964年，美國德克薩斯大學的行為科學家布萊克和穆頓共同出版了《管理方格》一書，書中提出了管理方格理論。他們認為，任何組織中的領導方式，都是兩種因素不同程度的組織。這兩種因素分別是「對人的關心」和「對生產的關心」。因此，他們用二維圖

表設計出了管理方格圖（見圖6-3），通過不同的維度來描述不同的領導風格。

在圖6-3中，橫坐標表示領導對生產的關心程度，具體表現為對研究的創造性、產品產量、服務質量、產品質量等的關係；縱坐標表示領導對人的關心程度，具體表現為對個人責任、職工的自尊、上下級信任、工作環境、人際關係等的關係。每個維度劃分為九個刻度，共同組合成81個管理方格，每個方格即為一種領導方式。其中，有5種領導方式較為典型。

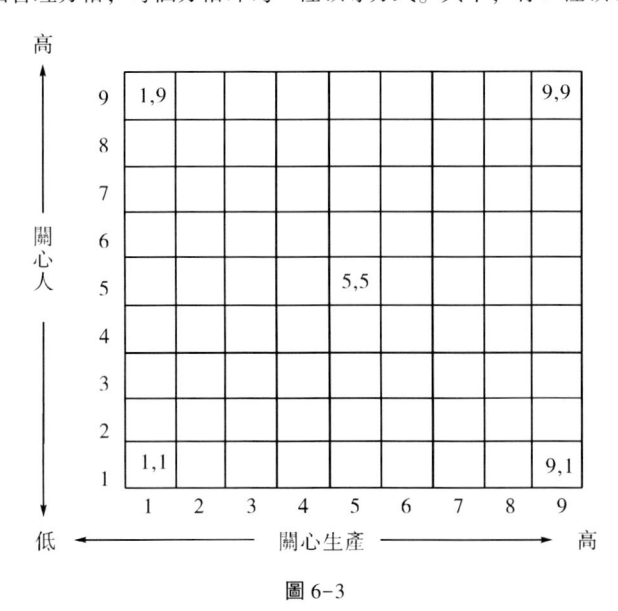

```
關心人
高
9 │ 1,9                           9,9
8 │
7 │
6 │
5 │           5,5
4 │
3 │
2 │
1 │ 1,1                           9,1
  └─1──2──3──4──5──6──7──8──9──
低          關心生產          高
```

圖6-3

（1）1，1「貧乏型管理」：領導對生產和人都不關心，管理基本處於無序。領導通常只做一些基本的事情，最低限度實現組織工作、維護成員關係。但當下屬素質非常高、能夠實現自我管理時，這種方式就必要，又被稱為「無為而治」。

（2）9，1「任務型管理」：又稱為權威型管理。領導對生產很重視，對人的關心較少。領導對員工控制較嚴格，通常建立了較嚴格的工作制度，使工作有序開展。

（3）9，9「連隊領導型管理」：又稱為戰鬥型管理或團隊型管理。領導對生產和人都非常關心，組織目標和個人目標有效結合。領導既高度重視各項工作，又能有效地激勵員工，充分調動員工的積極性。這也是所有領導方式中效果最佳的。在實施過程中，領導要建立個人與組織之間良好的、共同的利益關係。

（4）1，9「鄉村俱樂部型管理」：領導對人非常關心，對生產關心較少。領導重視上下級之間良好的關係，通過建立一種友好的組織氛圍和滿足員工的需求，來調動員工的積極性，提高員工士氣。

（5）5，5「中間路線型管理」：又稱為中庸型管理。領導對生產和人都關心，兩者兼

顧，但程度適中。這類領導能找到工作的平衡點，既對工作的質量和數量有一定的要求，又能有效地維持員工士氣。但他們往往缺乏進取心，願意保持組織現狀。

三、領導權變理論

隨著理論研究的逐漸深入，人們發現，並沒有那種固定的領導行為是絕對有效的，也不一定適合所有的管理行為；而且某種領導方式是否有效，受多種因素的影響，不僅取決於領導者個人因素，還與被領導者、具體情景等其他因素有關。

20世紀60年代後期，領導權變理論出現。該理論主張有效的領導方式因工作環境的不同而變化，一切要以時間、地點、條件為轉移。領導權變理論一經提出，便有了極大的發展。很多學者從不同的角度提出了很多具體的理論。其中，有代表性的理論主要是菲德勒權變理論、情境領導模型和路徑—目標理論。

（一）菲德勒權變理論

【微課堂——創意微課】精確管理

【專欄6-7】領導的管理藝術

美國有一家制帽廠——斯特松，經營歷史在行業中可謂是「老師傅」。但是，組織的發展都會出現低落期，主要表現如高時耗低效率、產品低於預期標準等。這個情況很快被一位名叫薛爾曼的管理顧問瞭解，決定前去調查一番，在解決問題的同時也為自己的職業生涯累積了經驗。

通過他的瞭解，可以分析得出：公司內管理者之間、員工之間的信任度嚴重低下，且互相缺乏溝通，領導也無法得知相關實際情況，因此出現了員工因頂撞領導多次被開除、工資無故拖延緩發等情況，使內部關係日趨緊張。此時，他認真思慮一番後，首先找到較為有遠見的管理層對其管理方式進行瞭解，之後帶著他們去找負面情緒滿滿的員工，當面進行交流溝通，以將長期以來未能解決的問題在短時間內解決。顯而易見，經過一番協調和溝通，員工的不滿情緒煙消雲散，各種問題也不再出現，內部營運更加高效，生產出的產品在市場上也慢慢再次被人大量購買。

從1951年起，開始研究領導方式權變調整。經過16年的研究，菲德勒於1967年提出了權變理論，管理學界稱之為「菲德勒權變理論」。該理論認為，各種領導方式都可能在一定的環境內有效，這種環境是多種內、外部因素的綜合作用體。菲德勒將領導環境具

體分為三個方面，分別是上下級關係、任務結構和職位權力。

上下級關係是指組織成員對領導者的尊敬、信任、喜愛和願意追隨的程度。下級對上級的尊重與領導環境成正比。下級對上級越尊重，則上下級關係越好，領導環境也越好；下級對上級越不尊重，則上下級關係越差，領導環境也越差。任務結構是指任務的明確程度和部下對這些任務的負責程度。任務性質越清晰、明確而且例行化，並且下屬責任心越強，則領導環境越好；任務性質越模糊而且隨意化，並且下屬責任心越弱，則領導環境越差。職位權力是指領導者所處的職位具有的權力與權威的大小，或者說領導的法定權、強制權、獎勵權的大小。權力越大，群體成員遵從指導的程度越高，領導環境也就越好；權力越小，群體成員遵從指導的程度越低，領導環境也就越差。

菲德勒專門設計了LPC問卷，即通過詢問領導者對最不與自己合作的同事的評價，來測定領導者的領導方式。這種評價分為兩種類型，分別是低LPC型和高LPC型。低LPC型領導傾向於工作任務型的領導方式，領導對同事評價大多富有敵意；高LPC型領導傾向於人際關係型的領導方式，領導對同事評價大多富有善意。

菲德勒還將對1,200個團體的調查進行了系統整理和分類，將三個環境變數又任意組合成了8種群體工作環境，見表6-1、表6-2。

菲德勒認為，領導環境決定了領導方式，不同的環境需要選擇不同的領導方式。當環境較好或較差時，領導應採用工作任務型的領導方式，即低LPC領導方式；當環境中等時，領導應採用人際關係型的領導方式，即高LPC領導方式。見表6-1。

表 6-1

環境因素	好			中等			差	
上下級關係	好	好	好	好	差	差	差	差
任務結構	明確	明確	不明確	不明確	明確	明確	不明確	不明確
職位權力	強	弱	弱	弱	強	弱	強	弱
領導方式	低 LPC			高 LPC			低 LPC	

表 6-2

環境類型	1	2	3	4	5	6	7	8
領導-員工關係	好				差			
任務結構	高		低		高		低	
職務權力	強	弱	強	弱	強	弱	強	弱

【專欄6-8】最不喜歡的合作者（LPC 量表）

在我們的學習、工作、生活中，會和很多人合作共事。在這個過程中，有的人工作效率高、工作質量好，我們很願意和他們合作；也有人工作效率低、工作質量差，我們很不願意和他們合作。回想一下與你共事的那些人，從這些人中挑出你最不喜歡合作的人。他（她）可以是以前的同學、朋友，也可以是現在的領導、同事；他（她）可以是你喜歡的人，也可以是你討厭的人；他（她）可以是長輩，也可以是下屬；他（她）可以是男性，也可以是女性。但他（她）必須符合一個條件：把工作做好。請你根據菲德勒 LPC 問卷中的形容詞來描述他。此問卷中包含 16 對意義截然相反的形容詞，每對形容詞又分為 8 個等級。請你在問卷中圈出他（她）的真實情況的等級數，並計算出你的 LPC 分數。

快樂	8	7	6	5	4	3	2	1	不快樂
友善	8	7	6	5	4	3	2	1	不友善
拒絕	1	2	3	4	5	6	7	8	不拒絕
有益	8	7	6	5	4	3	2	1	不有益
冷淡	1	2	3	4	5	6	7	8	不冷淡
緊張	1	2	3	4	5	6	7	8	不緊張
疏忽	1	2	3	4	5	6	7	8	不疏忽
冷漠	1	2	3	4	5	6	7	8	不冷漠
合作	8	7	6	5	4	3	2	1	不合作
助人	8	7	6	5	4	3	2	1	敵意
無聊	1	2	3	4	5	6	7	8	有趣
好爭	1	2	3	4	5	6	7	8	融洽
自信	8	7	6	5	4	3	2	1	猶豫
高效	8	7	6	5	4	3	2	1	低效
鬱悶	1	2	3	4	5	6	7	8	開朗
開放	8	7	6	5	4	3	2	1	防備

評分：請你計算 16 對形容詞的等級分數，其總和即為你的 LPC 分數。如果你的總分數高於 64 分，那麼你就是人際關係傾向的領導；如果你的總分數低於 64 分，那麼你就是任務導向的領導。

（二）情境領導模型

情境領導模型又稱領導生命週期理論，由美國管理學者卡曼首先提出，後經美國管理學者赫塞和布蘭查德發展並廣為流傳。情景領導模型注重對下屬成熟程度的研究。下屬成熟程度是指員工執行某項具體任務的能力和動機組合。他們認為，下屬的成熟程度對領導者的風格選擇有非常大的影響。成熟程度的評估主要考察員工的工作知識水準、能力和技

巧以及承擔責任的意願和獨立工作的能力。

情境領導模型借鑑了管理方格圖相類似的分類，將領導行為分為工作行為和關係行為兩方面，又將這兩方面分為高、低兩種情況，從而得出了四種特定的領導行為，即命令、說服、參與和授權。該理論將工作行為、關係行為和被領導者的成熟度結合，創造了三度空間領導效率模型，並將成熟度劃分為四個等級，並對應四個象限，見圖6-4。

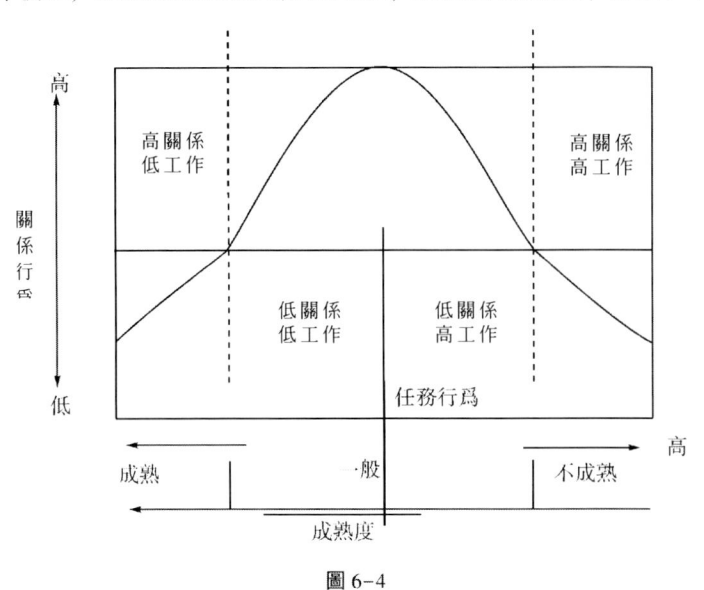

圖 6-4

R1階段對應第一象限，如果下屬既無能力也無意願完成任務，應採取命令方式，即「高工作低關係」的領導方式，以下達工作命令為主；

R2階段對應第二象限，如果下屬有意願但無能力完成任務，應採取說服的方式，即「高工作高關係」的領導方式，主要採用說服、感情溝通、相互支持等；

R3階段對應第三象限，如果下屬有能力但無意願完成任務，應採取參與方式，即「低工作高關係」的領導方式，下屬參與討論，共同決策；

R4階段對應第四象限，如果下屬既有能力也有意願完成任務，應採取授權的方式，即「低工作低關係」的領導方式，賦予下屬較大的權力。

情境領導模型是行為科學的具體運用，建立在其他理論之上，主要包括三種：麥格雷戈的X理論和Y理論、馬斯洛的需要層次理論和卡爾·羅吉斯的人本主義。從理論角度來講，情境領導模型並沒有超越其他行為科學家；但從實踐角度來講，卻有其獨到的貢獻。尤其是對員工的重視，是其他管理學家所不及的。

（三）路徑—目標理論

1968年，加拿大多倫多大學教授羅伯特·豪斯首次提出了路徑—目標理論。該理論借

鑑了美國心理學家佛隆的激發動機的期望模式和俄亥俄州立大學的領導行為四分圖。

　　路徑—目標理論的基本精神是領導工作的程序化。其最大的特點是，立足點是組織下屬，而不是領導者。豪斯認為，領導者的基本任務就是通過幫助下屬設定和實現目標，從而提高下屬的能力，滿足下屬的需要，發揮下屬的作用。路徑—目標理論有兩個基本原理：原理一，領導方式必須是下屬樂於接受的，這樣才能夠給部下帶來利益；原理二，領導方式必須具有激勵性，以績效為依據，並支持和幫助下屬實現績效。這就要求領導，既要識別下屬的個人目標，又要建立與個人目標有效的績效掛勾的報酬體系，還要幫助、支持、輔導、指導下屬達到滿意的績效水準。

　　豪斯從權變思想出發，把領導方式分成四種類型，分別是指導型領導、支持型領導、參與型領導和成就取向型領導。①指導型領導能為下屬制定出明確的工作標準及嚴格的規章制度，對下屬需要完成的任務會進行詳細說明，包括工作目標、如何完成、完成任務時限等；②支持型領導對下屬態度友好，更多地關注下屬的福利和需要，尊重下屬，關心和理解下屬；③參與型領導邀請下屬一起參與決策，徵求他們的想法和意見，將他們的建議融入團體或組織將要執行的那些決策中去；④成就取向型領導對下屬期望很高，充分信任下屬，會為下屬制定很高的工作標準，並堅信下屬有能力完成目標。

　　豪斯主張領導方式的可變性，領導要根據部下特性、環境變量、領導活動結果的不同因素來選擇。為了達到滿意的績效結果，領導必須考慮環境的權變因素和下屬的權變因素（見圖6-5）對工作過程的影響。環境的權變因素包括工作的性質、正式權力系統等；下屬的權變因素包括員工的教育程度、領悟能力、對獨立性的需求程度、對成就的需要等。

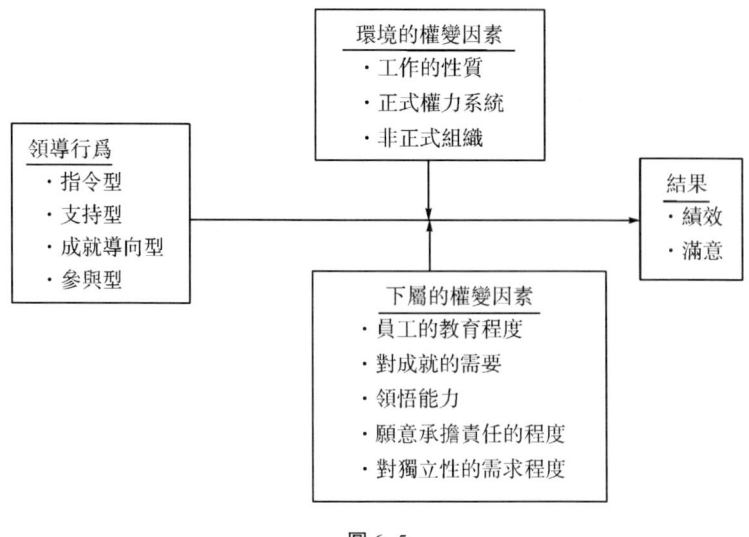

圖 6-5

任務三　溝通

一、溝通的概念

溝通，不論是在日常生活還是在組織營運管理工作中都是基本要求和必要環節。著名管理學大師彼得·德魯克就明確將溝通作為管理的一項基本職能，因此，管理的主要工作，包括計劃、組織、領導等各項職能的發揮都是與溝通不可割裂的。比如，領導職能發揮最大程度上取決於成員對決策的理解、支持，也對溝通進行了一定程度上的要求。

溝通主要分為6種：①個體內部溝通，即自我對話；②人際溝通，即個體之間的溝通；③群體溝通，即成員之間的意見交流與整合；④公共溝通，即以個人公共關係影響公眾；⑤大眾溝通，即以大眾傳媒影響公眾；⑥跨文化溝通，即成員之間在不同文化背景的前提下的溝通。

二、溝通的過程

簡單來說，由信息發布者以特定方式將有效信息及時傳遞至各接收者並由其做出相應的反饋。具體來說，溝通的過程由發送者、編碼、信息、渠道、接收者、解碼和反饋七大要素組成，見圖6-6。

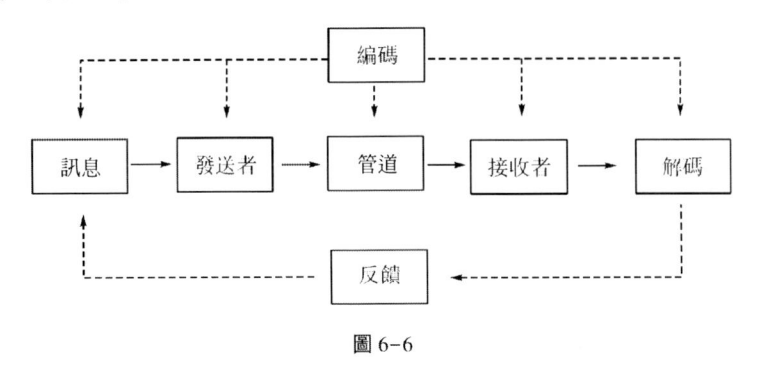

圖 6-6

1949年，美國信息學者香農和韋弗出版了《傳播的數學理論》一書，首次提出了「傳播過程的數學模式」，又稱「香農-韋弗模式」。

就過程而言，溝通是雙方之間意思的傳達和接收。它包含了四部分：

（1）你需要表達什麼？
（2）你以何種渠道傳達？
（3）對方如何理解你的表達？

（4）你的方式對整個過程有什麼樣的影響？

然而，有幾點是需要做好準備的：

（1）信息應當得到合理的接收，即做好對「接收者」這一角色的安排；

（2）信息的發布、傳遞需要根據實際情況進行安排；

（3）信息發布者、接收者需要做好信息傳遞的完美切合，保證最有效的信息最終到達初定的成員群體。

三、溝通的類型

（一）按溝通信息流向劃分

1. 上行溝通

顧名思義，上行溝通的特點在於自下而上，即組織內部同一系統內較低層次人員向較高層次人員的溝通，如請求、書面或口頭匯報等。

2. 下行溝通

相比而言，下行溝通的特點在於自上而下，它是指組織內部同一系統內的較高層次人員向較低層次人員的溝通，一般以命令方式傳達上級組織或上級所決定的政策、計劃、規定之類的信息。它是傳統組織中最主要的溝通信息流向。

3. 平行溝通（水準溝通）

平行溝通可理解為組織內部同一層次人員之間的溝通，如高層管理者之間、中層管理者之間、生產工人與設備修理工人之間都屬於平行溝通。

4. 斜向溝通

斜向溝通可理解為在不同層級部門間或個人的溝通，如行銷經理與品管課長之間的往來。

（二）按溝通載體劃分

1. 口頭溝通

口頭溝通建立在口頭語言的渠道之上，傳遞速度快、信息量全且廣，但存在信息真實性流失的弊端。

2. 書面溝通

書面溝通區別於口頭溝通，主要借助語言文字作為媒介，持久性較強，真實性較好，但信息交流效率較低。

3. 非語言溝通

非語言溝通主要以面部、肢體語言對溝通產生加強或否認作用，信息的作用明顯，但傳遞距離有限。

4. 電子媒介溝通

電子媒介溝通具有傳遞速度快、內容廣的特點，但因基於文字，無法瞭解更多信息。

（三）按溝通途徑劃分

1. 正式溝通

正式溝通主要應用於重要消息和文件的傳達等，如組織內部的文件傳達、定期或不定期的會議制度等。

2. 非正式溝通

非正式溝通隨意性、自發性較為明顯，以工作之外的交流較好的人群作為基礎，且各項事務無須提前進行準備，安排也具有靈活性。如同事之間任意交談甚至通過家人之間傳遞等。

四、溝通的障礙及策略

【專欄6-9】哪種領導類型更有效

張健，由於工作較為突出，一年前被從基層職員提拔為西區經理。他認為自己相比其他領導，在人情味上較為注意，但意外的是，下屬對於他安排的工作並不上心，且出現「兩極分化」的現象。主要表現為：一部分人能力突出，對於完成每項任務都十分積極；另一部分人平常表現不突出，且工作效率低。

王強，做事可靠，工作效率高，平常工作認真主動，能按時完成大部分工作。而另一位職員吳力，則截然相反，到職時間不長，且工作懈怠。張健瞭解到，吳力在工作中大部分時間著重於交際，與大多數人已經建立起牢靠的關係，但工作成果幾乎是一團糟，沒有完成規定的工作卻第一個下班。

在一次有關溝通技巧的培訓結束後，張健決定對他們更加友善和坦誠，他要更關心吳力和其他表現差的人的生活。因為從前他給了他們太大的壓力，要求他們取得更高的績效並養成良好的工作習慣。他希望吳力及其他人會逐漸成長並進入良好的工作狀態。

兩個星期後，張健坐在自己的辦公室裡，心情沮喪。他在自己領導風格方面所做的改變顯然是不成功的，不僅吳力的績效沒有提高，而且其他雇員（包括王強在內）的工作業績與以前相比，都出現了下滑。假日購物的黃金季節正處於關鍵時刻，張健的老板不斷地向他施加壓力，要求他馬上改進工作方法。張健想知道到底哪裡出了問題。

（一）溝通的障礙

一方面，由於個體多多少少在技能、表達、對象選擇等方面存在消極影響，從而導致在預期效果等方面出現對整個發展過程的干擾。例如，教育水準和個性的基礎差異、審時度勢能力的區別等對於信息反饋交流效果的發生是最具有影響力的。

另一方面，任何組織結構中都存在管理者、執行者，管理者的動向對於信息的傳遞也是較為重要的影響因素。首先，部分成員「認為」的差距感導致的擔憂、緊張等情緒，使得執行者無法真正表達真實想法，即「心理」。其次，管理者無法及時收到所有想法，且

由於雙方的社會經歷不同等，導致忽略一部分較為有效的信息，即「思想偏見」。最後，發展環境的複雜多變性、信息的繁多性，使得信息在篩選、傳遞、反饋上都是存在潛在「危險」的。

（二）有效溝通的技巧

1. 傾聽技巧

傾聽技巧由鼓勵、詢問、反應與復述四個技巧組成。同時，避免部分情況的出現也是很有必要的，如注意力不集中、「舍本逐末」等。

2. 氣氛控制技巧

氣氛營造非常重要。一個良好的氣氛，能夠使溝通更加高效。管理者要營造安全、和諧的氣氛，讓對方更願意與自己溝通。如果溝通雙方彼此猜忌，在語言上相互批評甚至惡意中傷，這會使氣氛變得緊張，使溝通中斷或無效。氣氛控制技巧由四個部分組成，分別是聯合、參與、依賴與覺察。

聯合：通過強調雙方共有的一些事務，將兩者更好地結合在一起，從而營造良好的氣氛，從而達到有效溝通。

參與：激發對方的投入態度，使目標更快完成，並為隨後的工作創造積極氣氛。

依賴：在溝通過程中，很多人缺乏安全感，因此在溝通過程中會刻意保持一定距離。這時，管理者應該努力營造一個安全的情境，提高對方的安全感，從而增加溝通的有效性。管理者一定要學會接納對方的感受、態度等。

覺察：在溝通過程中，通常會發生一些「爆炸性」或高度衝突狀況，但這些狀況通常有其前兆。管理者需要及時覺察這些前兆，及時扼殺這些苗頭。常用的方法有調解法、轉移法等。

3. 推動技巧

有的人的行為，在別人的引導下會發生一些變化。推動技巧主要是通過影響他人的行為，使其逐漸符合議題，從而提高溝通的有效性。其關鍵在於，用積極的態度，減少對方的懷疑，從而使對方接受相關意見。推動技巧由四個個體技巧組成，分別是回饋、提議、推論與增強。

回饋：溝通不僅僅是將信息傳遞給對方，還要瞭解對方對這些信息的感受，此即回饋。這些回饋在我們的溝通中也是非常重要的，甚至是有效溝通的重要因素。只有得到了對方的回饋，我們才能瞭解到對方的感受、態度、想法、行為以及其他相關信息，從而有效地改變行為或維持適當行為。需要注意的是，在提供回饋時要注意態度，清晰、具體而非侵犯的態度非常重要。

提議：每個人都有自己的想法和做法，在溝通中，這非常重要。提議是一種非常有效的方式，可以具體、明確地表達自己的意見，讓對方瞭解自己的行動方向與目的。

推論：溝通不僅僅是簡單的信息交流，有時候需要在討論的基礎上取得一定程度的進

展，即推論。在推論的過程中，需要整理談話的內容，並進行合理的延伸，進而鎖定目標。

增強：有時候對方的行為本身符合溝通意圖，這時候我們就需要增強對方的這些行為。這些行為本身是我們所需要的，而且也能有效地激勵其他人。

【專欄6-10】溝通的6種技巧

一次有效、氣氛融洽的溝通想要達到預期的效果，更重要的在於合理利用肢體或面部動態的表達，自然的微笑、真誠的傾聽……時不時風趣一番從而營造出較為輕鬆的氣氛，對於最終目的的達到也是很有效果的。

（1）贊美對方：根據對方的實際情況，給予合適的鼓勵，讓對方的情緒時刻保持高昂，保證溝通的效率。

（2）移情入境：為了讓對方更能理解你的想法，可以根據實際進行情景模擬。

（3）袒胸露懷：又被稱為不設防戰術，意在向人們明確表示放棄一切防備，胸襟坦蕩，誠懇待人。

（4）求同存異：又被稱為最大公約數戰術。人們只有找到共同之處，才能解決衝突。無論人們的想法相距多麼遙遠，總是能夠找到共性。有了共性，就有了建立溝通橋樑的支點。

（5）深入淺出：這是提高溝通效率的捷徑。能夠用很通俗的語言闡明一個複雜深奧的道理是一種本事，是真正的高手。

任務四　技能訓練

一、應知考核

1. 下列選項中，關於領導的基本要素的說法正確的是（　　）。
   A. 領導者、被領導者、目標　　　　B. 領導者、成就、被領導者
   C. 領導者、目標、成就　　　　　　D. 被領導者、目標、成就
2. 下列選項中，關於領導的作用的說法正確的是（　　）。
   A. 指揮作用、協調作用、促進作用　B. 指揮作用、協調作用、激勵作用
   C. 領導作用、促進作用、協調作用　D. 領導作用、指揮作用、促進作用
3. 下列選項中，關於領導權力類型的說法正確的是（　　）。
   ①獎賞權，即決定提供還是取消獎勵、報酬的權力。
   ②法定權，即組織基於職位所分配的與職務相匹配的正式權力。

③感情權，即由個體和被影響者的感情狀況而形成的影響力。

④背景權，即由個體以往的經歷而形成的影響力。

⑤專長權，即由個體的信息和專業特長等所形成的影響力。

    A. ①②③④   B. ②③④⑤

    C. ①②③④⑤   D. ①③④⑤

4. 美國著名管理學家吉賽利，在前人的基礎上，做了深層次的研究。他認為，有效的領導者需具備_____種性格特徵和_____種激勵特徵。（　　）

    A. 5　8   B. 8　5

    C. 4　9   D. 9　4

5. 世界各國的研究者們均提出了很多理論觀點。美國普林斯頓大學教授鮑莫爾具體研究了美國企業界的實際情況後，認為成功的企業領導者應具備_____項條件、_____種品質、_____種品德和_____項能力。（　　）

    A. 14　10　10　10   B. 16　14　12　10

    C. 14　8　14　14   D. 16　8　14　10

6. 下列選項中，關於領導風格理論的說法正確的是（　　）。

    A. 專權型領導   B. 民主性領導

    C. 放任型領導   D. 以上說法都正確

7. （多選）下列選項中，關於情境領導模型的說法正確的是（　　）。

    A. R1 階段對應第一象限   B. R1 階段對應第三象限

    C. R2 階段對應第二階段   D. R2 階段對應第四階段

8. 溝通的過程由_____、_____、_____、_____、_____、_____、_____七大要素組成。（　　）

    A. 發送者　編碼　信息　渠道　接收者　反饋　媒介

    B. 發送者　接收者　信息　交流　渠道　反饋　媒介

    C. 發送者　編碼　信息　渠道　接收者　反饋　解碼

    D. 發送者　編碼　信息　交流　渠道　反饋　解碼

9. 下列選項中，關於溝通的類型按溝通信息流向劃分的說法錯誤的是（　　）。

A. 上行溝通。顧名思義，其特點在於自下而上，即組織內部同一系統內較低層次人員向較高層次人員的溝通，如請求、書面或口頭匯報等

B. 下行溝通。其特點在於則自上而下，它是指組織內部同一系統內的較高層次人員向較低層次人員的溝通，一般以命令方式傳達上級組織其上級所決定的政策、計劃、規定之類的信息。它是傳統組織中最主要的溝通信息流向

C. 平行溝通。它可理解為組織內部同一層次人員之間的溝通

D. 斜向溝通。主要是在不同層級部門間或個人的溝通

10. 下列選項中，關於溝通的類型按溝通載體劃分錯誤的是（　　）。

①口頭溝通。建立在口頭語言的渠道之上，傳遞速度快、信息量全且廣，但也存在信息真實性流失的弊端。

②書面溝通。區別於口頭，主要借助語言文字作為主要媒介，持久性較強，真實性較好，但信息交流效率較低。

③非語言溝通。主要以面部、肢體語言對溝通產生加強或否認作用，信息的作用明顯，但傳遞距離有限。

④電子媒介溝通。相對口頭交流，它也具有傳遞速度快、內容廣的特點，但因基於文字，無法瞭解更多信息。

A. ①②③　　　　　　　　　　B. ②③④
C. ①③④　　　　　　　　　　D. ①②③④

11. 領導特質理論又稱領導品質理論或領導特性理論，以領導者個人特質為主要研究內容，主要研究領導者的哪些特質能提高領導的有效性。下列選項中，關於傳統領導特質理論錯誤的是（　　）。

A. 傳統領導特質理論又被為「天才論」「偉人論」
B. 最重要的性格特徵是督查能力、成就感、才智、自我實現的慾望、自信、決斷能力
C. 亨利在大量調查的基礎上認為，成功領導者應具備 10 種品質
D. 美國著名管理學家吉賽利認為，有效的領導者需具備 8 種性格特徵和 5 種激勵特徵。

二、案例分析

蘇蘭的職業生涯規劃

蘇蘭，今年 22 歲，某名牌大學人力資源管理學院學生，即將獲得學士學位。在過去的兩年，她利用暑假時間積極鍛煉自己，不斷提升各方面能力。目前，她已經畢業，並加入保險公司，擔任保險單更換部主管。

她所在公司現已有 5,000 多名員工。公司注重個人能力提升，自上而下都是互相信任的。蘇蘭所承擔的工作是要求管理好 25 名員工，工作並沒有太高的技術要求。但對於他們的責任感要求是比較注重的，主要在於更換通知需要先送至原保險單所在處，要列表顯示保險費用與標準表格中的任何變化；如果某保險單因無更換通知的答覆而將被取消，則還需要通知銷售部。

她的下屬都為女性，19~62 歲，平均年齡 25 歲，且大部分是高中學歷，無工作經驗，薪資 800~1,000 元。梅芬在保險公司工作了 37 年，並在這個部門做了 17 年的主管工作，現在她退休了，蘇蘭將接替她的位置。王芳已經有 10 年以上的工作經驗，且在成員中很

有分量。蘇蘭覺得,如果王芳對她的工作不支持,那麼她作為管理者工作起來將很被動。

蘇蘭決心以正確的步調開始她的職業生涯。因此,她一直在思考一名有效的領導者應具備什麼樣的素質?

分析討論:

1. 影響蘇蘭成功地成為領導者的關鍵因素是什麼?
2. 你認為蘇蘭能改變領導風格嗎?如果可以,請為她描述一個你認為有效的風格。如果不可以,說明原因。

看球賽引起的風波

東風機械廠金工車間是該廠唯一需要倒班的一個車間,工作時長和其他工作幾乎相同。

一天,正好是星期六。那晚剛好輪到車間主任去查崗,卻發現二班的年輕人幾乎都不在崗,而是一起在看現場轉播的足球比賽。車間主任知道之後十分生氣,決定予以警告,於是在第二周的車間大會上,對他所瞭解的不在崗的十幾個人提出批評。車間主任的話音剛落,他們彷彿約好了一般,不服氣地說:「主任,首先我們沒有對工廠總體的生產工作進度造成嚴重的影響,而且……」車間主任聽到一半,不等幾個青年將自己的想法表述完,生氣地說道:「這次不管你們是因為什麼原因而離崗,暫時給你們一次提醒,如果下次在我或者其他領導查崗時發現你們擅自離崗且做與工作無關的事情,於情於理,都是要給一些懲罰的,就不僅僅是口頭提醒了。」

然而,好景不長,同樣的情況再次在車間主任的眼前發生。這一次,他再也無法容忍,直接將當天主要負責當班的班長找到,問為什麼又是這樣。班長滿臉尷尬,從工作袋中掏出三張病假條和三張調休條,說:「這幾個工人之前還是挺好的,不知今天怎麼了,很匆忙地跟我說有特殊原因不能來,也不好多問,平常抬頭不見低頭見的,撕破臉的話,我之後也不好管理,畢竟我跟他們的接觸比您多一點,您擔待一下。」說著,班長看著主任臉色低沉地抽著菸,旁邊幾個工人剛好看到了,便上前說道:「主任,那球賽的吸引力的確太強,都是期待了好久才等到的,您要不破一下例,允許一下,工作之外也是算朋友。而且,他們為了保證工作不落下又能及時觀看球賽,提前就把任務完成了,您要不稍微體諒一下……」車間主任沒等班長把話說完,扔掉還燃著的半截香菸,一聲不吭地向車間對面還亮著燈的廠長辦公室走去。剩下在場的十幾個人,你看看我,我看看你,都在討論著這回該有好戲看了。

思考題:

1. 閱讀完案例請分析下列問題:

(1) 你認為二班年輕人的做法合理嗎?

(2) 在一個組織中如何採取有效措施解決群體需要與組織目標的衝突?

(3) 試分析這位車間主任的領導方式。

（4）如果你是這位車間主任，應如何處理這件事才能既解決好這個問題又有利於提高管理的權威？

2. 由個人閱讀並分析案例，然後寫出發言提綱。

3. 以學習小組或班級為單位進行大組討論。

三、項目實訓

模擬一：

晚上12點，男生宿舍衛生間的水管突然爆裂了。水從衛生間湧了出來，流到了樓道，順著樓梯往樓下流。這時候，很多人都已經睡著了，只有衛生間周圍幾間宿舍的學生被驚醒了。樓門和校門早已經關閉了，而且水閘閥門也鏽住了。水還在不斷地往外邊流，情況非常緊急。假如你是眾多醒著的同學中的一人，請你運用領導才能，最有效地處理這個問題。

思考題：

1. 班級學生自由分組，以小組為單位自由討論，並制定應急方案；

2. 每小組分別用情景模擬的形式表演本小組的方案；

3. 評估每個小組的方案。

模擬二：

你正搭乘著私人遊艇在南太平洋旅遊，遊艇上突然發生了火災。大火將遊艇上大部分的物資、設備燒毀了，遊艇也被燒壞了且正在慢慢地下沉。你和遊艇上其他成員急忙救火。航海設備也失靈了，你現在無法確定自己的位置。你判斷自己正在離你最近的陸地的西南方的距離大約有1,000里。

所幸的是，遊艇上有八種物品並沒有損壞，分別是六分儀、五加侖桶裝的水、蚊帳、太平洋地圖、小型電晶體收音機、逐鯊器、一誇脫的酒、釣魚用的箱包。除此以外，遊艇上還有一個足以承載你們所有人的人工橡膠救生筏和幾只船槳。另外，其他人的口袋裡還有一些物品，分別是一包香菸、幾盒火柴和五張一元的紙幣。

思考題：

1. 請你根據重要程度，將遊艇上八種物品進行排列。將最重要的標上「1」，次要的標上「2」，依此類推。請你將所排順序寫在紙上，並交給老師保管。

2. 班級同學自由分組，小組成員共同討論，重新對這八種物品進行排序，且必須經過所有成員同意。

3. 討論完之後，每組成員分別介紹小組的結果，然後在班級上進行投票，看哪一隊的得票最多。

4. 比較之前每人的排序，看哪一個小組的個人結果與小組結果最接近。

項目七　控制

【引導案例】高品質的秘密

　　二戰期間，美國的傘兵發揮了非常大的作用。美國生產的降落傘合格率達到100%，受到了全世界各個國家的歡迎。這是美國軍方採取了控制措施的結果。在起初，降落傘的質量並沒有這麼高。

　　戰爭剛開始的時候，美國軍方向廠商訂購了大量的降落傘，並要求產品合格率必須達到100%。在軍方嚴格的要求下，廠商努力把產品提升到了99.9%。但仍有0.1%的不合格率。廠商還狡辯稱，任何產品都不可能保證100%的合格率，除非奇跡出現。0.1%的不合格率，也就意味著每1,000名傘兵中，便有1人因降落傘質量不合格而白白丟掉性命。軍方經過仔細研究後，更改了降落傘質量檢測的方法。每次廠商交付降落傘前一週，軍方從眾多降落傘中隨機抽取一個，廠商負責人親自背著被抽取的降落傘，從飛機上跳下來。此方法實施後，廠商們口中的奇跡突然出現了，降落傘的質量有了極大的改觀，合格率瞬間升到了100%。

　　啟示：99.9%的合格率，給人的感覺已經不錯了，但是0.1%的不合格產品，在某士兵身上就是100%的生命安全事故。只有把製造商和前線士兵的生命拴在一起，將降落傘100%的合格率的品質追求，與製造商生命的安全緊密地結合在一起，降落傘100%的合格率，才會從不可能到變為現實。100%，是一定能做到的，只需掌權的人、操作的人「換位去思考，換位去體驗」。試想：如果你是首席產品體驗官或服務體驗官，會設計出不好的產品與服務給顧客嗎？如果你是首席員工吃、住、行體驗官，你會為員工提供不好的吃、住、行嗎？如果官員是首席老百姓體驗官，會有食品安全、井下安全等事故發生嗎？

任務一　控制概述

一、控制的概念

　　「控制」一詞出現在很早。古希臘偉大的哲學家和思想家柏拉圖，就使用過「控制」一詞。柏拉圖認為，控制是「掌舵的藝術」，在航海中領航者通過命令等一系列措施把船

從錯誤的航道上拉回到正確的航道上。在《周禮》中便記載有自動計時的「銅壺滴漏」，這是最早的時間控制裝置；據《古礦錄》中記載戰國時期便已出現「司南」，這是最早的方向控制裝置。隨著科技的發展，控制的種類越發多樣，自動化、智能化的控制已逐漸走入我們的生活。

控制是管理的重要職能之一。不同的管理者，進行了不同的概念界定。

最早給控制定義的人是法國著名管理學家法約爾。他認為：控制就是核實所發生的每一件事是否符合規定的計劃、發布的指示以及確定的原則，其目的就是要指出計劃實施過程中的缺點和錯誤，以便加以糾正和防止重犯。控制對每件事、每個人、每個行動都起作用。

控制包括兩方面的含義，分別是「糾偏」和「調適」，且有廣義和狹義之分。廣義控制包括修改計劃、修訂標準、引進技術、開展培訓、糾正偏差等；狹義控制單指糾正偏差的措施。控制的基本做法是對比實際績效與預期績效，及時糾正和調適兩者之間的差距，以達到確保計劃順利實現的目的，見圖7-1。

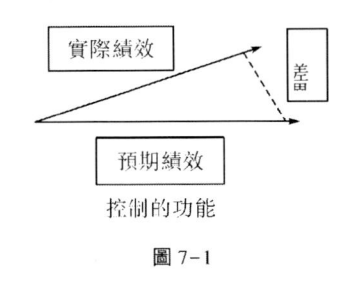

控制的功能

圖 7-1

二、控制的必要性

【專欄7-1】破窗效應

美國犯罪學家喬治·凱林在1982年提出了一個「破窗效應」理論：如果有人打壞了一幢建築物的窗戶玻璃，而這扇窗戶又得不到及時維修，別人就可能受到某些示範性的縱容去打爛更多的窗戶。久而久之，這些破窗戶就給人造成一種無序的感覺，結果在這種公眾麻木不仁的氛圍中，犯罪就會滋生、猖獗。20世紀80年代，地鐵系統一度混亂，地鐵車廂內，從頂棚到地板，塗滿了幫派符號。據統計，每年發生在地鐵上的重大案件多達15,000件，每天有25萬人無票乘坐地鐵。但是從1988年開始，地鐵上的重大案件的發生率降低了75%，這又是什麼原因呢？原來是警方大力懲治了違規人員。比如乘車逃票，把杯子放在別人眼皮底下、強行乞討財物的情況，地鐵犯罪中絕大多數是這類不算嚴重的違規行為。面對這一混亂的局面，警方最終決定採取措施，他們給當場抓獲的逃票人員直接戴上手銬。同時對於違反地鐵規定、在地鐵內胡亂塗鴉的人，他們採取的措施是，要求這些人把圖畫的東西全部清除，直到牆體乾淨後才能離開。和20世紀80年代相比，現在地

鐵上的情況好多了，塗鴉少了，地鐵裡面也乾淨多了。警方意識到塗鴉和逃票都是重大犯罪的導火索，一旦小麻煩消除那麼大麻煩也就自然消除了。

啟示：我們企業中的小錯誤，也如同一扇破碎的窗戶，如果不能及時糾正，對企業的影響也是不可想像的。從「破窗效應」中，我們可以得出這樣一個道理：任何一種不良現象的存在，都在傳遞著一種信息，這種信息會導致不良現象的無限擴展，同時必須高度警覺那些看起來是偶然的、個別的、輕微的「過錯」。如果對這種行為不聞不問、熟視無睹、反應遲鈍或糾正不力，就會縱容更多的人「去打爛更多的窗戶玻璃」。

美國著名管理學家亨利·西斯克，在其著作《工業管理與組織》中說道，「如果計劃從來不需要修改，而且是在一個全能的領導人的指導之下，由一個完全均衡的組織完美無缺地來執行的，那麼就沒有控制的必要了。」但這是一種理想狀態，現實中不可能存在。再怎麼周密的計劃，也會因為組織內外各種突發情況，從而不能保證組織活動按計劃執行，導致實際結果與組織預期不一致、組織目標不能達到。因此，在任何組織中，控制都是非常必要的。其必要性主要表現在以下幾個方面：

（一）環境的變化

組織各類活動的影響因素有多種，組織環境的變化會引起組織活動影響因素的變化。假設組織面對的環境是絕對靜態的，那麼各類組織活動也是固定的，其影響因素也永遠保持不變。但這種假設是不存在的。在現實生活中，組織內、外環境的變化非常快，也非常大。市場需求、產業結構調整、技術升級等瞬息萬變，讓管理者不可能保持固定不變的方式開展各種管理活動。組織必須及時發現實踐活動與組織計劃之間的偏差，並及時調整和糾正。

（二）管理權力的分散

隨著組織規模的擴大，管理者直線管理的效果會降低，也沒有充足的時間和精力去管理一些常規性的工作和微不足道的小事。隨著組織部門的增多和業務的擴大，管理者通常會選拔一些第二層級的管理者具體管理其他事務。隨著組織規模的不斷擴大，第二層級的管理者也會選拔第三層級的管理者具體開展其他工作。這便在組織內部形成了不同層級的管理。為了更有效地完成相關事務，第一層級的管理者通常會將某些權力授權給第二層級的管理者，以此類推。每一層級的分工不同，都以組織目標為出發點，都會對組織目標的實現產生很大的影響。任何層級的管理如果出現了問題，都會導致組織目標發生變化。因此，管理者需要開展必要的控制，以保證組織內部每一層級的管理都在規定的範圍，從而保障組織目標的實現。在任何組織裡，其分權程度越高，就越有控制的必要。

（三）工作能力的差異

組織目標的實現，需要組織各部門、各成員認真按照組織計劃開展工作。由於組織內部管理層級的不同，各部門、各成員的具體分工也不相同，組織對他們的能力和素質的要求也不相同。成員工作能力強，相關事務的效率就高、效果就好，組織目標就能更好地實現；成員工作能力差，相關事務的效率就低、效果就差，組織目標就會受到很大的影響。

因此，如何提高成員的工作能力，這是每個組織都非常重要的事情。管理者對成員工作能力的控制，是非常必要且重要的。

三、控制與其他管理職能的關係

控制是管理職能非常重要的職能之一，並和其他職能密切結合在一起。控制職能貫穿管理的全過程，並形成一個相對封閉的系統。

（一）控制與計劃的關係

計劃是控制的基礎，是制定控制標準的前提；控制能保證組織工作按計劃順利開展，是計劃目標實現的重要手段。一般情況下，組織計劃實施的早期，成員工作的積極性普遍較高，各項工作都能按照計劃正常開展，計劃實施情況較好。但隨著時間的推移，組織各部門、各成員的積極性會逐漸減弱，加上各類問題接踵而至，組織工作會出現一些偏差，這為組織目標的實現留下了隱患。這時候就需要採取一定的控制手段，及時糾正組織偏差，確保組織計劃目標的實現。如果把組織工作比作一把剪刀，計劃和控制分別是剪刀的兩刃，那麼任何一刃的缺失，剪刀都將無法正常工作，組織目標也將無法實現。

（二）控制與組織的關係

組織根據組織目標實現所需要的環境，具體建立組織結構框架，建設組織信息系統，並配備相關人員，這就是組織職能。組織職能以組織目標為根本，如果組織的框架、信息系統、人員配備等任何一方面出現問題，組織目標就無法正常實現。這就需要管理者及時發現並糾正偏差。控制職能能保證組織結構框架更合理，信息系統更通暢，組織人員配備更充足。如果一個組織的結構越明確、越全面、越完整，組織的控制工作就會越有效。

（三）控制與領導的關係

組織目標的實現需要成員開展各類管理工作，正確地指導和領導，能夠有效地調動成員的積極性。領導職能通過領導者來實現。領導者的能力和素質與管理工作開展的情況密切相關。領導者的能力和素質越高，管理工作就會開展得越好；領導者的能力和素質越低，管理工作就會開展得越差。有效地控制能提高管理者的能力和素質以及管理工作的效率，保證組織目標的實現。

四、控制的目的

【微課堂——創意課堂】蝴蝶效應

控制是非常重要的一項管理職能，它能使組織在複雜多變的環境中正常地運作，從而保證組織目標的實現。控制的目的主要表現在以下兩個層次：

（1）維持現狀。這是控制的基本目的。組織為了更好地實現目標，制訂了較為科學、合理的計劃。組織成員需要根據計劃具體開展各類管理活動。當組織各類活動與計劃出現偏差的時候，管理者需要用系列控制手段，及時地糾正偏差，使組織各類活動按計劃正常開展。這就使得組織行動趨於穩定，各項工作能沿著既定目標有條不紊地開展。

（2）打破現狀。組織計劃的制訂是建立在制訂者對組織內、外環境變化及趨勢的預測的基礎之上的。計劃制訂者的眼光和素養，會影響其對組織內、外部各類信息的分析和判斷，會影響計劃的科學性、合理性；計劃以組織內、外部環境變化及趨勢為基礎，但相關信息的收集容易出現偏差，組織內、外部環境變化有時候也和預測不一樣，這也會影響計劃的科學性、合理性。

五、控制的內容

管理控制的內容，也就是控制的對象。管理者控制的內容主要包括人員、時間、成本、質量、庫存和審計。

【專欄7-2】一碗巧克力豆

範·海倫樂隊曾是20世紀70年代中後期到80年代末世界上最受歡迎的搖滾樂隊，曾榮獲第34屆格萊美最佳硬搖滾演奏獎，2007年獲得搖滾名人堂獎。其前任主唱大衛·李·羅斯，在其自傳中詳細介紹過樂隊的一些經歷，也介紹過樂隊成功的秘密。其中有一件小事，非常有代表性。

樂隊每次在演出前，都需要和主辦方簽訂合同，他們在合同中會附加一個條款：主辦方要在後臺準備一碗巧克力豆，而且決不能有一粒是棕色的。有人可能會認為，這是搖滾明星非常典型的挑剔行為。其實不然，這是大衛·李·羅斯精心安排的一個小測驗。他通過對巧克力豆的檢查，來判斷主辦方的場地管理是否到位。樂隊演出需要很多流程，管理者需要進行認真的檢查才能保證演出過程中不出意外。如果他們連小小的巧克力豆這樣的小事都做不好，又如何能做好整個演出工作。

啟示：管理者需要運用控制手段，在紛繁複雜的活動中，及時發現偏差，並採取相關措施糾正偏差，從而保證組織管理工作順利開展。

（一）人員控制

人是各組織最基本的單位，從根本上講，控制就是對組織裡的人的控制。組織的人員結構及成員的能力和素質，對組織目標的實現有著直接的關聯。其形式有直接控制和間接控制兩種。

直接控制是指管理者通過與員工的直接接觸，將自己的意志直接作用於員工。常用的

直接控制法主要有直接巡視、員工評估、現場指導等。採取這種方式，管理者能夠深入一線，瞭解一線實際情況，從而做到有效控制。但直接控制對管理者的能力素質要求較高，且管理者需要投入大量的時間和精力。

間接控制是管理者根據組織發展戰略需要，通過培訓等方式，開展組織人力資源，充分發揮員工的作用。常用的間接控制法主要有激勵法、培訓法等。管理者通過對人力資源的開發，可以提高員工技能，激發員工的積極性，從而更好地提高工作效率。

（二）時間控制

時間是一種非常重要的資源，任何組織的計劃都需要考慮時間因素，組織工作也需要消耗時間。從某種意義上講，計劃是對時間的合理安排。如何在有效的時間裡更高效地完成組織工作，對每個組織都有非常重要的意義。時間安排主要包括時間的規劃、時間階段的安排、工作程序的制定等。時間控制是為了保障組織各項工作按照計劃順利開展。任何組織計劃都需要具體的實踐才能實現，再詳細的組織計劃，也需要時間去完成。常用的時間控制法有甘特圖法、滾動計劃和網絡計劃技術等。

（三）成本控制

組織的成本控制步驟如下：①制定控制標準。通過組織計劃、預算等方法，確定組織目標成本。②成本核算。通過對各類原始材料的記錄、統計和核算，瞭解實際成本，並為成本改進提供大量充實的數據資料。③差異分析。管理者具體對比實際成本和目標成本，找到其發展趨勢，並找出降低成本的措施。常用的差異分析法有直接材料費用分析、直接人工費用分析、管理費用分析、銷售費用分析等。④採取措施。當實際成本高於目標成本時，管理者便會積極採取相關措施，在保證組織工作順利開展的前提下，降低組織成本。常採取的降低組織成本的措施主要有價值工程、嚴格投入管理、防止跑冒滴漏、改進產品設計或生產工藝、精簡機構等。

（四）質量控制

質量是對組織產品和服務的具體衡量與評價，與組織目標的成效有著非常密切的關係。質量控制主要包括兩個方面，分別是工作質量控制和產品質量控制。產品質量是工作質量的體現，產品質量的好壞，決定了工作質量的高低；工作質量是產品質量的保證，工作質量的高低，決定了產品質量的好壞。

組織的工作質量和產品質量，直接決定組織目標實現的質量。對組織工作質量和產品質量的控制，能有效地提高組織目標的質量。對工作質量的控制，主要通過內部各制度、標準的控制來實現。合理的制度和標準，能有效地提高組織內部各成員的態度、績效。產品質量控制需要達到兩個目標：一是使產品達到質量要求，二是降低標準化生產的成本。從某種意義上講，提高工作質量比提高產品質量更重要。

（五）庫存控制

庫存也稱倉儲，是組織工作全過程中所需要的各種物品、產品及其他資源的儲備和儲

存。庫存的各類資料對組織工作有很大的影響。任何組織的庫存都需要占用很大的場地、人力、物力、財力和時間等。不合理的庫存會造成資源浪費和成本增加，也會為組織工作增加難度。庫存控制是倉儲管理的重要內容之一。組織通過庫存控制，能更好地滿足各個階段所需資源的籌備以及各類資源的合理儲藏，從而保證組織管理工作正常運行，最大限度地降低庫存成本，提高企業效益和市場競爭力。

（六）審計控制

審計控制是常用的控制方法之一，從內容上可以分為財務審計和管理審計兩類，從人員來源上可以分為內部審計和外部審計。財務審計是由專門機構和人員，依法審查組織經濟活動的真實性、合法性和效益性，通過改善組織經驗管理，從而達到提高經濟效益的目的；管理審計是系統地考察、分析和評價組織的管理水準成效，在此基礎上採取一系列措施解決組織存在的問題。內部審計的主體是組織內部審計人員，他們通過對會計、財務等的評價，檢查現有控制和方法能否有效地保證達成組織既定目標；外部審計的主體是組織外部審計人員，通過對財務報表等的評估，來反應組織的各種情況。

六、控制的原則

控制是一個連續不斷、反覆發生的過程，目的是保證組織活動符合計劃要求。很多時候，管理者雖然採取了相應的措施，但仍無法將偏差糾正，是因為其沒有遵循有效的控制原則。管理者只有遵循了有效的控制原則，才能保證相關措施達到預期的目的。有效的控制原則主要包括及時性原則、適度性原則、重點原則、經濟性原則、客觀性原則和彈性原則。

（一）及時性原則

法約爾說過，控制要想取得好的成效，需在有限的時間內及時進行。組織的偏差需要盡早發現、及時解決，這樣才能避免組織發生損失，或者將組織的損失降到最低。信息是控制的基礎。及時、有效的信息控制系統，能夠有效地保障組織各類信息的收集和傳送，從而保證控制的及時性。如果控制不能及時且有效地開展，那麼組織的偏差就會越來越大。

（二）適度性原則

【專欄 7-3】過猶不及

《論語・先進》：「子貢問：師與商也孰賢？」子曰：「師也過，商也不及。曰：『然則師愈與？』子曰：『過猶不及』。」

【典故】春秋時期，孔子的學生子貢問孔子他的同學子張和子夏哪個更賢明一些。孔子說子張常常超過禮的要求，子夏則常常達不到周禮的要求。子貢又問，子張能超過是不是好一些，孔子回答說超過和達不到的效果是一樣的。

啟示：控制是一項需要投入大量人力、物力和財力的活動，其耗費之大正是今天許多應予控制的問題沒有加以控制的主要原因之一。因此，控制所支出的費用必須是有效且合理的，要防止在無效控制上花費精力和財力。同時，在控制過程中一定要有選擇、有重點地進行控制，全面周詳的控制有時反而是不必要而且浪費的。

任何組織的控制都需要把握一定的度，做到恰到好處。適度性原則要求組織控制的範圍、程度和頻度都恰到好處，防止控制過多或控制不足。如果控制過多，會對員工產生很大的負面效應；如果控制不足，將無法糾正組織偏差，甚至造成資源浪費。

控制程度與很多因素有關，其標準需要結合活動性質、管理層次、下屬受訓程度、組織環境等來制定。生產勞動類組織的控制較多，科研類組織的控制則相對較少；對現場生產作業的控制較多，對科室的控制則相對較少；對新進員工的控制較多，對老員工的控制則相對較少；市場疲軟時控制較多，經濟繁榮時控制較少。

（三）重點原則

【專欄7-4】木桶定律

木桶的盛水量到底與什麼有關，有人說是木桶的大小，有人說是木桶的粗細。單就某一個木桶來說，其盛水量主要取決於最短的那塊板子。這就是木桶定律，又稱木桶原理、短板理論或木桶短板管理理論。木桶理論還有兩個著名的推論。推論一：當桶壁上的所有木板都足夠高時，水桶才能盛滿水。推論二：只要木桶上有一塊板子不夠高，木桶裡的水就不可能是滿的。

如果把組織比作一個木桶，那麼組織裡的各部門就好比木板。每個組織裡都有很多個部門，這些部門往往良莠不齊，其情況也各不相同。影響組織整體水準的，通常是組織內最差的部門。這也正是組織管理者要重點考慮的。組織整體實力想要提高，必須從組織最差的部門入手。

從某種意義上講，組織最有用的部分，反而是「最短的木板」。「長」與「短」只是一個比較，「差」的部門只是比「強」的部門相對弱一些，是無法消除的。組織從某種程度上說，是可以容忍這種「短」的。但如果要提高整體水準，「差」的部門反而是最容易突破的地方。木桶理論告訴我們，任何人在一個組織裡，都應該注意以下三點：第一，確保自己不是最差的部分；第二，盡量避免和減少最差部分對自己的影響；第三，如果自己剛好是最差的部分，就需要採取一定措施及時改進或者另謀他職。

任何組織都是由多個部門、多個環節組成的。從理論上講，組織的每一個環節都是需要控制的。但在現實情況中，組織因為人力、時間、成本等因素的影響，不可能做到面面俱到。因為相關因素對組織目標的影響程度不同，管理者通常會選擇較為重要的因素，並對之進行控制。除常規因素外，還有一些突發的例外因素，也起著非常重要的作用。因此，管理者也需要重點關注例外因素。重點原則要求管理者在顧全大局的前提下，抓住主

要因素，有重點地進行控制。高效控制的管理者，往往是把控制力量集中於重點因素和例外因素上的管理者。

(四) 經濟性原則

【專欄 7-5】不設考勤機

關於員工出勤的考勤，是每個公司都非常重視的問題。每個公司都用各種各樣的方法和設備，甚至派專人來統計員工的出勤。但日本岐阜縣的未來工業株式會社，卻不設考勤機，而且還有非常好的員工福利。

日本岐阜縣的未來工業株式會社是日本一家生產電器配件的中型企業。在該公司的辦公室裡，每盞日光燈上都寫有員工的姓名牌。那麼也意味著該盞燈由這個員工負責開關。這是公司社長泥川克弘採用的「分燈到人」的制度。該制度試圖培養員工節電意識。員工看見自己的名字後，就會意識到這是自己負責的燈，也會自覺地去開關。

該公司從來沒有加班的概念，不僅不設考勤機，還給員工非常多的福利。該公司每天的工作時間比每天的法定時間還少。法定時間是每天 8 小時，而公司的日常工作時間只有 7 小時 15 分鐘。除此之外，公司員工每年還有 140 天的休假，這比其他很多公司的休假時間都長。

該公司的做法有兩個優點：第一，能夠尊重員工的自主權。第二，不設考勤機，能夠減少設備投入；不安排考勤人員，能夠減少人力成本。

很多組織都是以營利為目的的。在組織工作過程中，通過各種控制措施降低組織成本，實現組織目標的最優化。控制本身也需要一定的成本。各類數據的統計和傳輸、數據的分析、人才的引進、技術的升級等，都需要一定的投入。組織通過控制成本的投入換取組織更少的損失。只有控制的投入少於其收益時，控制才有價值。控制成本與效益的比較分析，確定控制程度與控制範圍，其實還是在分析其經濟性。

實現控制的經濟性，可以從兩方面入手：第一，做好控制費用預算，具體結合組織規模、控制問題的重要程度以及帶來的收益等，具體預估控制費用，做到用最小的投入換取最大的效果；第二，做好控制內容和控制點的選擇，將所有影響組織偏差的因素羅列出來，具體選擇重點因素，並選取好控制點、重點對待。

(五) 客觀性原則

組織控制建立在信息的基礎之上。信息系統收集的信息，需要客觀、正確、及時。管理者對信息的分析，不能單純地依靠個人的主觀經驗，更需要依靠科學的方法和手段。經驗雖然能有效地指導組織相關工作，但由於管理者個人素質的不同，對問題的分析見解也會有很大的差別，難免會造成一系列的錯誤。只有用科學的方法和手段，才能更好地發現和糾正組織偏差。客觀的控制要求管理者參照客觀制定的衡量標準，用科學的方法和手段，對客觀信息進行瞭解和評價。在控制措施的選擇和實施上，也需要結合組織內、外環

境客觀地選擇。

（六）彈性原則

組織計劃的制訂有一定的彈性。組織通過一定的標準，具體檢驗實際工作與預期目標的差距，從而發現偏差，開展控制。控制也需要一定的彈性，控制可以在計劃中上下浮動。浮動幅度越小說明控制彈性越小，控制措施的效果越好；浮動幅度越大說明控制彈性越大，控制措施的效果越差。不同的組織，其控制系統設計不同，控制彈性也不一樣。管理者需要根據組織性質、工作內容等，制訂彈性的計劃和彈性的衡量標準。

任務二　控制的類型與過程

扁鵲的醫術

魏文王問名醫扁鵲說：「你們家兄弟三人，都精於醫術，到底哪一位最好呢？」扁鵲答說：「長兄最好，中兄次之，我最差。」文王再問：「那麼為什麼你最出名呢？」扁鵲答說：「我長兄治病，是治病於病情發作之前。由於一般人不知道他事先能鏟除病因，所以他的名氣無法傳出去，只有我們家的人才知道。我中兄治病，是治病於病情初起之時。一般人以為他只能治輕微的小病，所以他的名氣只及於本鄉裡。而我扁鵲治病，是治病於病情嚴重之時。一般人都看到我在經脈上穿針管來放血、在皮膚上敷藥等大手術，所以以為我的醫術高明，名氣因此響遍全國。」文王說：「你說得好極了。」

啟示：防火勝於救火。從管理控制角度講，事後控制不如事中控制，事中控制不如事前控制。可惜大多數的事業經營者均未能認識到這一點，等到錯誤的決策造成了重大的損失才尋求彌補。有時是亡羊補牢，即使請來的名氣很大的「空降兵」結果也是於事無補，為時已晚。

一、控制的類型

（一）根據控制實施時間的不同，可以分為前饋控制、現場控制和反饋控制

1. 前饋控制

前饋控制又稱事先控制、預先控制，通過情況觀察、規律掌握、信息收集、趨勢預測等，預測未來可能出現的問題，並及時採取相關糾正措施。在前饋控制中，對信息反饋的要求較高，尤其是最新信息，其中上一控制循環中的經驗教訓有著很好的參考價值。

前饋是控制的最高境界，其本質是預防，能夠有效地保障組織的高績效。前饋控制以防止工作偏差為工作重點，主要克服各種干擾和適應環境變化，不太關注工作的結果。其主要做法有規章制度的制定、職工崗前培訓、原材料入庫檢查等。

組織在實施前饋控制中，需要具備一定的條件。①需要建立一整套高效的信息處理網

絡，具體負責信息收集、篩選、整理、加工等工作；②需要建立符合組織情況的前饋控制系統模型；③需要隨時將信息處理網絡處理後的信息植入系統模型中，並做出合理預期。

前饋控制能防患於未然，可以有效地避免預期問題；適用範圍廣，可以廣泛應用於企業、醫院、學校等組織中；其針對的是條件和環境，而非組織成員，易於付諸實施。但前饋控制建立在及時、準確的信息基礎上，對管理人員的素質要求較高。

2. 現場控制

現場控制又稱同期控制、過程控制、及時控制、事中控制，是指在工作現場或過程中，發現並及時糾正潛在的或已發生的偏差。現場控制的表現方式主要有兩種，分別是上級督查和下屬自我控制。上級督查主要是主管人員深入現場，督查、指導下屬的工作方法和工作過程，發現偏差並及時糾正；下屬自我控制主要是基層工作人員在日常工作中，加強對自我操作內容的控制。

現場控制對管理者素質要求較高，管理者通常需要具備較多的知識儲備、較高的能力素質以及實踐經驗甚至是「直覺」；需要下屬人員的積極參與，管理者需要多聽一線工人的意見和建議；需要適當的授權，以免造成時機的貽誤和工作的中斷。

現場控制是一種較經濟、有效的控制方法，能在第一時間發現偏差並及時糾正，可以有效地減少組織經濟損失、降低後期管理費用。但這種方法對管理者要求較高，一般管理者可能會束手無策；對管理者依賴較大，容易受到管理者時間、精力、業務水準的制約；應用範圍相對較窄，適用於生產工作，但科研類、行政類等工作卻無法使用；容易造成管理者和員工心理上的對立，影響一線員工工作的積極性、主動性。因此，現場控制職能可以作為其他控制方式的補充，而不能成為日常主要控制方法。

【專欄7-6】機智主持人的救場

《歌手3》歌王爭霸賽結束後，走紅的並不是歌王韓紅，而是退賽的孫楠，還有臨時救場的汪涵，被業界評價為「可計入主持人教科書的成功現場控制」。雖然涵哥在後臺捂著心臟，但這並不是他第一次攤上大事了。早在2010年他就處理過快男6進5時李行亮棄權門這一出鬧劇，成功勸說李行亮繼續比賽；2014年10月謝娜出難題，讓汪涵把空無一物的禮物盒聯繫到第十屆金鷹電視臺藝術節對它的祝福上去，汪涵也是成功應對。汪涵說：「我這個禮物是沒有，我突然間想起道德經裡有這樣的話，有是萬物之所始，無是萬物之所無。第十屆金鷹節，我們有太多太多的驕傲，但是我們要把這個有緊緊地放在心裡，這驕傲要放在心裡，我們將來面對的是逐鹿中原一般的戰場，大屏幕、小屏幕、新媒體、互聯網，我們要把這有可能的無的危機時時地放在腦子裡，所以我要把這無送給所有我們的電視人，送給我們每一個金鷹節的參與者，要把這一份小小的危機，放在心裡。」

3. 反饋控制

反饋控制又稱事後控制、成果控制，是最常見的控制方法。在管理活動結束之後，管

理者綜合對比執行結果和控制標準，發現和糾正偏差，防止偏差繼續出現和發展，保障組織目標實現。當組織發現原定標準和目標與現實實際脫離時，需要及時調整和修改相關標準和目標，甚至是組織計劃。如三星Note7爆炸事件發生後，韓國三星電子宣布召回在美國、韓國等10個國家和地區售出的全部三星Note7手機，這就屬於反饋控制。

　　常用的反饋控制法有財務分析、成本分析、質量分析和職工成績評定四種方法。①財務分析通過分析各種財務資料，瞭解資金占用和利用的情況，進而掌握企業的盈利、償債、維持營運以及投資能力，並具體指導組織下期活動；②成本分析通過預定成本和實際成本、成本結構與成本要素的比較和分析，瞭解影響計劃完成情況及影響因素，從而找出降低成本、提高效益的潛力；③質量分析通過對質量控制系統統計數據的分析、研究，找出組織工作的薄弱環節，為組織下期活動確定質量管理和控制點提供依據；④職工成績評定通過分析組織員工在本期工作中的行為是否符合預定要求，判斷每位員工的貢獻情況，從而為組織支付各種報酬提供依據。

　　反饋控制以實際結果為評價內容，有利於管理者採取有效措施改進管理工作；有利於員工接受相關結果，且能有效地調動員工的積極性，調整他們的行為，提高工作績效。但是，反饋控制存在時間滯後性，有些信息反饋到管理者時，有的失誤可能已經發生。常用的反饋控制法有財務報表分析、生產成本分析、產品質量檢驗和組織成員績效測評等。在實際工作中，反饋控制是運用得最多的一種方式。

【專欄7-7】辦公室裡的偷竊和詐欺

　　在現代社會，偷竊和詐欺行為對社會治安的影響非常大。組織裡的偷竊和詐欺行為也時常發生，對組織也有非常大的影響。員工的偷竊行為是指員工私自將組織財產作為個人使用，其內容包括辦公室設備、辦公用品、車間零部件、組織軟件、組織財產等。有關專家專門就組織中的偷竊和詐欺行為進行了一項長期的研究，並累積了大量的資料。他們最後通過資料分析發現，在所有組織中，85%的偷竊和詐欺行為來自員工，而不是組織外的人。他們還研究了各組織中管理者的管理行為，並進行了總結歸類，具體見表7-1。

表7-1

前饋	現場	反饋
仔細進行雇用前的審查	尊重員工的尊嚴	當偷竊或詐欺發生後確保員工都知曉——不點名，但讓人們知道這是不能接受的
建立專門關於偷竊和詐欺的規章與紀律	開誠布公地與員交流偷竊需付出的代價	讓專業調查人員進行調查

表7-1(續)

前饋	現場	反饋
讓員工參與制度的制定	定期讓員工知道他們防止偷竊和詐欺的成功案例	重新設計控制方法
	如果條件允許使用攝像監視器	評價組織的文化和管理者與員工的關係
讓專家檢查內部安全控制措施	在計算機、電話、電子郵件上安裝「鎖定」選項	

(二) 根據控制的手段不同，可以分為直接控制和間接控制

1. 直接控制

直接控制是指控制者直接調節、干預被控制者的行為，糾正工作偏差的一種形式。控制者與被控制者直接接觸，控制指令直接作用於被控制者，中間沒有其他環節。在很多管理工作中，管理者認為，導致工作發生偏差的主要原因在於員工指揮不當、決策失誤、操作偏差、素質不高等。因此，管理者的直接控制能有效減少員工的失誤，及早發現並糾正偏差。組織應該重視管理人員的選拔和培訓，提高他們的管理理念、技術水準和控制能力。這對完成組織控制有著十分重要的作用。

直接控制對管理者的水準要求較高，能有效地培養全面型管理人才；可以及時採取糾正措施，並促使管理人員樹立自我控制意識；能有效地減少組織損失，節約各類開支；能有效地樹立管理者的自信心，有利於組織整體目標的實現。直接控制對管理者的能力和素質要求較高。管理者只有具備豐富的理論知識，才能更好地完成相關工作。

2. 間接控制

間接控制是指控制者借助中間工具，間接地干預被控制者的行為，糾正工作偏差的一種形式。控制者與被控制者不直接接觸，控制指令需要通過中間環節間接作用於被控制者。在實際工作中，員工依據組織計劃和標準具體開展各類工作，管理者通過對實際工作的考核，尋找組織偏差，並研究其原因，再採取相關措施糾正。在實際工作中，管理人員往往是根據計劃和標準，對比或考核實際的結果，研究造成偏差的原因和責任，然後才去糾正。間接控制往往發生在計劃實施偏差發生之後，甚至是計劃實施結束之後。

間接控制多見於上級對下級的控制，但並不是普遍有效的控制方法，它建立在一定的假設基礎之上。組織裡員工的工作成效是可計量、可比較的，個人責任也較為清晰；相關偏差可預料且能及時發現；有充足的時間來發現偏差、追究責任；責任單位和責任人會採取有效措施糾正組織偏差。但在現實生活中，這些假設有時不能成立。因此，間接控制尚存在一定的局限性。當管理者素質較高的時候，組織通常採取直接控制而不採取間接控制。

(三）根據控制程度不同，可以分為集中控制、分層控制和分散控制

1. 集中控制

集中控制是一種決策權高度集中的控制方式。組織將決策權統一集中於高層管理者，相關政令由高層管理者來發布和推動。組織通常會建立控制中心，具體負責組織內、外部各類信息的加工和處理、問題的分析、方案的擬訂等。集中控制能夠保證組織的一致性，但也容易造成成員的積極性低、官僚主義橫行、組織反應遲鈍等問題。而且一旦控制中心決策失誤，會對整個組織造成毀滅性的打擊。這種控制方式通常適用於規模較小的組織。

2. 分層控制

分層控制是指在服從整體目標的基礎上，將組織分為不同的層級，管理者相對獨立地開展各項控制活動。組織各個層級及其內部子系統的控制能力和條件相對獨立，方便管理者控制。在分層控制中，各層次內部通常實施直接控制，上下層之間通常實施間接控制。

3. 分散控制

分散控制是指將管理系統劃分為多個不同的、相對獨立的子系統，針對每一個子系統進行獨立的控制。各子系統處理信息要求相對較小，反饋環節相對較少，因此具有反應快、時間短、效率高等特點。但各子系統因為相對獨立，其協調性相對較差，會對整個系統的優化產生較大的影響；子系統目標與組織系統目標可能存在一定偏差，可能會影響組織目標的實現。

二、控制的過程

控制貫穿整個管理活動中，通過一系列的過程影響管理工作。在組織工作中，控制的過程就是管理者不斷比較計劃與實施結果，發現它們之間的偏差，分析其產生的原因，制定相關措施糾正偏差。管理控制過程一般包含三個階段，分別是確立標準、衡量績效和糾正偏差。

（一）確立標準

組織績效評估需要依據一個相對統一的標準，組織控制也需要參考相關標準。因此，標準是組織測評績效的基礎，確定標準是組織控制過程的第一步。另外，不同的計劃其詳盡程度、複雜程度也不相同。有的計劃很詳盡，有的計劃卻很簡略；有的計劃很複雜，有的計劃卻很簡單。沒有具體的標準，管理者將無法更好地開展控制工作。所以，組織在開展控制工作之前，應該參照組織目標和計劃，形成一套具體、可測量、可參考的控制標準。

確立標準之前，組織需要先確定控制對象，這是確定控制標準的前提。管理者只有先確定了控制對象，才能有針對性地制定標準。控制對象包含的內容較多，如組織人員、財務活動、信息管理、組織績效等。確定控制對象之後，管理者需要確定重點控制對象。在理論上，組織內各項事務都需要控制；但在現實生活中，管理者不可能面面俱到，只能挑

選特別關注的要素作為控制重點。在篩選控制重點時,管理者通常需要考慮影響組織目標的指標等。在重點控制對象確定後,根據控制點明確控制標準。標準包括定量標準和定性標準。定量標準是用具體的數量來具體衡量,如時間標準、數量標準、質量標準、成本標準等;定性標準通過非量化的方式來具體衡量,如服務質量、組織形象、工作態度等,但這些定性的內容也通常用量化的方法來間接衡量,如出勤率、事故比率等。

常用的制定標準的方法包括統計法和經驗估計法兩種。統計法通過組織內、外部各類歷史資料的分析,來確定控制標準;經驗估計法主要通過專家評估,由專家發現重點控制對象,並制定控制標準。

(二) 衡量績效

績效是組織工作開展的結果。組織工作實際成果如何,需要管理者根據標準來具體衡量。衡量績效是控制過程的第二步,能有效地預測和發現組織出現的偏差,並分析其原因,制定相關控制措施。

在衡量績效過程中,需要注意三大問題,分別是衡量實際業績、確定適宜的衡量方式、建立信息反饋系統。

(1) 衡量實際業績即通過組織標準具體檢驗組織各部門、各階段和各員工工作過程。通過實際檢驗,一方面檢驗組織標準是否客觀、有效,另一方面發現組織內部深層次的問題。

(2) 確定適宜的衡量方式是結合組織實際情況,來具體確定衡量主體、衡量項目、衡量方法和衡量頻度等。①衡量主體即負責衡量的主要人員,可以根據工作性質、內容等條件,具體確定是員工本人、主管、同事或者客戶等。②衡量項目即衡量的具體內容,尤其是對組織成效起著決定性作用的重要項目。③衡量方法主要有個人觀察法、報表報告法、抽樣檢查法、會議法等。不同的方法有著不同的優點,管理者應選擇恰當的方法,保證收集到準確的信息。④衡量頻度即在組織工作過程中對實際業績衡量的次數或頻率。衡量次數的多少不僅影響最終評價結果,還會對組織成本、員工態度、工作效率產生很大的影響。

(3) 建立信息反饋系統能快速地收集和傳達相關信息,保證及時發現組織偏差,並下達糾偏指令。信息的及時性、準確性、全面性影響著組織的判斷和決策。有效的信息反饋網絡,在組織中發揮著非常重要的作用。

(三) 糾正偏差

組織的偏差如果不能及時糾正,會對組織目標產生極大的影響,甚至會影響到組織的生存。因此,糾正偏差是控制中最關鍵的一步,也是最後一個步驟。

糾正偏差首先需要進行差異分析,即依據組織計劃,具體比較實際業績和控制標準,發現兩者之間的差異,確定糾偏的主要內容和實施對象;其次,需要確定偏差產生的原因,確定是計劃問題還是工作失誤問題,以便採取不同的糾偏方法;再次,制定補救措

施，並採用有效的補救工具，如設立賞罰制度等；最後，具體實施補救措施，保障組織達到預期目的。

在實際工作中，控制措施的種類非常多。常用的方法主要有三種，分別是調整和修正原有計劃、改進技術、改進組織工作。

1. 調整和修正原有計劃

員工具體依據組織的計劃開展相關工作，因此，組織計劃對組織目標的影響非常大。組織計劃不當時，員工的行為也會出現一些問題，這就容易造成偏差。所以，對組織原有計劃的調整和修正，能有效地糾正組織偏差、保障組織目標的實現。但組織計劃不能隨意變動。只有在管理者確定偏差確實由計劃問題造成的情況下，才能做出部分調整和修正，且不能偏離組織的整體目標。

2. 改進技術

技術是第一生產力。在當代，技術發揮著越來越重要的作用。在組織中，尤其是以生產為主的組織中，技術決定著產品質量。組織的偏差與技術落後、操作失誤等有著很大的關係。因此，採取必要的技術措施，及時處理生產上出現的技術問題，能有效地糾正組織偏差、保障組織目標的實現。常用的改進技術的方法有引進生產技術、技能培訓、專家指導等。

3. 改進組織工作

組織職能與控制技能之間關係密切，相互影響。對組織工作的改進，能夠有效地提高組織控制，保障組織目標的實現。在組織裡，組織工作經常出現的問題主要有兩種：一是組織計劃實施中出現偏差，導致組織預定目標沒有完成；二是組織因為沒有健全的控制體系，如信息反饋系統有問題等，不能有效地發現和糾正組織偏差。組織可以通過對組織機構、責權利關係、人員培訓等的調整，來改進組織工作。

【專欄7-8】好馬和騎師

一個騎師，讓他的馬接受了徹底的訓練，因此他可以隨心所欲地使喚它。只要把馬鞭子一揚，馬就聽他支配。而且騎師的話，馬句句都聽。「給這樣的馬加上韁繩是多餘的。」他認為不用韁繩就可以把馬駕馭住了。有一天，騎師騎馬出去時，他就把韁繩解掉了。馬在原野上飛跑，剛開始還不算太快，馬仰著頭抖動著馬鬚，仿佛要讓他的主人高興。但當馬知道什麼約束也沒有的時候，英勇的駿馬就越發大膽了，它的眼睛裡冒著火，腦袋裡充著血，再也不聽主人的斥責，越來越快地飛馳在遼闊的原野。不幸的騎師，如今毫無辦法控制他的馬了，他想用笨拙而顫抖的手把韁繩重新套上馬頭，但已經無法辦到。完全無拘無束的馬兒撒開四蹄，一路狂奔著，竟把騎師摔下馬來。而它還是瘋狂地往前衝，像一陣風似的，很快就在騎師的眼前消失了。

啟示：列寧有句名言：「信任固然好，控制更重要。」有些管理者授權後，由於過於信

任下屬，缺乏有效地控制手段，致使授權失敗。授權管理的本質就是控制和督查。授權後，管理者要建立起一套控制程序，通過工作報告、考核、預算審計等渠道獲得員工行為的反饋信息，以便及時、有效地進行控制。高明的管理者無時不對自己的控制技術做細緻的挑選，以使自己能在最恰當的時刻，選擇最恰當的方式，把失控的「馬」及時地拉回到正確的軌道上來。

任務三　控制的方法

控制的對象是組織中的人、財、物及其一系列活動，目的是為了以最優的效率實現組織目標。經過長期的實踐，人們總結出了很多控制方法，並對其進行了不同的分類。常用的控制方法有預算控制法、庫存控制法和質量控制法三種。

一、預算控制法

預算的方法通常包括財務預算、經營收入、現金流量、支出額度等，主要涉及資金、勞動、材料、能源等內容。預算控制能清楚地表明計劃與控制之間的關係，以規定的收入與支出為標準，具體檢查和監督各個部門的生產經營活動，從而在保證完成既定目標的基礎上，實現資源的有效節約。

（一）從內容角度，預算可分為營運預算、投資預算和財務預算

1. 營運預算

營運預算是組織開展各項日常基本活動的預算，是保障組織正常營運必不可少的預算。營運預算主要包括組織的銷售預算、生產預算、直接材料採購預算、直接人工預算、製造費用預算、單位生產成本預算、推銷及管理費用預算等。在組織眾多預算中，銷售預算是最基本的，也是組織計劃和組織預算控制的基礎。

2. 投資預算

投資預算是組織在可行性研究的基礎上，對固定資產的購置、擴建、改造、更新等編製的預算。投資預算可以讓管理者清楚地瞭解投資的時間、投資的額度、投資資金來源、投資資金回籠時間、投資獲利情況等。一般而言，組織的固定資產投資資金回籠需較長的時間，組織的投資預算需要和組織的戰略目標、長期計劃密切聯繫起來。

3. 財務預算

財務預算又稱「總預算」，是組織在計劃期內對現金收支、經營成果和財務狀況做出的相關預計，主要包括現金預算、預計收益表和預計資產負債表三種方法。組織的營運預算和投資預算，都可以用財務預算表示，其涉及的各類資源，可以折算成具體的金額。

（二）從財務角度，預算可分為收入預算、支出預算和現金預算

1. 收入預算

組織收入的主要來源為產品銷售，因此，收入預算的主要內容也是銷售預算。銷售預算以銷售預測為基礎，通過分析過去銷售情況、未來市場需求等，並比較競爭對手實力等，預測企業未來目標利潤需要達到的銷售水準。

2. 支出預算

合理的支出預算，能夠有效地分配各類資源，最大限度地發揮有限資源的作用。不同的組織，其經營支出的具體項目也可能不同。目前常用的支出預算方法主要有直接材料預算、直接人工預算和附加費用預算三種。

3. 現金預算

現金預算是對組織未來生產活動的現金流出和未來銷售活動的現金流入進行的預算，一般由財務部門編製。現金預算的內容只包含組織計劃中現金流動的項目，如賒銷、緊購等非現金支出項目，不在現金預算範圍。因此，現金預算反應的是實際現金流量，不反應企業的資產負債情況。

組織可以通過現金預算，發現資金的閒置或不足，從而能合理地分配現有現金，並提前做好現金籌備、借貸等計劃。

（三）從編製角度，預算可分為零基預算和增量預算

1. 零基預算

零基預算是指在做成員費用預算時，以所有的預算支出為零作為出發點，從實際需要出發，逐項審議各項預算費用的內容及合理性，不考慮以往會計期間所發生的費用。零基預算的編製，需要綜合平衡各項預算。

零基預算透明度高，能提高組織成員「投入—產出」的意識，能合理地分配有限的資金，可以有效地提高組織預算管理水準，更好地發揮控制的作用。但零基預算受主觀影響較大，處理不好容易引起部門間的矛盾，且其編製工作量較大，需要花費較多的費用。

2. 增量預算

增量預算又稱調整預算，其編製以基期的業務量水準和成本費用消耗水準為基礎。增量預算是指在前期預算或實際業績的基礎上，根據企業預算期的經營目標和實際情況，結合市場競爭態勢，通過對基期的指標數值進行增減調整而確定預算期的指標數值的方法。

增量預算編製的工作量相對較少，易於協調各部門之間的矛盾，但不利於降低成本，組織通常將預算資金全部花光。

二、庫存控制法

庫存控制法通過減少組織庫存、降低各種佔有來實現組織的經濟效益。常用的庫存控制法主要有四種，分別是 ABC 分類法、經濟批量法、訂貨點法和定期補充法。

（一）ABC 分類法

ABC 分類法是指將企業的庫存物資根據重要性分為 A、B、C 三類，組織再依據相關分類，分別實施不同的管理的方法。

在一些組織尤其是一些大的組織裡，其庫存物資可能有成千上萬種，有的甚至更多。管理者不可能做到對這些庫存物資的全面控制。但這些庫存物資的使用情況和價值其實是有很大的差別的。在 ABC 分類法中，A 類物資在數量上只占庫存的 20%，但在價值上卻占庫存總價值的 80%；B 類物資在數量上只占庫存的 20%，但在價值上卻占庫存總價值的 15%；C 類物資在數量上只占庫存的 60%，但在價值上卻占庫存總價值的 5%。

因此，在組織控制中，管理者需要採用不同的策略來控制 A、B、C 三類庫存物資。對於 A 類物資，管理者需要嚴格控制，花費的精力最多；對於 B 類物資，管理者需要一般控制；對於 C 類物資，管理者只需要簡單控制，花費的精力相對最少。

（二）經濟批量法

經濟批量法是一種數學方法，主要通過費用計算和確定最低的合理生產批量來確定組織庫存訂購量。在一定期間內，組織的總需求量或訂購量相對固定，其訂購量和訂購次數成反比，訂購費用和儲存費用也成反比。當訂購量大時，組織所需訂購次數相對較少，其訂購費用較低，但儲存費用較高；當訂購量小時，組織所需訂購次數相對較多，其訂購費用較高，但儲存費用較低。經濟批量模型通過平衡組織訂購費用和存儲費用，並由此計算出組織每次訂購的數量，從而降低組織總費用。此方法可以有效地保證組織均衡生產的需要。

組織每次的經濟訂貨批量（EOQ）與物資總需求量（Q）、每次訂購所需的費用（O）、庫存物資單價（P）、存儲費用和全部庫存物資價值之比（C）之間的關係，可以用如下公式表示：

$$EOQ = \sqrt{2 \times Q \times O / P \times C}$$

經濟批量法是最古老的庫存控制法，被廣泛應用於各類組織中，並為其他庫存控制打下了堅實的基礎。

（三）訂貨點法

在訂貨點法中，組織會設置一個庫存關鍵點，又稱訂貨點。在組織的營運中，會逐漸消耗庫存。當庫存量降低到訂貨點時，組織就會向供應商發出訂貨請求，補充組織庫存。訂貨點（Q_n）的確定會綜合考慮多項內容，主要考慮訂貨提前期（T）、該物資平均的日消耗量（q）和安全庫存（QS）三項，其關係可表示為：$Q_n = T \times q + QS$。組織會根據此公式，隨時檢查庫存量。當發現庫存量不足時，組織便會發出訂貨請求。訂貨點法對庫存量的控制比較嚴格，這必然增加了組織管理的工作量。此方法對供應商也有較高的要求。

（四）定期補充法

定期補充法也是對組織庫存量的一個補充，但其訂貨的時間有一定的間隔，如每週、

每月、每季度。定期補充法與訂貨點法不同，每過一段時間，組織都會補充庫存，而不用考慮庫存消耗的節點。每次訂貨的數量並不固定，組織會參考組織計劃中期望水準庫存數量。定期補充法大大簡化了管理的工作量，也節省了訂貨費用。但因為每次的訂貨數量不同，會給供應商帶來很大的不便。

三、質量控制法

質量是組織依據產品的使用價值而設置的各項適用特徵的總稱，有廣義和狹義之分。廣義質量是指組織產品質量、工作質量等；狹義質量只包括組織產品質量。產品質量主要是為了滿足消費者的需要，具體包括性能、壽命、安全性、可靠性和經濟性五個方面。工作質量是為了保證產品質量，而在生產過程中進行的一系列質量管理工作。常用的質量控制法包括全面質量管理、產品生產工序質量控制、員工工作質量控制等。

（一）全面質量管理

20世紀60年代，美國管理學家提出了全面質量管理這個全新的、系統性的質量觀念。全面質量管理是一套系統的管理活動，組織有關部門和全體職工應用數理統計方法進行質量控制，有效地控制產品的整個過程和各個因素，在生產出客戶滿意的產品的同時，降低組織各項成本。

全面質量管理有四個全面，分別是對象全面、過程和範圍全面、人員全面、管理方法全面。①對象全面包括產品質量、服務質量、工作質量等多方面的內容，產品質量還需要符合企業標準和消費者標準；②過程和範圍全面即實行過程的全面管理，內容涉及採購、生產、存儲、銷售、售後服務等多環節、多方面；③人員全面要求企業各部門、各環節的全體員工都要重視和關心質量問題；④管理方法全面是指綜合運用各種質量管理方法，以數據為依據，具體開展質量分析和質量控制。

全面質量管理的基本方法可概括為一個過程、四個階段、八個步驟。一個過程即組織管理是一個產生、形成、實施和驗證的過程；四個階段即組織管理是四個階段的循環，又稱PDCA循環，具體是計劃（Plan）—執行（Do）—檢查（Check）—處理（Act）；八個步驟由四個循環細分而來，可以分為計劃、實施、檢查和處理四個階段。計劃階段主要包括四個步驟：①分析組織現狀，全方位查找組織存在的質量問題；②全面分析影響產品質量的原因或因素；③逐一篩選，從眾多原因和因素中找出主要因素；④針對主要因素擬訂方案。實施階段包括一個步驟，即執行組織擬訂的方案，具體落實各項措施。檢查階段包括一個步驟，即檢查計劃的實施情況。處理階段包括兩個步驟：及時總結經驗，鞏固組織已取得的成績，並形成一定的標準化；提出組織尚未解決的問題，轉入下一個循環。

全面質量管理現已形成了一整套管理理念，是企業管理現代化、科學化的一項重要內容，被廣泛運用於全球各類組織中。

【微課堂——創意課堂】PDCA 循環

PDCA 循環又稱戴明環，最早由休哈特博士提出，由美國質量管理專家戴明博士發揚光大。PDCA 循環由四個英文單詞的首字母組成，P 即計劃，Plan；D 即執行，Do；C 即檢查，Check；A 即行動，Action。

PDCA 循環有三大特點，分別是程序化、層次化、高效化。①程序化。此循環必須按照 P—D—C—A 的順序，程序化轉動，並循環不止，這種循環不可逆轉。②層次化。此循環普遍適用於各組織、各部門、各環節、各成員，大環中套著小環，小環中維護大環，彼此推動。③高效化。此循環每循環一次，組織各方面質量問題便能得到很好的解決和提升。在持續不斷的循環下，組織各方面的質量會越來越好，如爬樓梯一樣逐步上升。

（二）產品生產工序質量控制

產品的生產需要多道工序，每道工序都會影響產品的質量。組織通過對產品生產工序質量的控制，可以保證每道工序都嚴格按照要求操作，從而保證產品質量，實現企業質量目標。產品生產工序質量控制可以分為三個過程，分別是生產技術準備過程、製造過程和服務過程。

（1）生產技術準備過程主要指產品生產的前期，為了保障正式生產能受組織控制，而在各種生產技術上的準備。該過程控制主要分為受控生產策劃工作、過程能力控制、搬運控制和其他控制。①受控生產策劃工作是指在計劃和各類文件中，明確規定人員、機器、原料、工藝、環境等諸多影響生產過程質量的因素；②過程能力控制是指在技術準備過程中，識別並控制材料、設備、系統和軟件、程序與人員等主要作業；③搬運控制是指要制定合理的搬運文件制度和選擇正確的傳送裝置與運輸裝置；其他控制包括輔助材料、公用設施和環境條件等。

（2）製造過程質量控制主要包括技術文件控制、過程更改控制、物資控制、設備控制、人員控制和環境控制。①技術文件控制要求要有正確、完整、協調、統一、清晰、文實相符的文件做指導；②過程更改控制是指更改前要徵求顧客意見，更改審批符合程序，更改後要進行必要評價；③物資控制要求原材料符合標準，製造過程中必須合理堆放、隔離、搬運、儲存和保管；④設備控制要求所有設備使用前按規定進行驗收，生產中要及時維護，生產後要定期保養；⑤人員控制要求操作人員、檢驗人員持證上崗，且熟練掌握相關要求；⑥環境控制是指要滿足工藝技術文件的環境要求，同時要注意環境保護。

（3）服務過程質量控制包括物資供應質量控制、設備質量控制、工裝工具質量控制三

個環節。①物資供應質量控制要求加強物資供應商、質檢、驗收、搬運、儲存等的控制，從而保證供應物資符合質量標準；②設備質量控制要求嚴格控制設備在購買、驗收、安裝、維護、檢修、改造等環節保證設備工作狀態完好；③工裝工具質量控制是指建立專門的機構、工作程序和定期檢驗制度，保證工量具、工裝及其他工藝裝備的驗收、保養、發放、鑒定、校正和修理等過程符合規定的要求。

(三) 員工工作質量控制

員工工作質量對產品質量有著非常重大的影響。員工工作質量是指企業為保證和提高產品質量，在經營管理和生產技術工作方面所達到的水準。員工工作質量控制主要通過經營管理控制和生產技術控制實現。員工工作質量具體反應在組織的工作效率、工作成果、產品質量、經濟效益等方面，可通過各類工作質量指標衡量，如產品合格品率、不合格品率、返修率、廢品率等。通過對員工工作質量的控制，可以有效地保證產品質量，從而保證組織目標的實現。

美國克利夫蘭診所 (Cleveland Clinic) 以提供優質的醫療服務享譽全球，它的頂級心臟治療項目吸引了來自世界各地的患者。但你沒有意識到的是，它還是醫療服務領域具有成本效益的典範。其他想要提升效率和成效的醫療服務組織都將其視為榜樣。

醫療服務、教育以及金融服務等多個行業的管理者發現了製造業早就意識到的一件事——標杆管理的好處。標杆管理是指從競爭對手或其他組織中尋找讓其獲得卓越績效的最佳實踐。標杆管理應該識別不同的標杆，即用來測量和比較的卓越標準。例如，美國醫學會制定了100多項績效測量標準來提升醫療水準。日產公司的首席執行官卡洛斯·戈恩將沃爾瑪的採購、運輸以及物流作為標杆。塔吉特公司將亞馬遜視為標杆，模仿其包括定期尿布派送、免費快遞和會員折扣在內的線上服務。從根本上來說，標杆管理是向他人學習。作為監督和測量組織績效的一項工具，標杆管理可以用於識別具體的績效差距和潛在的可提升領域。但是，最佳實踐並不僅僅從外部獲得。有時候那些最佳實踐也可以從組織內部找到，管理者僅僅需要對其進行分享。研究表明，最佳實踐往往已經存在於組織內部，但通常沒有被發現和引起關注。在當今的環境中，追求高績效水準的組織不能忽視如此有價值的潛在信息。

【專欄7-9】標杆管理

假設你是一名天賦異稟的鋼琴家或體操運動員，為了進一步提高自己，你想向優秀的選手學習，於是你要觀察出色的鋼琴家或體操運動員在表演時所使用的動作技巧。我們要介紹的最後一個環境評估技巧——標杆管理也採取與上述類似的方式即從競爭對手和其他組織中尋找讓其獲得卓越績效的最佳實踐。標杆管理的效果如何？調查顯示，標杆管理可以幫助組織將增長速度提升69%以及將產出提高45%。

標杆管理背後的基本思想是，管理者可以通過分析並且複製各個領域領先者所採用的

方法來提升績效。日產公司、瑋倫鞋業公司、美國陸軍、通用磨坊公司、聯合航空公司和沃爾沃建築設備公司等組織都已經將標杆管理作為提升企業績效的重要手段。事實上，有不少公司都選擇了比較獨特的參照對象。例如，IBM 通過研究拉斯韋加斯的賭場來尋求減少員工偷竊的方法。許多醫院將自己的入院流程與萬豪酒店的入住流程對比。此外，佐丹奴控股公司，一家位於中國香港的大眾休閒服裝製造兼零售商，從瑪莎百貨借鑑了「高品質、高價值」的理念，效仿了美國有限品牌集團的銷售點信息系統，並且借鑑了麥當勞的菜單設計以簡化自己的產品種類。

【專欄7-10】阿基里斯的腳後跟

古希臘神話中有很多偉大的英雄人物。其中有一位刀槍不入的英雄，名叫阿基里斯。因為他的神勇，在激烈的特洛伊之戰中，他斬殺了很多敵將，立下了赫赫戰功。他之所以這麼神勇，與他的母親——海洋女神特提斯有很大的關係。在阿基里斯還是嬰兒的時候，他的母親把她浸泡在斯提充斯河中。斯提充斯河是一條非常神奇的河，凡是被河水浸泡的身體，都會刀槍不入。

然而，在阿基里斯英勇攻占特洛伊城的時候，被太陽神阿波羅一箭射死了。更出乎意料的是，這也與他母親有關係。原來，在給他浸泡河水時，她母親捏著他的右腳後跟，所以右腳後跟並沒有浸泡到水。這也成了他全身唯一的弱點，也是致命的弱點。而太陽神阿波羅正是抓住了這唯一的弱點，一箭射中了他的右腳後跟，收走了他的命。如果阿基里斯更好地保護了自己的右腳後跟，太陽神阿波羅便射不中他，他也不會英勇犧牲。

啟示：由於局部細微的弱點而導致全局崩潰，就是這則故事所揭示的道理。在經營管理過程中，無論是戰略決策還是產品的質量控制，很多失敗都是由於細微的失誤造成的。對於細節來說，很多時候，100 減去 1 不是等於 99 而是等於 0。由此，得出了這樣的一個結論：功虧一簣，1%的錯誤導致100%的失敗。許多企業的失敗，往往是在細節上沒有注意所造成的。往往是一些不起眼的小細節，造成了大的問題。

任務四　技能訓練

一、應知考核

1. （多選）控制有廣義和狹義之分。其中，廣義控制包括（　　　）。
   A. 修訂計劃、修訂標準　　　　B. 引進技術、開展培訓
   C. 糾正偏差　　　　　　　　　D. 嚴謹處理
2. 在任何組織中，控制都是非常必要的。其必要性主要表現在（　　　）。

①組織各類活動的影響因素有多種，組織環境的變化，會引起組織活動影響因素的變化——環境的變化。

②隨著組織規模的擴大，管理者直線管理的效果會降低，也沒有充足的時間和精力去管理一些常規性的工作和微不足道的小事——管理權力的分散。

③管理者對成員工作能力的控制——工作能力的差異。

④計劃是控制的基礎，是制定控制標準的前提；控制能保證組織工作按計劃順利開展，是計劃目標實現的重要手段——控制計劃的關係。

A. ①②③④　　　　　　　　B. ①②③
C. ①③④　　　　　　　　　D. ②③④

3. 控制的內容主要包括（　　）。

A. 人員、時間、成本、利潤、庫存和審計
B. 人員、時間、質量、利潤、庫存和審計
C. 人員、時間、成本、質量、庫存和審計
D. 人員、時間、質量、成本、審計和風險

4. 直接控制是指管理者通過與員工的直接接觸，將自己的意志直接作用於員工。常用的直接控制法主要有_____等。間接控制是管理者根據組織發展戰略需要，通過培訓等方式，開展組織人力資源，充分發揮員工的作用。常用的間接控制法主要有_____等。（　　）

A. 直接巡視、員工評估、現場指導　激勵法
B. 員工考核、現場指導、私下談話　培訓法
C. 直接巡視、員工評估、現場指導　激勵法、培訓法
D. 員工考核、現場指導、私下談話　激勵法、培訓法

5. 對於成本控制，下列選項中，（　　）是正確的。

A. 首先，制定控制標準；其次，成本核算；最後，差異分析
B. 首先，制定控制標準；其次，差異分析；最後，成本核算
C. 首先，制定控制標準；其次，成本核算；再次，差異分析；最後，採取措施
D. 首先，制定控制標準；其次，差異分析；再次，成本核算；最後，採取措施

6. 控制是一個連續不斷、反覆發生的過程，其目的是保證組織活動符合計劃要求。有效的控制原則主要有六種，分別是：_____。（　　）

A. 及時性原則、適度性原則、重點原則、經濟性原則、客觀性原則、彈性原則
B. 及時性原則、適度性原則、重點原則、經濟性原則、主觀性原則、彈性原則
C. 及時性原則、過渡性原則、重點原則、經濟性原則、客觀性原則、彈性原則
D. 及時性原則、過渡性原則、重點原則、經濟性原則、客觀性原則、彈性原則

7. 下列選項中，在控制的原則中，關於及時性原則說法正確的是（　　）。

A. 生產勞動類組織的控制較多，科研類組織控制則相對較少；對現場生產作業控制較多，對科室的控制則相對較少；對新進員工的控制較多，對老員工的控制則相對較少。市場疲軟時控制較多，經濟繁榮時控制較少

B. 第一，確保自己不是最弱的部分；第二，盡量避免和減少最弱部分對自己的影響；第三，如果自己剛好是最弱的部分，就需要採取一定措施及時改進，或者另謀他職

C. 信息是控制的基礎。及時、有效的信息控制系統，能夠有效地保證組織各類信息的收集和傳送，從而保證控制的及時性

D. 組織計劃的制訂有一定的彈性。組織通過一定的標準，具體檢驗實際工作與預期目標的差距，從而發現偏差，開展控制

8. 組織的偏差如果不能及時糾正，會對組織目標產生極大的影響，甚至會影響到組織的生存。因此，糾正偏差是控制中最關鍵的一步，也是最後一個步驟。下列選項中，說法錯誤的是（　　）。

A. 糾正偏差首先需要進行差異分析，即依據組織計劃，具體比較實際業績和控制標準，發現兩者之間的差異，確定糾偏的主要內容和實施對象

B. 第三，制定補救措施，並採用有效的補救工具，如設立賞罰制度等

C. 第四，具體實施補救措施，保障組織達到預期目的

D. 第二，需要確定偏差產生的原因，確定是計劃問題還是工作失誤問題，以便採取不同的糾偏方法

9. （多選）根據控制程度不同，可以分為集中控制、分層控制和分散控制。下列選項中，說法錯誤的是（　　）。

A. 集中控制是一種決策權高度集中的控制方式。組織將決策權統一集中於高層管理者，相關政令由高層管理者來發布和推動。這種控制方式通常適用於規模較大的組織

B. 分層控制是指在服從整體目標的基礎上，將組織分為不同的層級，管理者相對獨立地開展各項控制活動。各層次內部通常實施直接控制，上下層之間通常實施間接控制

C. 分散控制是指將管理系統劃分為多個不同的、相對獨立的子系統，針對每一個子系統進行獨立的控制

D. 以上說法都正確

10. 在衡量過程中，需要注意三大問題，分別是衡量實際業績、確定適宜的衡量方式、建立信息反饋系統。下列選項中，說法錯誤的是（　　）。

A. 衡量實際業績即通過組織標準具體檢驗組織各部門、各階段和各員工工作過程。通過實際檢驗，一方面檢驗組織標準是否主觀、有效，另一方面發現組織

內部深層次的問題
- B. 確定適宜的衡量方式是結合組織實際情況，來具體確定衡量主題、衡量項目、衡量方法和衡量頻度等
- C. 衡量次數的多少不僅影響最終評價結果，還會對組織成本、員工態度、工作效率產生很大的影響
- D. 建立信息反饋系統能快速地收集和傳達相關信息，保證及時發現組織偏差，並下達糾偏指令

11. 控制的對象是組織中的人、財、物及其一系列活動，目的是為了以最優的效率實現組織目標。常用的控制方法有預算控制法、庫存控制法和質量控制法三種。下列選項中，說法錯誤的是（　　）。
- A. 預算就是用數據來具體描述組織計劃，是計劃的數量表現。預算的方法有多種，通常包括財務預算、經營收入、現金流量、支出額度等，主要涉及資金、勞動、材料、能源等內容
- B. 預算控制是眾多管理控制方法中使用最不廣泛的一種控制方法
- C. 營運預算是組織開展各項日常基本活動的預算，是保障組織正常營運必不可少的預算
- D. 在組織眾多預算中，銷售預算是最基本的、也是最關鍵的營運預算，是組織計劃和組織預算控制的基礎

12. 從財務角度，預算可分為收入預算、支出預算和現金預算。下列選項中，說法錯誤的是（　　）。
- A. 組織收入的主要來源為產品銷售，因此，收入預算的主要內容也是銷售預算
- B. 組織各類活動的正常運作，建立在各類資源的利用和消耗的基礎上
- C. 現金預算是對組織未來生產活動的現金流出和未來銷售活動的現金流入進行的預算，一般由財務部門編製
- D. 以上都不正確

二、案例分析

擺梯子

在來集團生產車間的一個角落，因工作需要，工人需要爬上爬下，因此，管理者甲放置了一個梯子，以便上下。可由於多數工作時間並不需要上下，屢有工人被梯子羈絆，幸虧無人受傷。於是，管理者乙叫人改成一個活動梯子，用時，就將梯子支上，不用時，就把梯子合上並移到拐角處。由於梯子合上豎立太高，屢有工人碰倒梯子，且還有人受傷。為了防止梯子倒下砸著人，管理者丙在梯子旁寫了一個小條幅：請留神梯子，注意安全。

一晃幾年過去了，再也沒有發生梯子倒下碰到人的事。一天，外商來談合作事宜。他

們注意到這個梯子和梯子旁的小條幅，駐足良久。外方一位專家熟悉漢語，他提議將小條幅修改成這樣：不用時，請將梯子橫放。很快，梯子邊的小條幅就改過來了。

案例練習題：

1. 本案例最能說明的是（　　）。
   A. 越是高層管理者，控制職能越重要
   B. 越是基層管理者，控制職能越重要
   C. 無論管理層次的高低，控制職能都很重要
   D. 很多外國企業能成功，主要是善於行使控制職能

2. 屬於前饋控制的是（　　）。
   A. 管理者甲　　　　　　　　　B. 管理者乙
   C. 管理者丙　　　　　　　　　D. 外方一位專家

3. 屬於反饋控制的是（　　）。
   A. 管理者甲　　　　　　　　　B. 管理者乙
   C. 管理者西　　　　　　　　　D. 外方一位專家

4. 控制效率最高的是（　　）。
   A. 管理者甲　　　　　　　　　B. 管理者乙
   C. 管理者西　　　　　　　　　D. 外方一位專家

5. 本案例給我們最重要的一個啟示是（　　）。
   A. 控制過程也是一個不斷學習的過程
   B. 前饋控制的效果一般好於反饋控制
   C. 控制並非投入越大，取得的收益越多
   D. 前饋控制的成本一般高於反饋控制

和難以相處的人打交道

關於技能：

幾乎所有的管理者都不得不在某些時候和難以相處的人打交道。不乏有些特點會使有些人難以和人共同工作。例如，容易發脾氣的人，苛刻的人，罵人的人，憤怒的人，防備心強的人，喜歡抱怨的人，嚇人的人，有攻擊性的人，自戀的人，自大的人，呆板的人。成功的管理者能學會如何與難以相處的人打交道。

練習技能的步驟：

在與難以相處的人打交道時，沒有總是有效的通用方法。但是，我們可以提供一些建議。這些建議可以緩解這些人在你生活中製造的焦慮感，也可以幫助減少他們難以相處的行為。

1. 不要讓你的情緒所左右。對於難以相處的人我們的第一反應是情緒化的。我們很生氣，感到沮喪。當我們感到他們侮辱或貶低自己的時候，我們想要痛斥他們或進行報

復。這樣的反應並不能降低你的焦慮感，還有可能會助長其他人的不良行為。所以，要與你的自然反應抗爭，保持冷靜，保持理性和思考。這樣的方式雖然有可能不會改善局面，但至少也不會鼓勵和助長不良行為。

2. 努力限制聯繫。如果可能，試著限制你與難以相處的人的聯繫。避免去他們經常閒逛的地方，限制不必要的互動。此外，使用交流媒介，如電子郵件和短信——來將面對面的聯繫和語言溝通降到最少。

3. 試著禮貌地抗爭。如果你無法避免難以相處的人，考慮以禮貌但強硬的方式站出來應對他們。讓他們知道你意識到了他們的行為，你也發現這些行為不可接受，你不會容忍。對於那些沒有意識到他們的行為對你有影響的人而言，抗爭可以讓他們意識到並改變自己的行為。對於那些刻意為之的人而言，採取明確抗爭可以讓他們重新考慮自己的行為所帶來的結果。

4. 採取正面強化。我們都知道正面強化是改變行為的一個有力工具。試著通過贊美和其他積極評論強化令人滿意的行為，而不是批評不良行為。這種方式將會減少不良行為的出現。

5. 召集受害的同事和目擊者。人多力量大。如果你可以找到其他受到難以相處的人侵犯的同事來支持你，就會得到很多正面的結果。第一，這可以降低你的挫敗感，因為其他人會認同你的感知並提供支持；第二，投訴來自不同的源頭時，組織中有權處理的人更有可能採取行動；第三，當一群人都在指責他或她具體的行為而非僅僅一個源頭有投訴時，難以相處的人更有可能感覺到壓力而做出改變。

三、項目實訓

1. 學校運動會控制方案（綜合應用）。學校現在組織一場秋季運動會，請你分析，應該從哪些方面進行控制？

2. 你有一個重要的課程項目在一個月內截止。確定一些你可以運用的績效測量指標來幫助判斷項目是否按計劃進行，是否將會有效率（按時）且有成效（高質量）地完成。

3. 在你自己的個人生活中，如何運用控制的概念？請具體說明。（從前饋控制、同期控制和反饋控制以及對你生活的不同方面——學校、工作、家庭關係、朋友等——的具體控制來考慮。）

4. 採訪30個人，問他們是否遭遇過辦公室憤怒。具體詢問他們是否經歷過以下情形的任何一項：來自同事的大吵大鬧或其他口頭侮辱，自己對同事大吵大鬧，為了與工作相關的事大哭，看見某些蓄意破壞機器或家具，看見過工作場所的身體暴力或者襲擊過同事。你對這些結果感到驚訝嗎？做好準備在課堂上展示這些結果。

5. 假設你是一個分時度假顧客來電中心的管理者，你將會採用什麼類型的控制措施來考察員工的工作效率和效果？又會採用什麼措施來評估整個顧客來電中心？

6. 懲罰員工是管理者最不喜歡的任務之一，但也是所有管理者不得不做的事。採訪三位管理者詢問他們懲罰員工的經歷。什麼類型的員工行為導致了懲罰行動的必要性？他們曾使用什麼類型的懲罰措施？當懲罰員工時，他們認為什麼是最困難的事？對於懲罰員工，他們有什麼建議？

7. 對「The Great Package Race」進行研究，寫一篇文章來描述該競賽是什麼以及為什麼它是組織控制的一個好例子。

項目八　激勵

【引導案例】　老門衛制服上的金別針

　　聖誕節是國外非常重要的節日。在這一天，每家都要隆重慶祝。在聖誕節來臨之際，北歐航空公司總經理楊・卡爾松決定做一件事情。他吩咐秘書定做一批純金西服別針，並提出了兩點要求：第一，純金別針的做工一定要精美；第二，純金別針要盡快做好，且一定要在聖誕節前寄到每位員工配偶的手中。

　　每年都有很多代表團來北歐航空公司總部考察訪問。有一次，一個代表團的成員在集團門口，看見一位老門衛的制服上別著一枚純金別針，便好奇地問道：

　　「您怎麼帶著這麼一枚別針啊？」

　　老門衛聽了代表團成員的問話後，挺了挺胸膛，自豪地說道：「這是我們公司給我們的聖誕禮物。」

　　聖誕節的前一天，老門衛如往常一樣下班回了家。剛一進家門，他的老伴便急匆匆地從屋裡跑了出來，熱情地吻住了他。他非常疑惑。他的老伴眼裡閃著淚花，激動地對他說：

　　「湯姆，你真棒啊！你看看桌子上放的是什麼東西！」

　　老門衛走上前去，看到了一個精致的小盒子，盒子裡端端正正地擺放著一枚金燦燦的別針和一張小紙條。老門衛打開了小紙條，上面有一行娟秀的文字。

　　尊敬的托瑪遜太太：

　　感謝您一年來對托瑪遜先生工作的全力支持。正是您的支持，北歐航空公司才能取得如今的成就。我謹代表我個人向您表示衷心的感謝！您辛苦了！

　　楊・卡爾松

　　代表團成員聽了之後很是感動，他們又好奇地問道：

　　「您拿到這枚別針時是什麼感覺？」

　　老門衛又回答道：

　　「那天晚上，我們過得很開心。我和老伴一邊喝著酒、一邊聊著我們的工作。我們說了很多話，但總是圍繞著我明年該怎麼努力。也正是在那天晚上，我和老伴決定：只要公司一天不辭退我，我就全心全意、盡最大地努力工作。」

任務一　激勵概述

【專欄8-1】得不到表揚的廚師

《舌尖上的中國》的熱播，大大出乎了人們的意料。紀錄片上的各種各樣的美食、小吃，讓我們垂涎欲滴、胃口大開。與此同時，很多有名的小吃，也紛紛走入我們的視野，逐漸被大眾熟知、喜愛。其中，烤鴨便是非常有名的一道美食。

某城市的一個酒店有一名著名的廚師，他做的烤鴨非常有特色，深受顧客的喜愛。他的老板雖然心裡也非常欣賞他做的烤鴨，但卻從沒有任何鼓勵和贊美。這使得廚師每天都悶悶不樂，工作效率也不高。

有一天，有一批重要的客人到訪，老板趕忙在酒店裡大擺宴席款待他們。其中，就包括了廚師做的烤鴨。這也是老板非常喜歡吃的烤鴨。在宴席上，老板熱情地給客人夾鴨腿。當他夾了一個鴨腿之後，卻怎麼也找不到另一只。

老板偷偷地問廚師：「怎麼只有一只鴨腿，另外一只鴨腿呢？」

廚師聽了老板的問話，坦然地說道：「老板，我們的鴨子就只有一條腿！」

聽了廚師的話，老板雖然也非常詫異。但礙於客人在場，他也沒好意思細問。

宴席過後，老板喊上廚師，要去一探究竟。當時正是夜晚，鴨子們都在睡覺，每個鴨子只露出了一條腿。

廚師指著鴨子們說道：「老板您看，它們確實只有一條腿呀。」

老板還是很疑惑，於是大聲地拍掌把鴨子們吵醒。鴨子們被驚醒後，紛紛站了起來。第二條腿也都露了出來。

老板指著鴨子們道：「這不都是兩條腿嗎？你怎麼說只有一條腿啊？」

廚師說道：「它們剛才確實是一條腿。您一鼓掌，它們才會有兩條腿。」

老板聽了廚師的話，默默地沒有說什麼。在之後的工作中，老板一改之前的做法，經常表揚員工。員工的積極性得到了極大的提升，工作起來也更加賣力了。廚師工作也開心起來。他做的烤鴨味道越來越好，深受顧客的喜愛。

啟示：激勵是管理工作的核心問題之一。在組織工作中，激勵是調動員工工作積極性的重要手段之一。管理者的水準如何，很大程度體現在激勵員工的效果上。一點小小的物質鼓勵/精神鼓勵，往往能夠極大地調動員工的積極性，能夠有效地提高組織效益。

一、激勵的含義

激勵是一個外來詞，有激發動機、鼓勵行為、形成動力的意思。據不完全統計，管理學界對激勵的界定有上百種，不同學者有不同的觀點。

成就動機理論主要代表人物、美國心理學家阿特金森認為：激勵就是「此時此刻對行動的方向、強度與持續性的直接影響」。

　　美籍德國猶太人、人本主義哲學家、精神分析心理學家弗洛姆認為：激勵是「一個過程，這個過程主宰著人們……在多種自願活動的備選形式中做出選擇」。

　　美國學者貝雷爾森和斯坦納在《人類行為：科學發現成果》一書中指出：「激勵是人類活動的一種內心狀態。」

　　學者們雖然有不同的界定，但基本涵蓋了以下四個方面的內容：

　　(1) 激勵離不開被激勵對象。沒有被激勵對象，就談不上激勵。

　　(2) 激勵以滿足需要為根本出發點。激勵通過滿足對象的需求，從而激發他們內在的動力，驅動他們更好地完成某項任務。

　　(3) 激勵以充分調動對象的工作積極性為目標。有效地激勵能充分激發對象的潛能，調動他們的積極性，從而以飽滿的熱情投入工作。

　　(4) 保持與延續對象的行為。激勵從來不是一次性的，如何持續保持對象高昂的激情，是管理者需要考慮的重要問題之一。

【專欄8-2】皮格馬利翁效應

　　在古希臘神話故事裡，有一個非常感人的故事。塞浦路斯國王的皮格馬利翁是一個雕刻迷，非常喜歡雕像。他平時空閒的時候，就回去雕刻各種東西。有一次他花了很長的時間，精心雕刻了一個美麗的「少女」。他每天都凝望著這個「少女」，並深深地喜歡上了她。他的真誠終於感動了女神，女神於是賜予了這尊雕像生命，讓她活了過來。後來他們便幸福地生活在了一起。這個故事後來被管理學家們經常引用，並稱之為「皮格馬利翁效應」。該效應認為，信任、贊美等正面的激勵行為，能夠使我們的日常行為富有正能量。

　　美國著名心理學家羅森塔爾和雅各布森在聽了這個故事之後，大受啓發。經過精心的研究和探討，他們設計了一個實驗。

　　他們首先選擇了一所學校，並從中挑選了18個班級。在學生開學的時候，他們對每個學生進行了一次「發展測驗」，之後便給了老師們一份名單。名單上的所有學生的智力水準都非常高，發展潛力也非常大。然後他們就離開了學校。

　　又過了8個月，他們又回到這所學校，並對這18個班的學生進行了真正的素質測評。測評結果顯示，名單上的學生的學習成績都有了顯著的進步。他們的求知慾望更加強烈，性格更加開朗。在日常的生活中，他們與老師、同學的關係特別融洽，而且也敢於發表自己的看法。

　　有的人可能會說，他們本身發展潛力就大，有這樣的效果也在情理之中。其實不然。羅森塔爾他們提供的這份名單，是隨機抽取的，這些普通的學生的發展潛力和大家一樣。但由於羅森塔爾他們的暗示，老師們便真的信以為真，對這些孩子的態度有了明顯的變

化。很多老師一改之前的批評和懲罰，轉而對他們更友善且經常給予他們鼓勵。正是這一系列態度的轉變，使得學生發生了巨大的變化。

松下幸之助被稱為日本「經營之神」，創造了很多經營神話。其經營手段世界聞名，很多人都研究過他的案例。他也是一個善用皮格馬利翁效應的高手。松下幸之助有很多先進的做法，其中，電話管理術就是他將電話與管理完美結合的一個「偉大發明」。他經常給員工打電話，甚至包括新招的員工。而且每次他打電話，只是問一下員工的近況，並沒有特別的事情。當他發現下屬最近還算順利時，他通常會以積極的口吻，肯定員工的做法，鼓勵員工加油干。在接到松下幸之助的電話後，員工們常會感覺到信任和被看重，工作的狀態會明顯好轉。很多人因此勤奮工作，很快成長為公司裡獨當一面的人物。打電話的事情雖然簡單，但它產生的效果卻是非常大的。這也是皮格馬利翁效應的體現。

二、激勵的作用

美國哈佛大學教授威廉·詹姆士，曾針對激勵的作用做過一次試驗。試驗結果表明，員工工作能力的發揮，與激勵有著密切的關係。在同樣按時計酬的制度下，當員工沒有受到激勵時，其能力僅能發揮20%~30%；但當員工受到激勵時，其能力能發揮80%~90%，甚至超常發揮。激勵員工的工作成效與很多因素密切相關，主要包括個人能力、環境和積極性。在能力、環境和激勵三個因素中，能力是前提且基本穩定。能力的提升並非一朝一夕之事，在某一個時間段相對穩定。環境對能力的發揮、激勵的形成都有很大的影響，但一個組織的環境，相對來說也較穩定。所以，激勵的作用就顯得非常重要。激勵能克服或利用環境影響，激發、鼓勵、調動人的積極性，提高他們的工作能力和工作效率，從而取得更大業績。激勵的作用主要表現在以下三個方面：

（一）挖掘人的潛力

每個人的潛力都非常大。如何挖掘人的潛力，這是每個組織的管理者都非常關注的問題。人的工作積極性與潛力的發揮有著密切的關係。當人的工作積極性高時，其潛力越容易發揮；當人的工作積極性低時，其潛力越不容易發揮。合理的激勵能通過有效地調動人的積極性，發揮人的技術和才能，挖掘人的潛力。

（二）為組織吸引優秀人才

有效的激勵制度，可以充分調動組織內、外部的人力資源。很多組織都有人才流失的現象，其原因之一是組織沒有有效的激勵制度。有效激勵的實質，就是能夠合理地滿足人們的需要。當組織建立有效的激勵制度時，自然能吸引各類優秀人才的加入。

（三）激發員工的創造性

每個員工都有一定的創造性，能針對組織的情況，積極發揮自身才智，克服組織的各種困難。創造性對組織發展具有非常重大的意義。員工的創造性與工作積極性成正比。員工的工作積極性高的時候，其創造性就高；員工的工作積極性低的時候，其創造性就低。

有效的激勵，能充分激發員工的創造性。

三、激勵的過程

人類的所有行動，都是有一定的理由的。人類會根據其目的和目標採取相關的行動。這些行動離不開動機，而這些動機，又是根據每個人的需要引起的。簡言之，需要產生動機，動機引發行為。這是人類行為的共同特徵，也是基本規律。

從心理學角度講，需要是產生所有行動的起點，這也正是激勵存在的基礎。當一個人的需要沒有滿足時，他就會感覺到緊張等。這種緊張在一定情境下，會轉化成動機，進而要求他採取行動，從而滿足自己的需要。當這種需要得到滿足時，緊張心理就會消除。但人的需求有很多種，會隨著人的發展而逐漸變化。人會不斷產生新的需求，進而重新進入這個循環系統，周而復始、不斷昇華。

在組織實踐中，管理者一定要具有敏銳的洞察力，善於發現不同下屬的需要，並以此設置合理的目標。只有以下屬需要為基礎，才能更好地調動他們的積極性，從而將下屬的行為引導到實現組織目標的軌道上來。

【專欄8-3】提拔錯了麼？

李蘭是某房地產公司的員工，銷售業績非常好，每個季度都是銷售冠軍。因為其銷售業績非常好，公司副總經理決定提拔她。很快，李蘭就被任命為銷售部經理。沒多久，公司進行考核，發現李蘭的銷售業績並不好。

為此，副總經理進行了調查。他發現，李蘭干得確實不怎麼樣。公司下屬反應，李蘭平時待人一般，員工和她討論問題時，她常常表現得非常不耐煩；對員工的指導方面，她做得非常差。員工在諮詢她一些銷售技巧、銷售方法時，她常常敝帚自珍、敷衍了事，員工並沒有得到很好的指導。

他進一步調查發現，李蘭對這項工作也非常不滿意。在她做銷售員的時候，每賣出一套房子，她就能立馬拿到獎金；但當她做經理的時候，她的獎金只能等到年底才能領取。她的績效之前與自己的工作有直接的關係；但她做經理以後，她的績效受員工工作的影響。

另外，副總經理也瞭解了一下李蘭的日常生活。李蘭在市區擁有一棟豪宅，平時開著奧迪車上下班。她的全部收入基本都用於日常開支。

副總經理發現，李蘭現在和之前有了很大的變化，簡直判若兩人。副總經理不知道李蘭為什麼會這樣。為此，他專門找專家進行了諮詢。專家進行調查後，得出了一個結論：升職對李蘭不是有效的激勵。李蘭對職務的晉升並沒有太大的興趣。所以，讓她做銷售部經理，對她並沒有太大的刺激作用，她也不會賣力地工作。

啟示：激勵一定要針對員工的需要，才能調動其積極性。如果激勵手段與員工的需要

不一致，那就沒有針對性，也就起不到激勵的效果。管理者一定要學會靈活地運用各種激勵手段。

任務二　人性的假設

【微課堂——創意課堂】人性的假設

一、經濟人假設

經濟人又稱實利人，意為理性經濟人。在古典管理理論中，管理者把人看作「經濟動物」，認為人的所有行為都是為了最大限度地滿足自己的私利。

經濟人假設起源於享樂主義哲學和經濟學家亞當‧斯密的經濟理論。該假設認為，人們的工作，只是為了獲得經濟報酬，爭取最大的經濟利益。人在活動中的行為受經濟因素的推動和激發，會精打細算並使之更加合理。

1960年，美國著名心理學家、麻省理工學院教授道格拉斯‧麥格雷戈出版了《企業的人性面》一書，書中提出了X理論和Y理論。X理論其實就是對經濟人假設的概括。其基本觀點主要有以下六點：

（1）懶惰是人的天性，每個人都是懶惰的，在工作中都會盡可能地選擇逃避。

（2）雄心壯志並不是所有人都有的，只有少數人有。只有少數人才願意負擔責任、才願意領導別人。大多數人都安於現狀，不願意負責任，在工作中也習慣於被別人領導與指揮。

（3）每個人都是自私的，都以自我為中心，滿足自己個人的需要，漠視組織的需要。

（4）每個人都將自己的安全放在首位，樂於安逸的現狀，習慣於守舊，反對各種變革。

（5）人是非常感性的，很容易受他人的影響，在生活中容易感性用事，不能做到嚴格自律。

（6）人們參加工作都以自身生理需要和安全需要為出發點，金錢和物質利益才能有效地刺激他們的工作，才能調動他們的積極性。

經濟人假設以經濟利益為出發點，管理者可以立足經濟利益，採取有效的措施。在組

織裡，管理者對員工要誘之以利、懲之以罰，採取「胡蘿蔔加大棒」的管理方式。這種管理方式可概括為以下三點：

（1）完成組織目標是管理工作的根本，提高生產率是管理工作的重點。對於組織內部成員的感情、責任等，不在管理者考慮的範圍。

（2）管理者的主要工作是管理，組織的員工要聽從管理者的指揮。

（3）實現嚴格的定制制度和計件工資制度，以金錢的手段獎懲員工。對積極的員工，通常會進行物質獎勵；對消極的員工，通常會採用嚴屬的懲罰。

經濟人假設是一種任務管理方式，典型代表就是泰勒制。經濟人假設認為，企業管理是一種可以通過時間動作分析的工作標準；企業選拔符合要求的工人，並加以培訓，使他們達到工作標準；制定一套獎勵措施，用經濟手段調動工人的工作積極性，提高生產效率。

在現實生活中，當勞動仍被作為謀生的手段時，人的行為背後確有經濟動機在支配。經濟人假設正是抓住了這一經濟動機，來引導人們的行為。這是一種內在動機的激發，而不是一味地壓迫。但管理者提高工人工資作為激勵手段，是對工人完成工作標準後的獎勵，是為了刺激員工更好地完成相關工作。

經濟人假設促進了科學管理體制的建立，改變了當時管理界放任自流的管理狀態。但該假設也有很大的局限性。該假設將人看成非理性的「自然人」，認為人天生懶散，不喜歡工作。在管理方面，把人看成機器，從利益的角度來提高效率；該假設從金錢角度入手，是一種機械的管理模式，採用了強迫、控制、獎勵、懲罰等一系列措施，不考慮人的自覺性、主動性、創造性、責任心等因素；該假設將管理者與被管理者絕對對立，只肯定了少數管理者在決策和生產中的作用，反對工人參與決策，否認工人的地位和作用。

二、社會人假設

社會人又稱社交人，意為社會交往中的人。社會人主要以人的交往需要為主要行為動機，工人的歸屬需要、交往需要和友誼的需要比組織的獎勵影響更大。社會人假設以美國組織行為學家梅奧為代表。1933年，梅奧出版了《工業文明的社會問題》一書。他在該書中詳細地總結了霍桑實驗等實驗的結果，得出了人是「社會人」的結論。「社會人」的假設認為，人們最重視在工作中與周圍的人友好相處。梅奧還認為，在調動人們的積極性方面，良好的人際關係具有決定性的作用，物質利益只發揮次要作用。其基本觀點主要有以下四點：

（1）人是社會人，社會環境、人際交往、心理因素等對人的積極性的影響比物質因素影響更大。

（2）企業生產效率的高低與員工的士氣有著密切的關係。員工的士氣受多種因素影響，包括家庭、社會生活、企業內部人與人之間的關係等。

（3）正式組織中的非正式群體有其特殊的行為規範，這對員工的影響非常大。

（4）領導者需要通過傾聽員工意見等手段，瞭解員工的關係和需求，平衡正式組織的經濟需要和非正式組織的社會需要，社會人假設以人際關係為主要出發點，重視組織內部人際關係的處理。這種管理方式需要遵循以下四種原則：

（1）管理者應該關心組織成員，而不能只是關心是否完成生產任務。

（2）管理者需具備處理人際關係的能力，成為組織人際關係的協調者，培養員工的歸屬感，而不能只是單純地指揮、計劃、監督、控制。

（3）管理者要實行和提倡集體獎勵，不主張實行個人獎勵。

（4）管理者要提倡參與管理，積極讓員工參與到管理過程中來。一方面，能尊重員工，有效地增加員工對組織的認同感和歸屬感；另一方面，改善了組織上下級之間、員工之間的人際關係，提高了士氣。

社會人假設較經濟人假設有了很大的進步，對人性有了進一步的認識，注重了組織內部成員之間的關係，適應了社會化的需要；在強調人的社會性需要的同時，沒有排斥其他需要，承認了人的社會性需要、生理需要、安全需要，並把社會性需要放在第一位；組織管理由過去的以任務為中心轉變為以人為中心。但該假設過分強調人的情感因素，而且對人的積極性、主動性和動機性研究較少，缺乏一定的深度。

三、自我實現人假設

自我實現人又稱自動人。20世紀40年代末，美國人本主義心理學家馬斯洛，首次提出了「自我實現人」這一概念。他認為，在所有人的需要中，最高層次的需要是自我實現。在現實生活中，人們都具有希望越變越完美的慾望。具有這種強烈的自我實現需要的人，就叫作「自我實現人」。

20世紀50年代末，馬斯洛、阿基里斯、麥格雷戈等人提出了自我實現人的假設。馬斯洛進行了一項調查，調查對象包括知名人士和大學生，並累積了大量的材料。他對材料進行了系統的分析整理後發現，自我實現人擁有15種共同特徵，主要包括敏銳的觀察力、思想高度集中、有創造性、不受環境偶然因素的影響、只跟少數志趣相投的人來往、喜歡獨居等。同時，他也承認，因為各類社會環境的限制，這類人在現實生活中非常少，而且很多時候缺乏人自我實現的條件。

麥格雷戈的Y理論就是以人性假設理論為基礎的。Y理論非常重視依靠人的自我控制和自我指揮。麥格雷戈認為，Y理論是「個人目標和組織目標的結合」。該理論能使組織成員在努力實現組織目標的同時更好地實現個人目標。其基本觀點主要有以下六點：

（1）每個人都是勤奮的，並非生來懶惰。工作是人的本能，每個人都願意工作。

（2）當條件適當的時候，人們不但願意工作，還會主動工作。

（3）只要管理適當，個人目標與組織目標能實現有效的統一。

（4）人之所以會對組織目標產生抵觸行為，根本原因是壓力而不是目標的問題。

（5）在完成工作目標的過程中，人能實行有效的自我指揮和自我控制。

（6）很多人具有豐富的想像力和創造力，可以有效地解決組織困難。但在現實生活中，人們的想像力和創造力並沒有完全發揮出來。

基於自我實現人假設的管理具有兩個特點：第一，組織要求員工實行自我控制，鼓勵員工充分發揮自身創造性，員工也有更多的自由；第二，注重員工內在的精神需要，並創造相關條件滿足員工這種需要。其基本原則主要包括：

（1）管理者要創造適宜的、能實現自我的工作環境、工作條件，使成員能充分發揮自身才能、挖掘自身的潛力；

（2）管理者要深入員工中間，真正瞭解員工的困難；

（3）管理者對員工的獎勵，以滿足員工的自我實現需要為主；

（4）管理者採用以人為本的新型管理制度，更多考慮人的需要，更能滿足人的發展。

自我實現人假設更加關注人性，提出了以人為本的新型管理思想，要求組織要尊重人、愛護人；組織能夠提供良好的環境和條件，充分發揮人的潛力和創造力。但其也有自身的不足：它認為人的自我實現是一個自然發展的過程，這種觀點從某種意義上說是錯的；它承認人的懶惰不是天生的，但沒有肯定人們喜歡承擔責任；它承認了自我實現的重要性，但人的發展主要受社會影響尤其是社會關係的影響。

四、複雜人假設

經濟人、社會人和自我實現人這三種假設，雖然都有其合理的一面，但並不適用於一切人。人是複雜的，受多方面因素影響。複雜人可以從個體和群體兩個方面來理解。從個體方面來看，隨著年齡的增長、知識的豐富、社會地位的提高、生活環境的改變等變化，每個人的需要和潛力也都會發生很大的變化；從群體方面來看，人與人之間是有差別的，每個人都和其他人不同。

20世紀60年代末70年代初，美國科學家德加·沙因首次提出複雜人假設。該假設認為，人應該因時、因地、因各種情況採取適當的反應。沙因在《沙因組織心理學》一書中提到，「人們的需要多種多樣，需要的模式也會隨著年齡與發展階段的變遷，所扮演角色的變化，所處境遇及人際關係的演變而不斷變化。」

基於複雜人假設提出的管理理論，與超Y理論相對應。摩爾斯和洛斯奇認為，X理論並非一無是處，Y理論也不是普遍適用，應該針對不同的情況，選擇或交替使用X、Y理論，這就是超Y理論。該理論的主要觀點如下：

（1）人的需要的類型非常多，不同階段的人的需要內容和層次也有很大的差別；

（2）人的動機模式錯綜複雜，各不相同，是各種需要和動機的有機統一體；

（3）人的需要和動機，是內部需要和外部環境綜合作用的結果，會隨著工作和生活條

件的變化而不斷變化；

（4）人的需要是不一樣的，不同組織或組織內部不同單位、部門的人會產生不同的需要；

（5）不同需要的人對同一個管理方式會有不同的反應，所以，管理方式需要因人而異，沒有一套管理方式適合所有組織的管理。

組織的管理者需要採取靈活的管理策略，根據不同的對象，選擇合適的管理方式。在任何組織裡，管理者都需要分析、瞭解組織員工的實際情況，對其需求做出合理的判斷，同時採取靈活的措施。

複雜人假設吸收了經濟人、社會人、自我實現人三種假設的優點，更加適合組織成員的實際；強調人性發展的動態性，認識到人在不同階段的需要是不一樣的；強調管理情境的複雜性，不同的情境對人的影響不一樣，需要採取不同的管理方式；提倡管理原則的靈活性，管理者根據實際情況，具體選擇管理方式。但該假設忽視了人的共同性。複雜人假設猶如一個大口袋，裡邊裝滿了管理理論，有時候卻讓管理者因理論泛化而琢磨不透、無所適從。

任務三　激勵工作技能

【專欄 8-4】榜樣的魅力

榜樣的力量是巨大的，它能夠有效地影響我們的日常行為。在榜樣的影響下，人們會採取相關的活動。在激勵中，榜樣是否同樣有效，這曾是很多管理者研究的問題。心理學家班都拉做過一個非常經典的實驗：

他選擇了一群孩子，並將這群孩子分為 A、B 兩組。他們對兩組學生都設置了相同的環境但卻給了他們不同的行為參考。他們讓孩子們安靜地觀看常人裝配金屬玩具。但不同的是，A 組的孩子們只是安靜地觀看；而 B 組的孩子們觀看完後，裝配工人對玩具進行了長達 9 分鐘的施暴。過了一會兒，他們把孩子們集中到一個房間裡，並給他們提供很多玩具供他們玩耍。在 20 分鐘內，B 組學生對暴力行為的模仿大大超過了 A 組學生。

然後，他們進行了進一步的研究。他們又選擇了另一群孩子，並將他們分為 A、B、C 三組，並讓這群孩子觀看了非常暴力的視頻。A 組在觀看了之後，研究人員大大地表揚了孩子們，並給了他們一些果汁和糖果作為獎勵；B 組在觀看了之後，研究人員狠狠地責罵了他們；C 組在觀看了之後，既沒有獎勵也沒有懲罰他們。然後，研究人員把孩子們集中到一個房間裡，並提供了很多玩具供他們玩耍。孩子們的表現卻有很大的差別。A 組的孩子們模仿成年人侵犯玩具的行為要遠遠高於 B 組。

班都拉的實驗顯示，榜樣具有非常強的示範激勵作用。在日常工作中，管理者要充分

發揮榜樣的作用，並採取有效的激勵方式。

【專欄8-5】總裁降薪

在熱播劇《萬萬沒想到》中，王大錘有一句深入人心的經典臺詞。「不用多久，我就會升職加薪、當上總經理、出任 CEO、迎娶白富美、走上人生巔峰，想想還有點小激動。」其中，「當上總經理、出任 CEO」，這是很多人的理想。公司總裁的薪酬是非常高的，很多總裁的年薪都是數十萬美元、上百萬美元甚至更高。他們都希望自己的薪酬一路飆升，越拿越多。在日常生活工作中，很多員工會降薪，但公司的領導會主動降薪嗎？估計更多的人會回答：不會！不過，還真的有總裁主動降薪！

李・艾柯卡曾擔任美國克萊斯勒公司經理。在他任職期間，公司危機四伏，內部也是一盤散沙。他當時動員全部員工努力振興公司。在經濟最困難的時候，公司員工的薪酬都很難發放，更別說其他的了。在這種情況下，艾柯卡主動提出降薪，由年薪100萬美元降到1,000美元。這麼大幅度的降薪，深深地震撼了員工，同時也使得艾柯卡的形象高大起來。艾柯卡這種犧牲精神，員工們很感動，也都像他一樣不計報酬的勞動。不到半年時間，克萊斯勒公司就一改之前的頹勢，逐漸強大起來，並成了世界有名的跨國公司，公司資產過億美元。

啟示：在任何組織中，困難是在所難免的，領導一定要能夠挺住，同時也要有效激勵員工挺住。榜樣的力量是非常強大的，領導要起到帶頭作用，做好榜樣，身先士卒。只有這樣，才能更有效地調動員工的積極性。在激勵的方式中，語言很重要，行為更重要。

一、激勵原則

（一）目標結合原則

為保證組織內部營運高效合理，需要管理者根據發展需求和成員訴求確定合適的規劃，以取得預期效果。

（二）物質激勵和精神激勵相結合原則

利用部分較為合理的方式，針對成員所完成的工作進行適當的鼓勵，使之有更強的動力進行後期的工作。

（三）引導性原則

預期目標的達成，最重要的是應當做好思想引導，使執行者主動承擔且切實執行。

（四）合理性原則

本著公平原則進行相關營運模式的調整。

（五）明確性原則

明確性原則主要指「明確、公開、直觀」。

(1) 明確，合理規劃激勵的方式、方法，使之清晰、明了；

（2）公開，對於關係組織發展的重大問題，需要做好相應調整；

（3）直觀，以最直接明了的方式將獎懲進行合理的表達。

（六）時效性原則

注意觀察確定恰當的時機，在保證合理性的同時，將預期效果進行完美發揮。

（七）正激勵與負激勵相結合原則

根據實際情況，針對團隊成員以自身判斷所做出的期望行為反饋進行相應的處理，促進作用較強予以正確的正激勵，阻礙作用較強則予以恰當的負激勵。

（八）按需激勵原則

激勵，最重要的在於適應性的強弱。如果管理者無法根據實際情況和特殊條件做出直觀、有效的激勵，那麼將影響組織團隊成員在後期營運工作中的效率等。運用自身的優勢，確立最具全面性、實踐性的激勵方式，對組織團隊的發展是有所裨益的。

二、激勵手段和方法

【專欄 8-6】拉繩實驗

在組織中，如何更好地挖掘人的潛力，如何做好人力資源管理。這是很多管理者都非常重視的事情，也是非常頭疼的事情。

法國工程師林格曼的著名的拉繩實驗，其結果更是引人深思。林格曼選拔了一批人，並按照人數將他們分為各種不同的組，分別是一人組、二人組、三人組和八人組。林格曼要求各組都要用盡全力拉繩。在實驗過程中，他們採用了高度靈敏的測力器，來測量拉力。

實驗結果顯示，在二人組中，兩人的合力只是一人組中人們所使力量總和的95%；在三人組和八人組中，分別是85%和49%。

在拉繩實驗中，之所以會出現95%、85%和49%三種情況，是因為在多人比賽中，人們沒有更好地發揮自己的力量。人生來具有惰性。當我們單槍匹馬地干一件事情的時候，通常會竭盡全力。但在集體裡，相關責任便會被大家自動分解，在工作過程中也就不會全心全意的工作。這在社會心理學上，被稱為「社會浪費」。

每個人的潛力都是非常大的。如何最長效的激勵員工，挖掘他們的潛力，這是一個非常重要的學問。最有效的辦法就是，建立一套科學合理的機制，努力做到「人盡其才、人盡其力」。在組織工作中，一定要做到責任明確、責任到人。只有這樣，才能充分地發揮每個人的潛力，避免「社會浪費」的情況出現。

激勵理論在發展過程中內容不斷豐富，需要在實踐過程不斷進行完善，組織團隊也應當以實際情況作為主要參考依據。然而，西方企業在20世紀末為實現有效激勵，創新出一系列計劃，使執行者在實踐中積極完成初期目標。激勵可分為以下四類：

（一）知識激勵

知識激勵即根據成員在某一特定階段所需的相關知識甚至更具時效性的信息的需求，予以特定的激勵。這主要是由於執行營運職能需要及時獲取有利的行業更新信息，缺乏有效的外部溝通，對於主觀能動性的發揮影響較大，也對相關工作的整體進度存在一定阻礙。因此，做好對行業信息的及時有效更新是很有必要的。知識激勵可從以下兩個方面進行理解：

（1）通過各類途徑為組織團隊取得有效的信息；

（2）加大對人才培養的精力、資金等方面的投入，拓展各方渠道，為組織內各項專業人才制訂一系列較為合理的提升計劃。

（二）精神激勵

精神激勵是指通過滿足職工的社交、自尊、自我發展和自我實現的需要，在較高的層次上調動職工的工作積極性。在特定的情況下，精神激勵可以彌補物質激勵的不足，並成為長期起作用的決定性力量。因此，在激勵人才的工作中，管理者應該正確運用精神激勵和物質激勵，將兩者巧妙地結合起來。精神激勵主要包括以下三種形式：

1. 目標激勵

目標得以實現，最終在於是否成功完成規劃。幾乎所有人都想取得成功，以此增加閱歷、經驗等，因此，制定合理的目標對後期的管理者做好激勵是有積極作用的。

制定目標時，應把握適度原則和合理挑戰性原則；與此同時，應結合理論目標、實際情況，使得執行者可以在最佳狀態下利用現有條件對初期目標進行較好的處理，從而也能促進他們的歸屬感、信任感，為組織發展積極貢獻力量。

【專欄8-7】夠得著的目標

籃球是一項非常流行的體育運動，1891年12月21日，由詹姆士·奈史密斯創造。自籃球出現以來，便深受人們的喜愛。每年的NBA總決賽，總會吸引全球籃球愛好者的關注。在籃球比賽中，其得分分數有1分、2分、3分的區別，具體根據不同的進球情況來判斷。但都有一個關鍵的判斷因素，那就是進球，即籃球投進籃球架的球框裡。

在設計籃球架的時候，設計者詹姆士·奈史密斯曾非常苦惱。如果籃球架設計低了，大家就能輕鬆地投進去，得分就會很容易，大家就會感覺沒意思；如果籃球架設計高了，大家都投不進去，就都得不了分，大家就會感覺更沒意思。

經過調查和多次實驗，他終於確定了合適的高度。這個高度，大家需要跳一跳便會進球，就能取得分數。這個得分不會非常難，但也不會非常容易。正因為有這樣一個合理的高度，籃球才受到大家的歡迎，且很快成為一個世界性的體育項目。無數的體育健兒在籃球場上努力拼搏，很多籃球愛好者也樂此不疲。

啟示：在任何組織裡，組織設定的目標一定要適中，既不要太低也不要過高。組織目

標只有讓成員通過努力才能實現，才能最大限度地調動成員的積極性。

2. 參與激勵

為保證內部營運的高效率，管理者在對組織內、外部營運各項工作做出決策之前，應當考慮組織團隊成員對於該項決策的意見，設立相關形式，如主題討論會、決策評議會，保證成員對決策的知情權、建議權，從而逐步提升組織團隊各項決策的合理性、全面性、準確性、適應性，使成員有更強的動力為組織發展提供有力幫助，從而促進綜合實力的提升。

3. 信任激勵、認同激勵

信任感、認同感對於目標的達成具有重要影響，管理者對執行者予以足夠的信任、鼓勵甚至適當的權力分配，通過充分發揮執行者在專業層面的優勢，並準備較為輕鬆且便利的條件。另外，對於這種方式，不應局限於現有條件，應積極發揮主觀能動性，結合客觀實際進行創新創造，衍生出更多合理方式，做好對「有功之臣」的鼓勵，為發展建立起一支強有力的儲備力量。

(三) 物質激勵

物質激勵是最基本的激勵手段，工資、獎金、住房等決定著人們的基本需要。職工收入及居住條件，也影響其社會地位、社會交往甚至學習、文化娛樂等精神需要的滿足感，因而世界各國都十分重視這一激勵手段的運用。美國管理學家孔茨指出，經濟學家中的大多數傾向於把金錢看作比其他激勵因素更重要的因素。物質激勵是指以物質利益為誘因，通過調節被管理者的物質利益來刺激其物質需要的方式與手段。主要包括以下三種形式：

1. 報酬激勵

報酬激勵主要是通過福利的形式對成員所完成工作的效果進行適度鼓勵，如工資、獎金津貼等。但需要注意的是適度原則、對等原則。

2. 福利照顧

福利是指組織為員工提供的除工資與資金之外的一切物質待遇。全面而完善的福利制度，使員工因受到照顧而體會到組織的溫暖，產生出一種強烈的歸屬感，增強了認同感、忠誠、責任心與義務感。

3. 經濟刺激

經濟刺激主要分為正刺激和負刺激。正刺激主要通過頒發獎金、晉升工資、享受優厚的物質待遇等，獎勵表現好的成員；負刺激針對少數害群之馬，通過扣發獎金、降低工資待遇和其他物質待遇等，起到灌註動力的效果。管理者要靈活運用這兩種刺激形式，但要以正刺激為主、負刺激為輔。其作用主要有：

(1) 充分體現各盡所能、按勞分配的社會公正分配原則。

(2) 在許多情況下，物質激勵實質上是精神激勵的一種「物化」現象。對成員給予適當的物質獎勵，同樣能在精神上起到鼓勵、鞭策的作用。

(3) 教育未獲獎者，向獲獎者學習、看齊。然而，經濟激勵不是萬能的，應該和精神激勵結合起來進行。但任何精神的東西，都不可能完全代替物質的東西。

【專欄8-8】晉商的身股制

晉商是中國歷史上的一個傳奇，留下了很多豐富的建築遺產和傳奇故事。在明清時期，晉商在鹽業、票號等方面占據著主導作用。隨著電視劇《喬家大院》的熱播，讓人們對晉商有了更深層次的瞭解和認識。

晉商之所以取得那麼多的成功，這與他們的管理制度有密切的關係。晉商的制度主要有兩種，分別是銀股和身股。在這兩種制度中，身股比銀股重要。而且，這兩種制度雖然同股同利，但性質卻有很大的差異。銀股的股東是東家，而身股是東家對員工的一種獎勵。晉商對商號的大掌櫃、二掌櫃及其他管理人員、業務人員給予身股獎勵。在身股制的激勵下，掌櫃、伙計們都有了股東的感覺，工作起來都非常努力。但身股負盈不負虧，而且不能夠由他人繼承。獲得身股的掌櫃、伙計們在離職之後，身股就隨即取消。

啟示：身股制與現代社會的股份制非常相似，擁有身股的人，也就擁有了企業的股權。股權能夠將員工與組織的命運緊緊聯繫在一起，與組織共榮辱、共存亡。如何調動成員工作的積極性，是很多管理者都一直考慮的事情。有效的激勵，能夠增進員工與組織的關係，並充分調動員工的積極性。身股制從某種意義上說，是對員工的一種獎勵，就如現代社會的股權激勵一樣，能形成長期激勵的效果。

（四）工作激勵

赫茨伯格的雙因素理論認為，對人最有效的激勵因素來自工作本身，即滿意於自己的工作是最大的激勵。特別是在解決了溫飽問題之後，員工會更關注工作本身是否有吸引力。管理者必須善於調整和調動各種工作因素，使員工滿意自己的工作，以實現最有效的激勵。實踐中，一般有以下幾種途徑：

1. 工作適應性

工作適應性是指成員自身的條件、特長與工作的性質和特點相吻合。成員有極大的工作興趣，並能充分發揮其優勢，更加滿意的工作。

2. 工作的完整性

人們願意在工作實踐中承擔完整的工作。從一項工作的開始到結束，都是由自己完成的，從而可獲得一種強烈的成就感。

3. 工作的意義與挑戰性

員工怎樣看待自己所從事的工作，直接關係到其對工作的興趣與熱情，進而決定其工作積極性的高低。很多時候，人們願意從事重要的工作，並接受工作的挑戰。激勵員工的重要手段就是向員工說明工作的意義，並增加工作的挑戰性，從而使員工更加重視和熱衷於自己的工作。

4. 及時成果反饋

在管理工作中，應及時測量並評定、公布員工的工作成果，盡可能早地使員工得到工作的反饋，有效地激發其工作積極性。

在實際運用時，以上四種激勵手段都和實績原則有著密切聯繫。管理者應該結合對象的具體情況，從中選擇最有效的一種或多種激勵手段，加以靈活運用。只有這樣，才能取得最理想的激勵效果。

【專欄8-9】阿倫森效應

國外有一位著名的管理者，他在退休之後，想要好好休養一下。於是，他便在湖邊買了一座房子，打算安靜的養老。剛住下不久，他便發現了一個情況。在他的房子周圍，活躍著一批小孩子。他們經常在周圍玩耍打鬧，產生的噪音，讓老人受不了。如果是一般的人，肯定會大聲訓斥小孩子甚至會找家長，但老人沒有。他決定用策略來讓孩子們自動地換地方玩耍。

第二天，當孩子們正在開心地玩耍的時候，老人來到了他們身邊。

「孩子們，我很喜歡你們，希望你們以後每天都來這裡玩耍。凡是來的小朋友，我每天獎勵你們一元錢。」

孩子們聽了非常的開心。既能玩耍又能拿錢，誰不開心呢。於是，他們非常賣力地鬧了起來。

幾天後，老人又來到孩子們的身邊，很抱歉地說道：

「我這個月的養老金還沒有到帳，我還要生活，所以以後每天只能給你們0.5元錢了。」

孩子們聽了非常不開心，但還是接受了老人的錢。他們每天照常來玩耍，但顯然沒有之前那麼賣力了。

又過了幾天，老人非常沮喪地來到孩子們身邊，愧疚地說道：

「我最近生病了，花了很多錢，生活都非常困難。以後每天只能給你們0.1元錢了，希望你們還能一直來玩耍。」

「0.1元錢？我們每天這樣和你玩耍，你卻只給我們0.1元錢？我們以後再也不會來玩了。」

孩子們聽了老人的話，非常生氣，轉身就走了。從今以後，他們再也沒有來老人這裡玩耍。老人終於恢復了安靜的日子，享受著悠然自得的生活。

任務四　激勵的理論

經過管理學界近百年的努力，激勵理論現已形成了比較完善的體系，各種新的激勵理念、方法不斷形成和發展。現有的激勵理論體系主要包括內容型激勵理論、過程型激勵理論和行為改造理論三大類。

一、內容型激勵理論

內容型激勵理論著眼滿足人們需要的內容，研究的是引發動機的內在因素。通俗地講，人們需要什麼，就用滿足他們需要的因素來激發他們的動力。該理論的代表性理論主要包括需要層次理論、雙因素理論和成就需要理論。

（一）需要層次理論

1943年，美國人本主義心理學家馬斯洛的《人類激勵理論》，首次提出了需要層次理論。該理論是行為科學家揭示需要的最主要理論，提出最早，影響最大，代表性極強。該理論將人的需要分為五個層次，從低到高分別是生理需要、安全需要、社交需要、尊重需要和自我實現需要，見圖8-1。

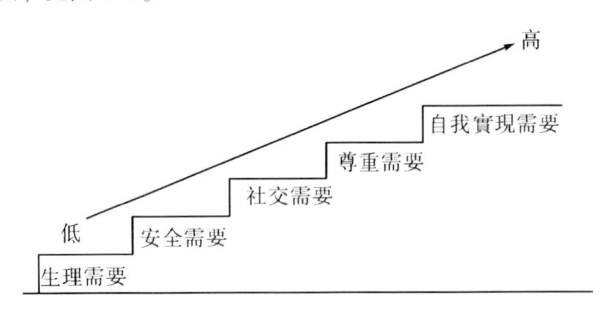

圖8-1　需要層次理論

1. 生理需要

生理需要是人類最原始的基本需要，能夠保證人最基本的生存，主要包括食物、水、住所、睡眠、性等。如果一個人的最基本的需要都沒法滿足，那麼人就無法正常生存，其他需要也就無從談起。這就好比一個饑餓的人，最能激發他動力的是食物，因為這是他生存的基本需要。在任何組織中，管理者都需要向員工提供合適的工作、良好的環境等最基本的需要。

2. 安全需要

馬斯洛認為，當一個人的生理需要得到滿足後，人們開始更高一層的需要，即安全需

要。安全需要是使人們免除身體和情感傷害的需求，主要包括對人身安全的保障、工作的保障、生活的保障、老有依靠和生病有保障等。每個人都有安全的需要，這是他們正常生活非常重要的內容之一。組織裡每位成員都會擔心人身安全、重大疾病、失業等一系列安全問題。管理者應該建立合適的制度，提供各類安全保障措施，滿足成員的安全需要。

3. 社交需要

社交需要又稱歸屬需要，是指人們在生活、工作中與他人建立情感聯繫的需要，主要包括友誼、愛情、隸屬關係等。人是社會動物，人們的生活和工作離不開社會組織和群體。這就需要保持良好的關係，一方面接納別人，另一方面被別人接納。社交需要受個人性格、經歷、生活區域、民族、生活習慣、宗教信仰等多種因素的影響。如果一個人的社交需要得不到滿足，會對他的心理健康引起很大的影響。管理者應該建立一種良好的組織關係和環境，保證組織每個成員的社交需要得到滿足。

4. 尊重需要

尊重需要是指受人尊重和自我尊重方面的需要，主要包括社會地位、名譽、個人能力及成就等得到社會承認。人在一個組織裡，並不滿足做一個普通的成員，會產生自尊心，也希望得到別人的尊重。他們的工作能力、人品、才干等，也希望被組織及組織裡其他人承認。當人的這種需要得到滿足的時候，他的自信心會得到提升，個人威望也會得到提高，個人影響力也會擴大。

5. 自我實現需要

自我實現需要處於需要層次理論的最頂端（見圖8-2），是人最高層次的需要。該需要能最大限度地發揮個人潛力，實現個人理想和抱負。這種需要與勝任感、成就感密不可分。勝任感是個人工作能力與工作崗位相適應，或能適應工作挑戰性時獲得的責任感的滿足；成就感是個人在工作中取得成績或創造性的活動取得成功時獲得的滿足。組織中具有自我實現需要的人，把成就本身的成功看得比報酬更重要。

【專欄8-10】《西遊記》中取經團隊的層次需求

在日常企業經營、團隊管理過程中，每一個人的行為，一定是由這個人的價值觀決定的。從某種意義上講，價值觀是由個人需要決定的。《西遊記》是中國四大名著之一，其故事家喻戶曉。故事中的取經團隊成員，更是深入人心。取經團隊師徒五人的需要，與馬斯洛的需要層次理論非常吻合。

豬八戒最大的需要是生理需要。豬八戒餓了，他就要吃；困了，他就要睡，看見美女眼睛就發直；累了，倒頭就能躺到一個地方睡覺。正是因為他生理上最大的這種需要，決定了豬八戒利益至上的價值觀，所以他在取經路上，能偷懶就偷懶，能不干活就不干活，反正大事有孫悟空、小事有沙和尚，他只要跟著這個團隊，順利到達西天，完成任務，獲得應有的好處，就可以了。

項目八　激勵

圖 8-2

　　沙和尚最大的需要是安全需要。沙和尚為什麼在取經團隊中最沒有安全感呢？假設取經失敗了，他們四人都有歸處。唐僧可以回長安，繼續當和尚；孫悟空可以回花果山，繼續做美猴王；豬八戒可以回高老莊做女婿，也可以回雲棧洞繼續做妖怪；小白龍可以回龍宮，繼續做他的龍王三太子。但沙和尚卻無處可去。有人會說，他不是可以回流沙河做妖怪嗎？但流沙河是玉皇大帝囚禁沙和尚的監獄。那裡渺無人烟，沒有食物，而且每七天會被亂箭穿心一次。所以，沙和尚最沒有安全感。正因為如此，他最大的需要是安全。所以他在取經路上一只秉承「和為貴」的價值觀，做團隊中的和事佬，顧全大局，去調解團隊內部的矛盾。沙和尚認為，只要大家目標一致，早日取到經，東歸是統一的目標。

　　小白龍最大的需要是社交需要，也就是感情與歸屬上的需要。小白龍是龍王的三太子，是三界眾生當中的貴族，但因為一不小心把玉皇大帝所賜的夜明珠給燒壞了，被判處忤逆罪，吊在剮龍臺上，要實施斬刑，被觀世音救下。小白龍為了感恩在鷹愁澗等待取經人，唐僧來了之後由龍變成馬，一路西去，取經路上他看得最多、聽得最多、想得最多，但說得最少，也一步一個腳印歷經了十萬八千里的蹉跎之苦，這也就決定了他默默無聞的價值觀，充分體現出吃苦耐勞、任勞任怨的龍馬精神。

　　唐僧最大的需要是尊重需要，也就是尊重、榮譽和榮耀感的需要。唐僧的目的很簡單，為了唐朝皇帝李世民前往西天求取真經。唐僧每一次介紹自己首先強調自己是大唐的欽差大臣，然後才說自己是和尚。唐僧是為了通過取經來保皇圖永固江山萬代，為了獲得李世民和全國老百姓對他的愛戴和尊敬，所以就決定了他忠君愛國的價值觀。

　　孫悟空最大的需要是自我實現需要。孫悟空論能力、論人際關係、論家產，他都是有

條件回花果山當山大王的，但孫悟空為了體現生命的意義和價值所在不惜一切保護唐僧安全，保證團隊求取真經，也就決定了孫悟空在取經路上的行為就是拼搏。

馬斯洛的需要層次理論中的五種需要是逐級上升的，當低層次的需要得到一定程度的滿足時，才會去追求更高層次的需要。他將五種需要分為低級需要和高級需要，其中前三者是低級需要，後兩者是高級需要。低級需要可以通過外部條件得到滿足，其穩定性、持久性相對較弱；高級需要是人的內心得到滿足，其穩定性、持久性相對較強。

馬斯洛的需要層次理論主要包括以下四個方面的內容：

（1）人的需要分為五個層次，按照由低到高的順序發展。人們首先追求最低層次的生理需求，在其基本滿足之後，才會追求更高層次的需要。低層次需要的滿足程度與高層次需要的追求成正比。隨著低層次的需要滿足程度的不斷增加，人們對高層次需要的追求也會逐漸增加。

（2）不同人的需要層次雖然不一樣，但每個階段總有一種需要占主導地位。人的需要受職業、年齡、性格、教育程度、經歷、社會背景等多方面因素的影響。在不同時期和不同階段，人的需要是不一樣的。即使在同一階段，因為受各種因素的影響，不同人的需要層次也是不一樣的。人們只有滿足了一種需要，才會進入更高層次需要的追求。管理者應該注意每個員工的主要需要的內容，採用恰當的方式，更有效地激勵員工。

（3）五種需要等級循序漸進相對固定，但不是固定不變的，有時會出現倒置現象。這裡主要有兩種情況：①只謀求低層次的需要。有的人因為生存問題一直得不到解決，所以其需要始終維持在低水準狀態，無法提升；有的人只滿足於低層次的需要，不追求更高層次的需要。②只謀求高層次的需要。有的人具有崇高的理想，他們願意為更高的需要而放棄低層次的需要。毛澤東、周恩來等一批老的革命家，即使在溫飽、安全等都沒有保障的情況下，仍然為革命事業而奮鬥。

（4）各種需要的滿足程度不同。在實際生活中，每個人都有這五種需要被滿足的需要，但其具體被滿足的程度是不一樣的。層次越低的人，對低層次需要追求得越多，對高層次需要追求得越少；層次越高的人，對高層次需要追求的越多，對低層次需要追求的越少。不同程度的需要，其滿足難度也不一樣。層次越高，其滿足難度也逐漸升高。

（二）雙因素理論

【專欄8-11】今年中秋節不發錢

中秋節很多組織都會給員工發福利，如獎金、月餅、禮包等。某公司每年都會給員工發放1,000元獎金，這已經形成了一種慣例。數年下來，老板感覺這1,000元獎金的作用正逐漸喪失。他發現，員工在領取這筆獎金的時候，眼神非常平靜，他看不到預期中的驚喜和興奮。而且在之後的工作中，員工的工作態度和效率也沒有什麼改觀。有下屬建議他停發這筆獎金，但他一直猶豫不決。有一年，因為行業不景氣，公司效益不是很好，老板

為減少公司的開支，終於決定停發這筆獎金。然而，停發這筆獎金後產生的效果卻大大出乎了他的意料。基本上每個員工都在抱怨，有的員工情緒非常低落，公司工作效率明顯下降。老闆感到非常困惑，不清楚為什麼員工前後的反差竟如此之大。為此，他專門諮詢了專家，希望能改變公司的現狀。在專家的建議下，他又把獎金恢復了，但卻將之與員工的績效緊密地聯繫在一起。自此員工的積極性得到了明顯的提高，公司效益也得到提升。

啟示：同樣的 1,000 元獎金，在停發前激勵效果並不高；在停發後，卻在員工中產生了如此大的反應；在採用了新的獎金發放制度後，卻有效地調動了員工的積極性。保健因素能有效地預防員工的不滿，卻沒有激勵的作用。當這種保健因素不在了，員工的不滿情緒便爆發了。專家將獎金和員工績效有效地結合，使獎金由之前的保健因素轉化成了激勵因素，有效地提高了員工的積極性。

雙因素理論又稱激勵保健理論，20 世紀 50 年代末期，由美國行為科學家弗雷德里克・赫茨伯格提出。赫茨伯格做過一個長期的調查。他在美國匹茲堡地區中挑選了 9 家企業，並對企業中的工程師、會計師開展了持續的調查訪問。訪問人數達 203 人，訪問人次達 1,844 次。該項調查主要圍繞兩個問題進行，分別是工作中讓他們滿意和不滿意的事項是什麼以及這種情況持續時間有多長。赫茨伯格發現，造成員工滿意與不滿意的因素，大概可以分為內、外兩種。其中，讓員工不滿意的因素，多為工作本身引起的，稱之為保健因素；讓員工滿意的因素，多為外部工作環境引起的，稱之為激勵因素。

保健因素能有效地預防員工產生不滿情緒，但不具備激勵的作用。在組織工作中，有一些因素難免發生變化。當這些因素變化到一定程度的時候，員工不能接受這種變化，便會對工作產生不滿意的情緒。但有些因素能夠有效地預防這種不滿情緒的產生，這便是保健因素。保健因素主要包括公司政策與行政管理、監督方式、關係、工資福利、安全、工作條件、個人生活、地位等，見表 8-1。

激勵因素能提高員工的滿意度，保持員工的積極態度，有效地滿足員工的自我實現的需要。赫茨伯格認為，工資刺激、人際關係的改善等傳統的激勵假設，都不會產生更大的激勵。只有那些能夠滿足員工個人自我需要的因素，才能產生更大的激勵，才能使人們的工作成效更好。激勵因素主要包括工作上的成就、才能獲得承認、工作本身的性質、個人發展機會、提升、責任感、獎金等，見表 8-1。

表 8-1　　　　　　　　　　保健因素與激勵因素

保健因素	激勵因素
·公司政策與行政管理	·工作上的成就
·監督方式	·才能獲得承認
·關係	·工作本身的性質
·工資福利	·個人發展機會
·安全	·提升
·工作條件	·責任感
·個人生活	·獎金
·地位	

各組織在具體運用雙因素理論的過程中，需要注意以下幾個方面的問題：

（1）管理者需要綜合運用雙因素理論。激勵因素能激發員工的積極性，但保證員工積極性的首要因素卻是保健因素。保健因素能夠有效地保持現有的積極性，消除工作中的不滿、懈怠和對抗。但保健因素只能起到保健的作用，卻不能調動員工的積極性。因此，管理者需要利用激勵因素來激發職工的工作熱情，同時利用保健因素來維持這種積極狀態。

（2）管理者只有將某些因素與職工績效相聯繫，才能使之成為激勵因素。以獎金為例，在傳統管理中，很多組織採用「大鍋飯」的做法，將獎金進行平均分配，並不考慮部門及其職工績效。在這種情況下，獎金就會成為保健因素，無法提高員工工作的積極性。但如果把獎金與職工績效結合在一起，按勞分配，多勞多得，少勞少得，不勞不得，那麼獎金就會成為激勵因素。組織裡的職位、福利等其他因素也是如此。管理者要建立有效的機制，並將之貫穿到工作中。

（3）管理者需要結合不同的社會和文化背景。雙因素理論與美國的社會和文化背景密切相關。因此，赫茲伯格對保健因素、激勵因素的界定和分類有一定的傾向性。中國與美國的社會和文化背景有很大的差異，因此相關因素的具體內容也不盡相同。中國各類組織的管理者，在採用此理論的過程中，要充分考慮這種差異，恰當地選取有效的激勵措施和手段。

（三）成就需要理論

成就需要理論又稱三種需要理論、後天需要理論，由美國管理學家、哈佛大學教授大衛·麥克萊蘭提出。麥克萊蘭充分研究了馬斯洛的需求層次理論，發現該理論過分強調了自我意識和內在價值，而忽略了人的社會屬性。於是，他進行了大量的研究，並於 20 世紀 50 年代，發表了一系列文章，具體闡述了成就需要理論的相關概念和內容。

成就需要理論認為，人在生存需要得到滿足後，最主要的需要有三種，分別是成就需要、權力需要和社交需要，見表 8-2。其中，成就需要的高低，對個人、組織的發展起著

非常重要的作用。麥克萊蘭尤其注重成就需要，對其特點和作用進行了長期的研究。所以，他的理論被大家稱為成就需要理論。

表 8-2　　　　　　　　　三種需要類型者的思維及行為特徵

需要類型	典型的思維特徵	典型的行為特徵
成就型	1. 經常琢磨如何把事情做好、超過別人 2. 經常想干一些與眾不同、獨特的事情 3. 經常想要達到或超過某個高標準 4. 經常考慮個人事業的前途、發展等問題	1. 願意做冒險程度適中的事情 2. 樹立的目標雖比較實際，但具有一定難度 3. 想方設法瞭解自己的工作成績和進展 4. 做事積極、主動，力求創新 5. 更願與專家而非朋友共事
權力型	1. 經常想採取果斷而有力地行動 2. 經常考慮給別人提供支持和忠告 3. 經常考慮如何提高自己對別人的影響力乃至控制整個局面的能力 4. 經常考慮某人行動的後果、別人的評價及反應 5. 經常評價自己的社會地位、聲望和名譽	1. 參與組織的決策制定 2. 收集和炫耀帶有較高地位標志的物品 3. 通過說服、幫助或支持來影響他人 4. 追求官位 5. 千方百計收集。掌握並運用那些能控制別人的材料和信息
社交型	1. 經常考慮如何與別人建立和保持深厚而牢固的友誼 2. 經常考慮如何取悅別人 3. 視集體活動為社交的好機會 4. 經常擔心別人與自己鬧矛盾	1. 廣交朋友 2. 常與人談知心話，常給人寫信或打電話 3. 更願意與人共處而非孤身一人 4. 更願意與朋友而非專家共事 5. 喜歡獲得別人的表揚 6. 經常附和或迎合別人，自己需要的同時也願給人以同情和安慰

1. 成就需要

成就需要是指人們對成就感、成功慾望的需要。這是麥克萊蘭理論的核心。他將之定義為：在適當的標準下，人們追求卓越的一種內驅力。

具有較強成就需要的人，通常敢於冒險，並能正確對待冒險行為；擁有強烈的事業心，內在工作動機非常大；等等。組織只要能提供合適的工作環境來發揮他們的能力，他們就會非常滿意。

2. 權力需要

權力需要是指人們對影響力和控制力的需要。權力能使別人順從自己的意志。權力需要較強的人，通常喜歡對人和事物的控制，希望把一切都掌握在自己手裡；非常重視爭取地位和影響力，會努力提高自身地位，擴大對別人的影響；喜歡發號施令，讓別人都服從自己的指令。

在組織工作中，管理者的層次，與其權力慾望正相關。管理者的層次越高，其權力慾望也越大。高權力需要是高管理效能的必要條件。如果一個管理者，提高自身權力是為了

提升組織整體利益，組織領導者應該大膽任用；如果一個管理者，提高自身權力僅僅是為了自我的權力需要，甚至是謀求私人利益，組織領導者就應該慎重考慮其任用。

3. 社交需要

社交需要又稱情誼需要，是指與別人建立親近和睦的關係，尋求他人接納和友誼的需要。社交需要強烈的人，通常非常合群，高度服從群體規範，嚴格按照規範來約束自身行為；非常渴望獲得他人的贊同，會開展一系列對群體有利的事情來得到別人的認可；具有忠實可靠的品質，忠於友情，做事讓人非常放心。

在任何組織裡，成員都有社交需要。社交需要也與成員的工作效率密切相關。在協作要求較高的部門和崗位，一個高度合群的人，能有效地提高整體工作效率。組織應該建立良好的社交環境，滿足成員的社交需要。

二、過程型激勵理論

過程型激勵理論以內容型激勵理論為基礎，著重研究人從動機產生到採取行動的過程中的心理變化以及如何滿足人在這個變化中的需要。過程型激勵理論採用動態、系統的分析方法，來研究行為產生、行為導向、行為維持與終止等行為的激勵問題。

在激勵從起點到終點的過程中，有些因素對行為會產生非常大的影響。該理論的代表性理論主要包括弗魯姆的期望理論和亞當斯的公平理論。

（一）期望理論

1932年，美國人馬斯和列文提出了期望理論的基本模型。美國心理學家弗魯姆在此基礎上，做了大量的研究，於1964年出版了《工作與激勵》一書，對期望理論進行了系統的闡述。期望理論通過考察人的努力與最終工資之間的因果關係，來解釋激勵過程和選擇恰當的行為目標。

期望理論是一種通過考查人們的努力行為與其所獲得的最終獎酬之間的因果關係，來說明激勵過程並選擇合適的行為目標以實現激勵的理論。弗魯姆認為，期望理論很好地解釋了為什麼在管理中同一事物對甲有激勵作用，而對乙沒有激勵作用。激勵作用主要取決於個體對結果的喜歡程度以及達到目標可能性的大小。

人們從事某項工作並達成目標的原因，是因為這些會幫助他們實現個人目標，並滿足自己的需要。弗魯姆認為，某活動對某人的激勵力量，取決於此人結果的預期價值乘以其對該結果的期望概率。他據此提出了期望理論公式：

$M = V \cdot E$

式中，M為激勵強度，V為效價，E為期望值。

1. 效價

效價又稱結果預期價值，是指個人對某種結果效用價值的主觀預判，也指某種結果對個人的吸引力。不同人對同一目標、結果的效價是不一樣的。效價值有正負之分。效價正

值越高，其激勵作用越大；效價正值越低，其激勵作用越小。同一個效價，當有人認為對自己很重要時，就具備很高的吸引力，其效價就為正值；當有人認為對自己無用時，就沒有吸引力，其效價就為零；當有人認為對自己不利時，就會排斥，其效價就為負值。

2. 期望值

期望值是指對某項目標能夠實現的概率的預估。期望是人的主觀預測，期望的範圍為 0~1。每個人在做一項事情前，都會對目標實現概率進行一個預估。當期望值為 0 時，個人認為某種行為得不到預期結果，沒有工作積極性；當期望值為 1 時，個人認為某種行為能得到預期結果，工作積極性非常高。

3. 激勵強度

激勵強度是指某一事物對個體起到的激勵作用的大小，是效價和期望值相互作用的結果。激勵強度與員工積極性成正比。激勵強度越高，員工積極性就越高；激勵強度越低，員工積極性就越低。根據效價和期望值的大小，激勵強度會有很大的差異，基本可以分為高、中、低三種程度。具體分類如下：

效價高×期望值高＝激勵程度高

效價中×期望值中＝激勵程度中

效價低×期望值低＝激勵程度低

效價高×期望值低＝激勵程度低

效價低×期望值高＝激勵程度低

在組織中，管理者在運用期望理論時，需要辯證地進行激勵，尤其要注意三個方面的關係。

（1）努力與績效的關係。每個人都希望通過努力達到預期的目標。當組織績效合適時，一個人的期望值通常很高，他工作時就會充滿信心；當組織績效過高時，一個人的期望值通常很低，他就會失去內在的動力，工作的時候較為消極。所以，組織的管理者一定要設定合適的績效，從而更好地激發人們工作的積極性。

（2）績效與獎勵的關係。獎勵是組織對人們工作的一種肯定和保障。每個人都希望得到物質上和精神上的獎勵。當獎勵作為保健因素時，它能預防人們的不滿，但卻不會調動其工作的積極性；當獎勵與績效掛勾時，獎勵就會變成激勵因素，能夠有效地調動其工作的積極性。所以，組織的管理者一定要處理好績效與激勵之間的關係。

（3）獎勵與滿足個人需要的關係。人們所有的行為都是為了滿足自身的需要。組織的獎勵，也是滿足組織成員需要的一種重要手段。人在不同年齡、不同階段的需要是不同的。因此，對於同一種獎勵，不同需要的人的反應是不一樣的。如果獎勵剛好滿足一個人的需要，那麼此人工作的積極性就會被調動起來；如果獎勵不能滿足一個人的需要，那麼此人工作的積極性就難以調動起來。所以，組織的管理者一定要找準成員的需要，並進行恰當的獎勵。

(二) 公平理論

公平理論又稱社會比較理論，主要研究利益分配的公平性對工作積極性的影響。美國心理學家亞當斯對心理學中的認知失調理論進行了長期深入的研究，並提出了此理論。其著作主要有：1962 年，亞當斯與羅森鮑姆共同撰寫了《工人關於工資不公平的內心衝突同其生產率的關係》一書；1964 年，亞當斯與雅各布森共同撰寫了《工資不公平對工作質量的影響》；1965 年，亞當斯單獨撰寫了《社會交換中的不公平》。

亞當斯認為，員工在工作中，會首先考慮自己所得報酬與貢獻的比率，並將之與其他人的比率進行比較。當兩者相同時，即為公平狀態，就會產生公平感；當兩者不相同時，即為不公平狀態，就會產生不公平感。可用公式表示如下：

$$\frac{個人所得的報酬}{個人的貢獻}=\frac{他人所得的報酬}{他人的貢獻}$$

式中，個人所得的報酬分為物質報酬和精神報酬兩類，主要包括薪酬、名譽地位、領導的賞識、晉升等；貢獻分為體力貢獻和腦力貢獻兩類，主要包括時間、經驗、努力、知識、智慧、負責精神、工作態度等。另外，參考對象的選擇也非常重要。個人在選擇對象時，要選擇組織內、外部相近的群體。

亞當斯認為，人們的積極性會通過社會公平而被激發。工作動機激發的過程，也就是進行比較、做出判斷、指導行動的過程。人們在公平比較的過程中，常用的方法主要有兩種，分別是橫向比較和縱向比價。

1. 橫向比較

橫向比較是指將個人與其他人進行比較。個人首先計算自己的所得報酬與貢獻的比率，然後將之與組織內其他成員進行比較。當兩者相等時，他才認為公平。可以用公式表示如下：

$OP/IP = OC/IC$

式中，OP 是自己對所獲報酬的感覺，OC 是自己對他人所獲報酬的感覺，IP 是自己對個人所做投入的感覺，IC 是自己對他人所做投入的感覺。

在此式中，不平等的現象主要有兩種：

（1）$OP/IP<OC/IC$，即個人現在的所得報酬與貢獻的比率比他人的低。在這種情況下，個人有三種途徑尋求公平。①要求增加自己的收入，並減少自己今後的努力程度；②要求組織減少他人的收入，並增加他人今後的努力程度；③找其他人做對比，尋求心理平衡。

（2）$OP/IP>OC/IC$，即個人現在的所得報酬與貢獻的比率比他人的高。在這種情況下，個人有兩種反應：①沉默並保持現狀；②要求組織減少自己的報酬，並自覺多做事情。如果個人選擇了第二種反應，他會在不久後，重新估計自己的情況，覺得自己確實應該有那麼高的待遇。

2. 縱向比較

縱向比較是指自己過去和現在的比較。個人分別計算自己過去和現在的所得報酬與貢獻的比率，並將之進行對比。當兩者相等時，他才認為公平。可以用公式表示如下：

OP/IP = OH/IH

式中，OP 是自己對現在所獲報酬的感覺，OH 是自己對過去所獲報酬的感覺，IP 是自己對個人現在投入的感覺，IH 是自己對個人過去投入的感覺。

在此式中，不平等的現象主要有兩種：①OP/IP<OH/IH，即個人現在的所得報酬與貢獻的比率比過去的低。在這種情況下，人會有不公平的感覺，這會導致工作的積極性明顯降低。②OP/IP>OH/IH，即個人現在的所得報酬與貢獻的比率比過去的高。在這種情況下，人也會有不公平的感覺，但工作的積極性也不會提高。

在組織中，管理者在運用公平理論時，需要注意以下三個方面的內容：

（1）引導員工形成正確的公平感。公平感有正確和錯誤之分。例如，當個人選擇的對象層次或者選擇類型不一致時，所產生的公平感也大不相同。公平感是個人的一種主觀判斷，受經驗、學識、眼光以及各類信息等影響。管理者要引導員工進行正確、客觀的比較，形成正確的公平感，避免盲目攀比。同時，要讓員工多看到自身的短處、發現別人的長處。

（2）管理行為必須遵循公正原則。組織裡的管理行為是否公正，對員工比較對象的選擇有著直接的影響。例如，如果領導處事不公，偏向於某個員工，那麼其他員工便會不自覺地以這個員工為比較對象，這極易產生不公平的心理。因此，組織的管理者要平等地對待每一個職工、每一件事情。

（3）報酬分配要有利於建立科學的激勵機制。報酬的分配一定要有利於組織建立科學的激勵機制。職工報酬的分配，要採用物質激勵與精神激勵相結合的辦法，要遵循「多勞多得、質優多得、責重多得」的原則。在物質分配上，管理者要多採用發放獎金、工資、獎品等方式，並通過合理拉開分配差距，合理分配相關獎勵；在精神方面，管理者要多採用關心、鼓勵、表揚、榮譽等方式，讓職工有被重視的感覺，感受到成功和自我實現的快樂，並自覺將個人目標與組織目標整合一致。

三、行為改造理論

【專欄8-12】斯金納的強化實驗

強化對個體的行為具有固著或消除的作用。這是現代管理學界公認的一個原理。但很早之前，這只是哈佛大學斯金納教授的一個推論。為了證實這個推論，他曾經進行了十分嚴謹的研究和實驗。

他選擇了 8 只鴿子作為實驗對象。實驗開始前，他先餓了這些鴿子一陣，讓它們處於

饑餓狀態，以增強它們對事物的渴望以及尋覓食物的動機。然後，他將這些鴿子轉移到了一個裝有食物分發器的特製試驗箱裡。這個分發器設置了定時功能，每過15秒，它會自動放出食物。這種分發器是固定的，不管這些鴿子做了什麼行為，都會按時發放。這是一種對行為的強化。

沒過幾天，斯金納發現，在食物分發器放出食物前這些鴿子會做一些奇怪的行為。有的在箱子裡轉圈，有的將頭反覆撞向一個角落，還有的呈現出類似鐘擺的動作。這是食物對行為固著的結果。這些鴿子認為，它們的這種行為，與食物的投放密切相關。

斯金納又進行了進一步的研究。他又採用了其他兩個刺激，但只對一種行為進行強化，對另一種行為卻不強化。結果顯示，這些鴿子會產生一種辨別。他擺放了兩把不同顏色的鑰匙：一把紅色，一把藍色。當這些鴿子啄起紅色鑰匙時，斯金納會給它們食物吃；但當這些鴿子啄起藍色鑰匙時，卻不會給它們食物吃。於是，這些鴿子便只啄起紅色鑰匙，而不會啄起藍色鑰匙。

在鴿子試驗的基礎上，斯金納發展了著名的「矯正程序」，又被稱為塑造作用，即通過一定的刺激，來改變人們的行為。當行為需要固著時，便採用獎勵的方式；當行為需要消除時，便採用不獎勵甚至懲罰的行為。

行為改造理論建立在心理學的基礎上，重點研究人的行為的改造和修正。人的行為受很多因素的影響，相關因素的改變會引起人的行為的改變。如何將人們消極的行為改造、轉換為積極的行為，以達到預期目的，這是行為改造理論重點研究的內容。該理論的代表性理論主要包括斯金納的強化理論和海德的歸因理論。

（一）強化理論

強化理論來源於學習理論，由美國心理學家和行為科學家、哈佛大學教授斯金納提出。他在古典條件反射理論和操作條件反射理論的基礎上，通過開展大量的動物實驗，於1938年出版了《有機體的行為》一書，具體闡述了強化理論。

強化指的是對一種行為的肯定或否定的後果，它在很大程度上決定這種行為是否會重複發生。斯金納認為，人和動物一樣，都會為了達到某種目的而採取一定的行為。這種行為會作用於環境。當人（或動物）的行為對結果有利時，他（或它）就會重複出現這種行為；當人（或動物）的行為對結果不利時，他（或它）就會很少甚至不再出現這種行為。這就是環境對行為強化的結果。

強化過程包括三個要素：①刺激，即所給定的工作環境；②反應，即表現出來的行為和績效；③後果，即獎懲等強化物。這三個要素的相互關係，對被強化者的行為有巨大的影響。

在管理實踐中，常用的強化手段有四種類型，分別是正強化、負強化、懲罰和消退。

1. 正強化

正強化又稱積極強化，是指通過對某種行為的肯定和獎勵，增加其重複出現的可能的

方法。正強化產生於行為發生之後，是最能影響行為的工具。正強化主要包括獎金、對成績的認可、表揚、改善工作條件和人際關係、給予學習和成長的機會等。

2. 負強化

負強化又稱消極強化，是指預先告知某種不良行為及其後果，減少和減弱其重複出現的可能的方法。負強化產生於行為發生之前，能有效地退避不良行為。負強化主要包括批評、處分、降級等，有時減少獎勵或不獎勵也屬於負強化的手段。

3. 懲罰

懲罰是指當某種行為出現後，給予強制性、威脅性的不利後果，以減少或消除該行為重複出現的可能的方法。懲罰主要包括批評、行政處分、罰款、降工資、辭退等。

4. 消退

消退又稱衰減，是指撤銷對某種行為的積極強化，以降低或終止該行為重複出現的可能的方法。例如，企業撤銷對加班加點完成生產定額的獎勵，從而減少加班加點的職工人數。

在組織中，管理者在運用強化理論時，需要注意以下四個原則：

1. 因人而異

管理者要依照不同的對象強化，採用不同的強化措施。每個人的年齡、性別、職業、學歷、經歷等不同，這就意味著其需要也不同。管理者要結合對象的實際情況和需要，採用恰當的強化方式。

2. 分步實施

有的強化往往不是一步到位的，需要多個階段，逐漸誘導。管理者可以分階段設立目標，逐步推進。管理者在激勵員工時，首先，設立一個明確的、切實可行的目標；其次，將目標進行階段性分解，分為多個小目標；最後，針對多個小目標，採取恰當的強化。這樣不僅能有效地激勵員工，還有利於組織整體目標的實現。

3. 及時反饋

管理者要及時將結果告訴行動者，並採取獎懲措施。獎懲的時效性與強化效果的關係非常大。如果獎懲時間拖得太久，員工可能已經忘了原因，其作用會大大減弱。所以，管理者要在某種行為發生後，盡快採取恰當的強化方法。

4. 正、負強化相結合

管理者應該採取正、負強化相結合的方法，多手段引導員工的行為。對正確的行為，要及時給予正強化；對錯誤的行為，要及時給予負強化。這樣才能做到有效地控制員工行為。正強化通常比負強化更有效。管理者要以正強化為主、負強化為輔。

【專欄8-13】安慰比懲罰更重要

在組織裡，當員工做錯事的時候，管理者通常會進行各種處罰，比如批評、檢討、罰

款等。很多人已經把管理者這種懲罰當成了規範性的動作。如果你也這麼認為，那你就大錯特錯了。有時候，管理者可以選擇的做法不僅僅有懲罰，還有安慰，甚至安慰比懲罰更重要。

1963年春，GE公司發生了一起恐怖爆炸事件。公司成員杰克·韋爾奇親身經歷了這起爆炸事件。爆炸的起因是化學實驗操作失誤，因為小火花引起的。但爆炸產生的氣流非常厲害，掀開了樓房頂，震碎了頂層所有的玻璃。他飛快地從辦公室奔向了爆炸現場。濃煙和塵土四處彌漫，整個樓房甚至整個工廠都被籠罩了。眼前的場景嚇得他心怦怦狂跳，後背都濕透了。幸運的是，由於平時他們的安全措施做得很到位，這次並沒有人員傷亡。

韋爾奇作為工廠的負責人，有著嚴重的過失，且負有直接責任。第二天，他不辭辛苦，驅車100英里來到總公司，向執行官查理·里德做匯報。他已經做了最壞的打算，平時自信滿滿的他，現在變得失魂落魄。由於這是他第一次進入執行官的辦公室，所以也十分緊張，這更加劇了他的緊張和不安。然而，查理·里德很快就使韋爾奇平靜了下來。

「這次爆炸事件，我最關心的是兩件事：第一，你能從中學到什麼；第二，你能否修改反應器的程序。」

韋爾奇聽了查理·里德的話，非常吃驚。他沒想到查理·里德會說這樣的話，也沒想到執行官會如此通情達理。

「感謝上帝，沒有造成人員傷亡。」

「你們是否應該繼續這個項目？」

「好了，我們最好是現在就對這個問題有個徹底的瞭解，而不是等到以後，等我們進行大規模生產的時候。」

在之後的一系列對話中，查理·里德的語氣和表情都充滿了理解和包容，韋爾奇看不到一絲的憤怒，甚至都沒有不滿。這一次談話，給韋爾奇留下了非常深的印象。每每回憶這段經歷，韋爾奇總是說：

「查理·里德的做法，讓我終生難忘。他讓我很快從陰影中走了出來，並重建了自信心。任何人在犯錯誤時，最不願看到的就是懲罰。他們本身的自責和內疚，已經讓他們喪失了自信心。這個時候最需要的就是寬容和鼓勵。」

啟示：一個人做錯事是在所難免的。當下屬犯錯誤的時候，領導們的表現也各不一樣。有的領導暗地裡生氣，有的領導嚴肅面對，有的領導心裡希望下屬自己改過。其實，這些做法都沒有真正掌握管理的要領。首先，領導要充分準備相關資料，瞭解下屬犯錯的原因；其次，領導要考慮用什麼方式來處理員工；最後，領導需要找員工開誠布公的交談。

（二）歸因理論

歸因理論又稱認知理論，由美國心理學家海德首先提出，後由美國斯坦福大學教授羅斯和澳大利亞心理學家安德魯斯等人逐漸推動而發展壯大。海德在社會認知理論和人際關

係理論的基礎上，進行了大量的研究。1958年，他出版了《人際關係心理學》一書，書中闡述了歸因理論。

歸因理論說明和分析了人的行為與動機、目的和價值取向等屬性之間的邏輯關係，主要通過改變人的自我感覺、改變自我認識來調整人的行為。

人們認為，一件事情的發生，總有各種各樣的原因。不同的歸因，對人的工作態度、積極性、行為和組織工作績效會產生非常大的影響。

海德認為，人的行為的原因可分為環境原因和個人原因。環境原因即外部原因，是指行為者周圍環境中的因素，主要包括他人的期望、獎勵、懲罰、指示、命令、工作難易程度等；個人原因即內部原因，是指存在於行為者本身的因素，主要包括需要、情緒、興趣、態度、信念、努力程度等。

海德還認為，下屬成功與失敗的原因，主要包括四種歸因：努力、能力、任務難度和機遇。歸因理論可以幫助管理者有效分析自己及下屬成功與失敗的原因，進行開展有針對性的引導。

這四種因素可進一步劃分為內外因、穩定性和可控性。

（1）從內外因方面看，努力和能力屬於內因，任務難度和機遇屬於外因；

（2）從穩定性方面看，能力和任務難度屬於穩定性因素，努力和機遇屬於不穩定因素；

（3）從可控性方面看，努力是可控因素，任務難度和機遇是個人不能控制的，能力部分可控。

任務五　技能訓練

一、應知考核

1. 對於激勵的含義學者們雖然都有不同的界定，但卻都涵蓋了（　　）方面的內容。
   A. 激勵離不開被激勵對象。沒有被激勵對象，就談不上激勵
   B. 激勵以滿足需要為根本出發點。激勵通過滿足對象的需求，從而激發他們內在的動力，驅動他們更好地完成某項目標
   C. 激勵以充分調動對象的工作積極性為目標。有效的激勵能充分激發對象的潛能，調動他們的積極性，從而以飽滿的熱情投入工作
   D. 保持與延續對象的行為。激勵從來不是一次性的，如何持續保持對象高昂的激情，是管理者需要考慮的重要問題之一
2. 社會人假設以人際關係為主要出發點，重視組織內部人際關係的處理。這種管理

方式需要遵循（　　）原則。

A. 管理者應該關心組織成員，管理中的是滿足人的需要，而不只注意完成生產的任務

B. 管理者需具備處理人際關係的能力，成為組織人際關係的協調者，培養員工的歸屬感，而不能只是單純的指揮、計劃、監督、控制

C. 管理者要實行和提倡集體獎勵，不主張實行個人獎勵

D. ABC 都正確

3. 麥格雷戈的 Y 理論就是以人性假設理論為基礎的。Y 理論非常重視依靠人的自我控制和自我指揮。麥格雷戈把 Y 理論稱作「個人目標和組織目標的結合」，認為它能使組織成員在努力實現組織目標的同時，更好地實現自己的個人目標。其基本觀點主要有（　　）。

A. 每個人都有想像力和創造力，都能有效地解決組織遇見的困難；但在現實生活中，人們的想像力和創造力並沒有完全發揮出來

B. 人之所以會對組織目標產生抵觸行為，根本原因是壓力，而不是目標的問題

C. 只要管理適當，管理者找準平衡點，人們個人目標與組織目標能實現有效的統一

D. 當條件適當的時候，人們不但願意工作，還會非常主動地工作

E. 每個人都是勤奮的，並非生來懶惰，工作是人的本能，每個人都願意工作

F. 以上說法都正確

4. 基於自我實現人假設的管理具有兩個特點：第一，組織要求員工實行自我控制，鼓勵員工充分發揮自身創造性，員工也有更多的自由，第二，注重員工內在的精神需要，並創造相關條件滿足員工這種需要。其基本原則主要有（　　）。

①管理者要為員工創造適宜的、實現自我的工作環境、工作條件，使他們能發揮自身才能，挖掘自身的潛力。

②管理者要深入員工中間，真正瞭解員工的困難和障礙。

③管理者對員工的獎勵，以滿足員工的自我實現需要為主。

④管理者採用以人為本的新型管理制度，更夠考慮人的需要，更能滿足人的需要。自我實現人假設更加關注人性，提出了以人為本的新型管理思想，要求組織要尊重人、愛護人；組織能夠提供良好的環境和條件，充分發揮人的潛力和創造力。

A. ①②③④　　　　　　　　B. ②③④

C. ①③④　　　　　　　　　D. ①③

5. 下列選項中，關於激勵原則說法正確的是（　　）。

①目標結合原則

②物質激勵和精神激勵相結合的原則

③引導性原則

④合理性原則

⑤明確性原則

⑥時效性原則

  A. ①②③④⑤⑥   B. ①③⑤⑥

  C. ②④⑤⑥   D. ①③④⑤⑥

6. 領導需要對被領導者進行精神激勵，下列選項中，說法正確的是（　　）。

  A. 目標激勵、參與激勵、關心激勵

  B. 情感激勵、信任激勵

  C. 認同激勵

  D. ABC 都正確

7. 1960 年，美國著名心理學家、麻省理工學院教授道格拉斯·麥格雷戈出版了《企業的人性面》一書，書中提出了 X 理論和 Y 理論。X 理論其實就是對「經濟人」假設的概括。其基本觀點主要有（　　）。

①懶惰是人的天性，每個人都是懶惰的，在工作中都會盡可能地選擇逃避。

②雄心壯志並不是所有人都有的，只有少數人有。只有少數人才願意負擔責任，願意領導別人。大多數人都安於現狀，不願意負責任，在工作中也習慣於被別人領導與指揮。

③每個人都是自私的，都以自我為中心，滿足自己個人的需要，漠視組織的需要。

④每個人都將自己的安全放在首位，樂於滿足安逸的現狀，習慣於守舊，反對各類變革。

⑤人是非常感性的，很容易受他人的影響，在生活中容易感性用事，缺乏理性的思維，不能做到嚴格自律。

⑥人們參加工作都以自身生理需要和安全需要為出發點，金錢和物質利益才能有效刺激他們的工作，激發他們的積極性。

  A. ①②③④⑤   B. ②③④⑤⑥

  C. ②④⑥   D. ①②③④⑤⑥

8. （多選）經濟人假設以經濟利益為出發點，管理者可以立足經濟利益，採取有效的措施。在組織裡，管理者對員工要誘之以利、懲之以罰，採取「胡蘿蔔加大棒」的管理方式。這種管理方式可概括為（　　）。

  A. 完成組織目標是管理的根本，提高生產率是管理工作的重點

  B. 管理者的主要工作是管理，組織的員工要聽從管理者的指揮

  C. 實現嚴格的定制制度和計件工資制度，以金錢的手段獎懲員工

  D. 是一種機械化的管理模式，採用了強迫、控制、獎勵、懲罰等一系列措施

9. 社會人又稱社交人，意為社會交往中的人。社會人主要以人的交往需要為主要行

為動機，工人的歸屬需要、交往需要和友誼的需要比組織的獎勵影響更大。其基本觀點主要有（ ）。

  A. 人是社會人，社會環境、人際交往、心理因素等對人的積極性的影響比物質因素影響更大

  B. 企業生產效率的高低，與員工的士氣有著密切的關係。員工的士氣受多種因素影響，主要包括家庭、社會生活、企業內部人與人之間的關係等

  C. 正式組織中的非正式群體有其特殊的行為規範，這對員工的影響非常大

  D. 領導者需要通過傾聽員工意見等手段，瞭解員工的關係和需求，平衡正式組織的經濟需要和非正式組織的社會需要

  E. 以上說法都正確

10. 內容型激勵理論著眼滿足人們需要的內容，研究的是引發動機的內在因素。通俗地講，人們需要什麼，就用滿足他們需要的因素來激發他們的動力。該理論的代表性理論主要包括馬斯洛的需要層次理論、赫茨伯格的雙因素理論和麥克萊蘭的成就需要理論。下列選項中，關於馬斯洛的需要層次理論說法錯誤的是（ ）。

  A. 該理論是行為科學家揭示需要的最主要理論，提出最早，影響最大，代表性極廣

  B. 從低到高分別是安全需要、生理需要、社交需要、尊重需要和自我實現需要

  C. 該理論將人的需要分為五個層次

  D. 自我實現需要處於需要層次理論最頂端，是人最高層次的需要

11. 在組織中，管理者在運用公平理論時，需要注意（ ）。

  A. 公平感有正確和錯誤之分。

  B. 組織裡的管理行為是否公正，對員工比較對象的選擇有著直接的影響

  C. 報酬的分配一定要有利於組織建立科學的激勵機制

  D. AB 和 C

二、案例分析

案例 1：服裝公司的激勵計劃

  宏利服裝公司在服裝界非常有名，企業效益非常好。公司的薪酬水準在同類行業中，屬於最好的了。該公司人事經理汪明明，因為工作出色，被公司派去參加了一個管理研修班。在這個班裡，汪明明學到了很多的管理理論。其中，他對馬斯洛的需要層次理論和赫茨伯格的雙因素理論非常感興趣。

  汪明明結合公司的實際情況，認為公司主要應該採用赫茨伯格的雙因素理論激勵下屬。於是，他和公司高層管理者、公司總裁進行了多次會談，並最終讓他們授權他去制訂工作計劃。

  汪明明重新制訂了很多計劃，這些計劃主要強調表彰、個人提升、個人成就以及工作

挑戰性等。過了幾個月，他所預料的效果和他的期望相差非常大，這讓他很疑惑。

很多人認為，這些新的計劃純屬浪費時間。設計師的反應很大。很多設計師認為，服裝的設計本來就是一種挑戰；還有的設計師認為，服裝暢銷就是對他們最大的肯定；還有的人認為，公司已經通過獎金對他們進行了表彰，這些做法有些多此一舉。有一個和他關係非常好的設計師，開玩笑似的跟他說道：

「明明，你是不是理論學得太多了，把我們當成小學生來對待了。」

員工們反應的反差更大，裁剪工、縫紉工、熨衣工和包裝工的感受是各具特色。有的員工非常喜歡這種變化，認為他們在實際過程中得到了表揚；但另外一些員工則持相反的觀點，他們認為這是管理者的計策，其根本原因，還是為了讓他們拼命地工作，同時還不加工資。更為不幸的是，持第二種觀點的員工比重非常大。有一些偏激的工人，為了爭取自己的權益，甚至要聯合罷工。

這件事情發生後，很多本來信任和支持他的高層管理者，也開始懷疑他的工作計劃甚至工作能力。有的領導還批評他考慮事情不周全。汪明明沒有想到事情會發展到這種地步。

請你根據案例中的情況，分析以下問題。

1. 新計劃為什麼會失敗，其主要原因是什麼？
2. 請結合馬斯洛的需要層次理論，分析設計師和普通員工的主要需求是什麼，兩者有什麼不同？
3. 請結合赫茨伯格的雙因素理論，分析汪明明是如何理解保健因素和激勵因素的，以及理論的適用性存在什麼問題？
4. 請你根據激勵理論，具體為汪明明解答疑惑，並給他一些有效調動公司員工積極性的建議。

案例二：李想的困惑

年近40歲的李想，是某企業生產的總指揮官。這二十年來，他一直在這家企業工作。年輕的時候，他在工作沒穩定的時候，就匆忙結了婚。結婚之後，他的妻子待業家中，兩人的生活一直很艱難。

後來，李想在現在工作的企業找到了一份固定的工作。因為工作出色，他被提升為工段長、車間主任、生產部長。他的付出也得到了豐厚的回報。他的工資逐年增長，他的權力和地位也不斷提升。他以及他的妻子為此非常自豪，他甚至有段時間還沾沾自喜。

可是最近他心裡老是空落落的，覺得自己並沒有什麼成就。作為企業生產的總指揮官，看著企業每況愈下，心裡也很著急。他想在新產品開發方面做出貢獻，但卻不負責企業研究開發和產品銷售，也沒有相關權力。他曾多次向領導提議變革組織結構，適當放權，以增加企業的活力和創新力。但領導一直沒有同意。

他最近想「跳槽」，打算換個企業工作。他對職務沒有什麼要求，只希望能真正發揮

自己的才能。但考慮到自己已經步入中年，他一直猶豫不決。

請你根據上述案例，分析以下問題。

1. 請你運用激勵理論，分析李想在個人成長歷程中獲得個人需要滿足的情況以及他產生困惑的主要原因。

2. 假如你是一個企業的總經理，而李想又「跳槽」到你的企業工作，你將從哪些方面採取激勵措施。

三、項目實訓

模擬一：

班級同學兩人一組進行分組，每人羅列 4~5 件同伴身上的積極因素，比如穿著整齊、善於傾聽、文明禮貌等。在寫完之後，請大家再重新分組，每組人數仍舊是兩人。每人再向自己的新同伴具體介紹自己剛才寫了什麼內容，並進行討論。

在這個游戲結束後，請你根據實際情況，回答以下問題。

1. 在這個游戲中，當你向新同伴肯定別人時，你感到自在嗎？請你談一下你的感受以及這種感受的原因。

2. 根據上述游戲，並結合你的日常生活，你認為如何才能讓我們更容易肯定別人，給出確切的證據。

3. 根據上述游戲，並結合你的日常生活，你認為怎樣才能讓我們更容易接受別人肯定的看法。

模擬二：

1. 小組調查

（1）請大家充分調查，並深入研究本班學生的學習積極性。重點研究學校各類激勵因素的激勵狀況，比如獎學金、榮譽等。

（2）將學生分為若干學習小組，通過頭腦風暴法具體研究如何調動學生學習的積極性。

2. 成果檢驗

（1）每個學習小組根據討論的內容，具體形成一份不少於 800 字的激勵計劃。

（2）每個學習小組製作一個 PPT，在課堂上公開和其他小組進行交流，並分析每個小組的成功與不足之處。

國家圖書館出版品預行編目（CIP）資料

管理學 / 馬玉芳、王朋、吳凱、夏遷 編著. -- 第一版.
-- 臺北市：財經錢線文化, 2019.05
　　面；　　公分
POD版

ISBN 978-957-680-344-4(平裝)

1.管理科學

494　　　　　　　　　　　　　　　108007227

書　　名：管理學
作　　者：馬玉芳、王朋、吳凱、夏遷 編著
發 行 人：黃振庭
出 版 者：財經錢線文化事業有限公司
發 行 者：財經錢線文化事業有限公司
E - m a i l：sonbookservice@gmail.com
粉絲頁：　　　　　網址：
地　　址：台北市中正區重慶南路一段六十一號八樓 815 室
8F.-815, No.61, Sec. 1, Chongqing S. Rd., Zhongzheng
Dist., Taipei City 100, Taiwan (R.O.C.)
電　　話：(02)2370-3310 傳　真：(02) 2370-3210
總 經 銷：紅螞蟻圖書有限公司
地　　址: 台北市內湖區舊宗路二段 121 巷 19 號
電　　話:02-2795-3656 傳真:02-2795-4100　　網址：
印　　刷：京峯彩色印刷有限公司（京峰數位）

　　本書版權為西南財經大學出版社所有授權崧博出版事業股份有限公司獨家發行電子書及繁體書繁體字版。若有其他相關權利及授權需求請與本公司聯繫。

定　　價：420元
發行日期：2019 年 05 月第一版
◎ 本書以 POD 印製發行